职业教育自动化类专业系列教材

S7-1200 PLC应用技术

主　编　牟明朗

副主编　赖冬寅　蒋亚风　杨亭榆

主　审　王　健

科学出版社

北　京

内 容 简 介

本书采用“项目—任务”编写方式，贯彻“教学做一体化”的职业教育理念，力求以学生为主体，使学生在“做中学，学中做”。本书共有 6 个项目，主要介绍了传送带的 PLC 控制、小车往返送料控制、供料站的控制、机械手的移位控制、传送产品分拣控制和 PID 控制。

本书可作为高等职业院校机电一体化、电气自动化专业的教材，也可作为企业技术人员的自学资料。

图书在版编目（CIP）数据

S7-1200 PLC 应用技术/牟明朗主编. —北京：科学出版社，2021.6

（职业教育自动化类专业系列教材）

ISBN 978-7-03-066130-2

Ⅰ.①S… Ⅱ.①牟… Ⅲ.①PLC 技术-职业教育-教材 Ⅳ.①TM571.61

中国版本图书馆 CIP 数据核字（2020）第 176139 号

责任编辑：辛 桐 / 责任校对：赵丽杰

责任印制：吕春珉 / 封面设计：耕者设计工作室

科学出版社 出版

北京东黄城根北街 16 号

邮政编码：100717

http://www.sciencep.com

天津翔远印刷有限公司印刷

科学出版社发行 各地新华书店经销

*

2021 年 6 月第 一 版 开本：787×1092 1/16

2021 年 6 月第一次印刷 印张：15 1/4

字数：353 000

定价：45.00 元

（如有印装质量问题，我社负责调换〈翔远〉）

销售部电话 010-62136230 编辑部电话 010-62135763-8020

前　　言

在我国实施制造强国战略过程中，综合集成水平的高低直接决定着智能制造水平的高低，也影响着产业转型升级的成败。可编程序逻辑控制器（programmable logic controller，PLC）作为工业控制系统的底层控制器，其应用无处不在，掌握其应用对现代机电相关专业的学生来说极其重要。

本书以新时代智能制造领域相关岗位对 PLC 应用的实际需求为目标，贯彻“教学做一体化”的职业教育理念，力求以学生为主体，让学生在“做中学，学中做”，基于此我们与企业专家合作，精选教学项目内容，并将思政元素融入课程中，以满足学生未来职业生涯发展的需要。

本书以电动机基本控制、自动生产线控制系统中人机交互（human-machine interaction，HMI）应用、供料、传送、分拣等典型环节为项目载体，介绍了 S7-1200 PLC 的基本构成、工作过程、硬件组态、TIA 编程、触摸屏应用、网络通信、变频器控制、伺服电动机控制、比例积分微分控制（proportional plus integral plus derivative control，PID 控制）等，在完成各项目任务的基础上，再拓展相关知识，构建 PLC 应用的职业能力。各项目以 PLC 应用为主，还配有 PLC 相关应用知识和技能。书中知识力求为学生开启知识的窗户，使学生在项目学习中充分发挥主动性、创造性，培养学生的学习能力、协作能力和分析问题、解决问题的实际能力，并使学生通过创设的项目情境增强职场体验。

本书由牟明朗担任主编，赖冬寅、蒋亚风、杨亭榆担任副主编，机电一体化专业指导委员会的王健（四川省机械研究设计院（集团）有限公司董事、副总经理）担任主审。

在此，感谢机电 2018 级部分同学在本书项目编写与验证过程中的辛勤付出。

由于编者水平有限，书中难免存在不妥之处，恳请广大读者批评指正。

编　者

2020 年 6 月 19 日

目　　录

项目一 传送带的控制

传送带在现代化工业生产线中应用较为广泛，其常见的运动形式有启动、停止、正反转及速度调控等，其驱动装置多为电动机，且常采用 PLC 作为控制器。本项目主要介绍利用西门子 S7-1200 PLC 控制三相交流异步电动机拖动传送带实现启动、停止、正反转。

任务一 传送带的启动、停止控制

任务简介

本任务为利用三相交流异步电动机拖动传送带实现启动和停止控制。控制要求如下：用西门子 S7-1200 PLC 作为控制器，控制电动机的运行，从而控制传送带的运行。

教学目标

- 了解 PLC 的定义、特点，以及发展历史与现状。
- 了解 PLC 的硬件和软件系统组成。
- 掌握西门子 S7-1200 PLC CPU 的内部集成和接线方法。
- 掌握西门子 S7-1200 PLC CPU 的工作原理和工作过程。
- 掌握博途（Portal）TIA V15 的安装、创建项目、组态、编制程序、下载等基本应用。
- 掌握装载、串并联、输出、置/复位指令。

1.1 课件

思政目标

中国的崛起必须依靠制造行业的崛起。近年来，我国制造行业突飞猛进，但是距离先进国家的水平还有一定差距，我们要立志为国家的发展、中国梦的实现，特别是为“中国制造 2025”做出应有的贡献，学一行爱一行，实现我们的人生价值。

准备知识

一、PLC简介

1. PLC的发展历史

1968年，美国最大的汽车制造厂家——通用汽车公司（GM）为了适应汽车型号不断更新的需要，提出制造一种新型的工业控制装置，并从用户角度提出10条技术要求，这就是PLC的基本设计思想。提炼其中主要的3条技术要求如下：

1）能用于工业现场。

2）能改变其控制逻辑，而不需要变动组成它的元器件和修改内部接线。

3）出现故障时易于诊断和维修。

1969年，美国数字设备公司（DEC）研制出了世界上第一台PLC，并在通用汽车公司的汽车生产线上首次应用成功。

随后PLC得到了广泛应用，为规范其发展，国际电工委员会（International Electrotechnical Commission，IEC）在1987年2月颁布的PLC标准草案第3稿中对PLC做了如下定义：PLC是一种数字运算操作的电子系统，专为在工业环境下应用而设计。它采用可编程序的存储器，用来在其内部存储和执行逻辑运算、顺序控制、定时、计数和算术运算等操作的指令，并通过数字式、模拟式的输入和输出，控制各种类型的机械或生产过程。PLC及其有关外围设备，都应按易于与工业控制系统联成一个整体、易于扩充其功能的原则设计。

目前PLC的生产厂家较多，主要有德国的西门子公司（Siemens），美国的A-B公司（Allen-Bradley）、GE-Fanuc公司、莫迪康公司（Modicon），日本的三菱电机株式会社（MITSUBISHI）、欧姆龙公司（OMRON）、富士电机株式会社（Fuji Electric）、东芝公司（TOSHIBA）、松下电工株式会社（MEW），中国的华光电子公司（CKE），法国的TE电器公司等。

2. PLC的分类

PLC按结构形式可做如下分类：

1）整体式PLC：又称单元式或箱体式PLC，是将电源、中央处理器（central processing unit，CPU）、输入/输出（input/output，I/O）接口部件集中装在一个机箱内。一般小型PLC采用这种结构。

2）模块式PLC：将PLC分成若干个独立的模块，如CPU模块、I/O模块、电源模块和各种功能模块。模块式PLC由框架和各种模块组成，模块插在插座上。一般大、中型PLC采用模块式结构，有些小型PLC也采用这种结构。

3）叠装式PLC：有的PLC兼具整体式PLC和模块式PLC的特点，称为叠装式PLC。

3. PLC的特点及发展趋势

PLC一般具有编程方法简单易学，可靠性高，抗干扰能力强，通用性强，系统的设计、安装、调试工作量小，维修方便，体积小，能耗低等特点。

PLC 在工业自动化中起着举足轻重的作用，在国内外已广泛应用于机械、冶金、石油、化工、纺织、电力、电子、食品、交通等行业。可以说，现代生活中，有自动化控制的地方就有 PLC 的身影。

PLC 具有以下发展趋势：

1）向高速度、大存储容量方向发展。

2）向多品种和提高可靠性方向发展（超大型和超小型）。

3）产品更加规范化、标准化（硬件、软件兼容的 PLC）。

4）分散型、智能型、与现场总线兼容的 I/O 接口。

5）加强联网和通信的能力。

6）开放式、模块化体系结构控制器（open modular architecture controllers，OMAC）。

二、PLC 的硬件系统组成

PLC 实质是一种工业控制计算机，其组成与计算机的组成十分相似，只是它具有更强的与工业过程相连接的接口。从功能方面看，PLC 的硬件结构由 CPU、存储器、I/O 接口、电源、编程器、PLC 外设通信接口和扩展接口等组成。

1. CPU

CPU 一般由控制器、运算器和寄存器组成，这些电路都集成在一个芯片内。CPU 通过数据总线、地址总线和控制总线与存储单元、I/O 接口电路相连接。

与一般的计算机一样，CPU 是整个 PLC 的控制中枢，它按 PLC 中系统程序赋予的功能指挥 PLC 有条不紊地工作。

2. 存储器

存储器主要有两种：一种是可读/写操作的随机存储器（random access memory，RAM），另一种是只读存储器（read-only memory，ROM）。只读存储器又可分为可编程的只读存储器（programmable read-only memory，PROM）、可擦除可编程只读存储器（erasable programmable read-only memory，EPROM）和电擦除可编程只读存储器（electrically-erasable programmable read-only memory，EEPROM）。

PLC 系统中的存储器主要用于存放系统程序、用户程序和工作状态数据。PLC 的存储器包括系统存储器和用户存储器。

（1）系统存储器

系统存储器用来存放由 PLC 生产厂家编写的系统程序，并固化在 ROM 内，不能由用户更改。它使 PLC 具有基本的功能，能够完成 PLC 设计者规定的各项工作。系统程序的质量在很大程度上决定了 PLC 的性能。

（2）用户存储器

用户存储器包括用户程序存储器（程序区）和用户数据存储器（数据区）两部分。用户程序存储器用来存放用户针对具体控制任务采用 PLC 编程语言编写的各种用户程序。用户程序存储器根据所选用的存储器单元类型的不同（可以是 RAM、EPROM 或 EEPROM），其内容可以由用户修改或增删。用户数据存储器可以用来存放（记忆）用户程序中所使用器件的开/关状态和数据等。

用户存储器容量的大小关系到用户程序的大小，是反映 PLC 性能的重要指标之一。

为了便于读出、检查和修改，用户程序一般存于互补金属氧化物半导体（complementary metal oxide semiconductor，CMOS）静态 RAM 中，用锂电池作为后备电源，以保证断电时不会丢失信息。为了防止干扰对 RAM 中程序的破坏，当用户程序可正常运行且不需要修改时，可将其固化在 EPROM 中。现在有许多 PLC 直接采用 EEPROM 作为用户存储器。

由于系统程序及工作数据与用户无直接联系，所以在 PLC 产品样本或使用手册中所列存储器的形式及容量是针对用户程序存储器而言的。当 PLC 提供的用户存储器容量不够用时，许多 PLC 还提供存储器扩展功能。

3. I/O 接口

I/O 接口是 PLC 与现场 I/O 设备或其他外围设备之间的连接部件。PLC 通过输入接口把外围设备（如开关、按钮、传感器）的状态或信息读入 CPU，经过用户程序的运算与操作，把结果通过输出接口传递给执行机构（如电磁阀、继电器、接触器等）。

在 I/O 接口电路中，一般配有电子变换、光电耦合器和阻容滤波等电路，以实现外部现场的各种信号与系统内部统一信号的匹配和信号的正确传递。PLC 正是通过这种接口实现了信号电平的转换。发光二极管（light-emitting diode，LED）用来显示某一路输入端子是否有信号输入。当系统的 I/O 点数不够时，可通过 PLC 的 I/O 扩展接口对系统进行扩展。

（1）PLC 的输入接口电路

各种 PLC 的输入接口电路结构大致相同，按所接收的外部信号电源划分，有两种类型，即直流输入接口电路和交流输入接口电路，分别如图 1-1 和图 1-2 所示。其作用是把现场的开关量信号变成 PLC 内部可处理的标准信号。

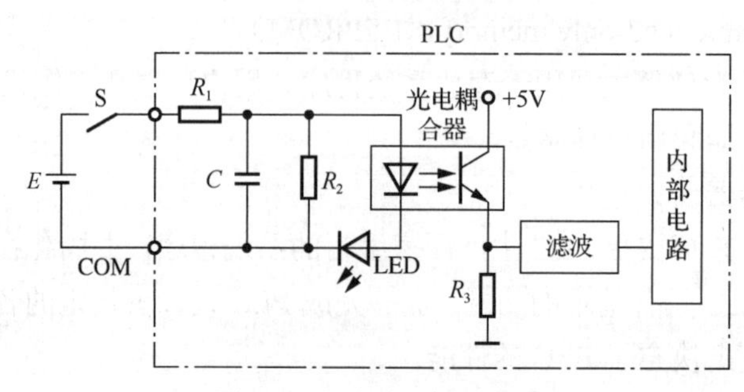

图 1-1 直流输入接口电路

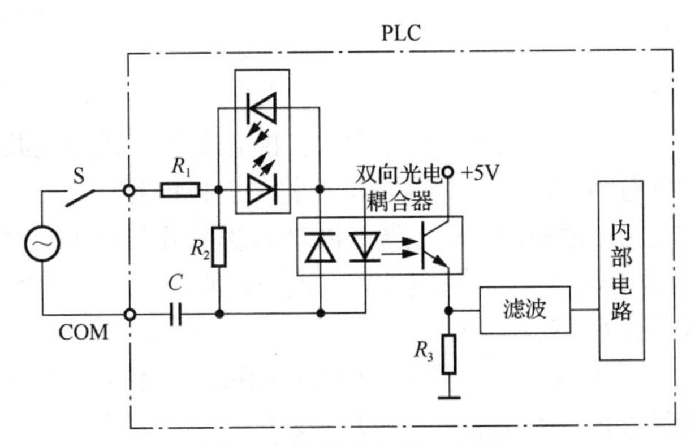

图 1-2　交流输入接口电路

在输入接口电路中，每一个输入端子可接收一个来自用户设备的离散信号，即外部输入器件可以是无源触点（如按钮、开关、行程开关等），也可以是有源器件（如各类传感器、接近开关、光电开关等）。在 PLC 内部电源容量允许的条件下，有源输入器件可以采用 PLC 输出电源（DC 24V），否则必须接外设电源。

1）直流输入接口电路（图 1-1）中，当开关 S 闭合时，光电晶体管接收到光信号，并将接收的信号送入 PLC 内部电路，即当开关 S 闭合时，对应的输入映像寄存器为“1”状态，同时该输入端的发光二极管点亮；当开关 S 断开时，光电耦合器隔离了输入电路与 PLC 内部电路的电气连接，对应的输入映像寄存器为“0”状态。

2）交流输入接口电路（图 1-2）中，当开关 S 闭合时，经双向光电耦合器，将该信号送至 PLC 内部电路，供 CPU 处理，同时发光二极管点亮。

I/O 信号接线的关键是要构成闭合回路。为了便于使用不同的电源，数字量的几个 I/O 信号接线构成一组，共享一个电源公共端子。

（2）PLC 的输出接口电路

为适应不同负载的需要，各类 PLC 的输出接口电路都有 3 种类型，即继电器输出型、晶体管输出型和晶闸管输出型。其作用是把 PLC 内部的标准信号转换成现场执行机构所需的开关量信号，从而驱动负载。发光二极管用来显示某一路输出端子是否有信号输出。

CPU 根据用户程序的运算把输出信号送入 PLC 的输出映像区后，通过内部总线把输出信号送到锁存器中。当输出锁存器的对应位为“1”时，其对应的发光二极管导通发光，则接通输出端子与输出公共端，从而把负载和电源连通起来，使得负载获得电流；当输出锁存器的对应位为“0”时，其对应的发光二极管不导通，其触点则把负载和电源隔断，使得负载不会获得电流。

3 种类型的输出接口电路中，继电器输出型最常用，它适用于交、直流负载，其特点是带负载能力强，但动作频率低，响应速度慢。晶体管输出型适用于直流负载，其特点是动作频率高、响应速度快，但带负载能力弱。晶闸管输出型适用于交流负载，响应速度快，带负载能力一般比晶体管强。

在输出接口电路中，外部负载直接与 PLC 输出端子相连，负载电源由用户根据负载要求自行配备。在实际应用中，考虑外驱动电源时，须考虑输出器件的类型，同时 PLC 输出端子的输出电流不能超出其额定值和整个输出端子排的总电流。

4. 电源

PLC 内部配有一个专用开关型稳压电源，它将交流/直流供电电源转换成系统内部各单元所需的电源，即为 PLC 各模块的集成电路提供工作电源。

PLC 一般使用 220V 的交流供电电源。PLC 内部的开关电源对电网提供的电源要求不高，与普通电源相比，PLC 电源稳定性好、抗干扰能力强。许多 PLC 都向外提供直流 24V 稳压电源，用于给外部传感器供电。

整体式 PLC 的电源通常被封装在机壳内部；而模块式 PLC，则有的采用单独的电源模块，也有的将电源与 PLC 封装到一个模块中。

5. 编程器

编程器是 PLC 的外围设备，是人机交互的窗口，可用于编程、对系统做一些设定、监控 PLC 及 PLC 所控制的系统的工作状况，但它不直接参与现场控制运行。编程器可以是专用编程器，也可以是配有编程软件包的通用计算机系统。专用编程器由 PLC 生产厂家提供，专供本厂家生产的某些 PLC 产品使用，价格较高，实际应用较少。目前，大多用户采用计算机仿真编程器，只要购买 PLC 厂家提供的编程软件和相应的硬件接口装置，就可以仿真编程器。

6. PLC 外设通信接口和扩展接口

（1）外设通信接口

PLC 配有多种通信接口，通过这些通信接口可实现与编程器、打印机、其他 PLC、计算机等设备之间的通信，可组成多机系统或联成网络，实现更大规模的控制。

（2）扩展接口

扩展接口用于连接 I/O 扩展单元和特殊功能单元。通过扩展接口可以扩充开关量 I/O 点数和增加模拟量的 I/O 端子，也可配接智能单元完成特定的功能，使 PLC 的配置更加灵活，以满足不同控制系统的需要。

工业控制中，除了用数字量信号来实施控制外，有时还要用模拟量信号来实施控制。模拟量模块有 3 种：模拟量输入模块、模拟量输出模块、模拟量输入/输出模块。

模拟量输入模块又称 A/D 模块，其作用是将现场由传感器检测而产生的连续的模拟量信号转换成 PLC 的 CPU 可以接收的数字量，一般为 12 位二进制数。数字量位数越多的模块，其分辨率就越高。

模拟量输出模块又称 D/A 模块，其作用是把 PLC 的 CPU 送往模拟量输出模块的数字量转换成外围设备可以接收的模拟量（电压或电流）。模拟量输出模块所接收的数字量一般为 12 位二进制数。数字量位数越多的模块，其分辨率就越高。

三、PLC 的软件系统组成

PLC 控制系统的软件主要包括系统软件和用户程序。系统软件由 PLC 生产厂家固化在存储器中，用于控制 PLC 的运行。用户程序由使用者编制输入，保存在用户存储器中，用于控制外部对象的运行。

1. 系统软件

系统软件包括系统管理程序、用户指令解释程序、标准程序模块及系统调用。整个系统软件是一个整体，它的质量在很大程度上影响了 PLC 的性能。

2. 用户程序

用户程序即应用程序，是用户针对具体控制对象编制的程序，包括用户程序、数据块和参数块。PLC 是通过在 RUN 方式下执行用户程序来完成控制任务的。

四、西门子 S7-1200 PLC 简介

德国西门子公司的 PLC 产品系列包括 LOGO、S7-200、S7-300、S7-400、S7-1200、S7-1500 等。S7-200 PLC 系列已停产，S7-200 SMART 作为一款过渡产品会存在一定的时间，S7-1200 PLC 系列将逐步取代 S7-200 PLC 系列，成为小型 PLC 的发展方向；S7-1500 PLC 系列也将逐步替代 S7-300 PLC 系列、S7-400 PLC 系列。西门子系列产品发展定位如图 1-3 所示。

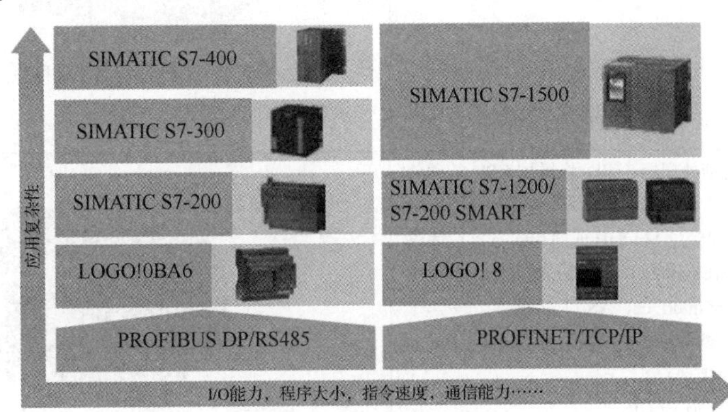

图 1-3 西门子系列产品发展定位

S7-1200 PLC 的硬件系统主要由 CPU 模块（简称 CPU）、信号板、信号模块和通信模块组成（图 1-4、表 1-1），各种模块安装在标准 DIN 导轨上。S7-1200 的硬件系统具有高度的灵活性，用户可以根据自身需求确定 PLC 的结构，系统扩展十分方便。

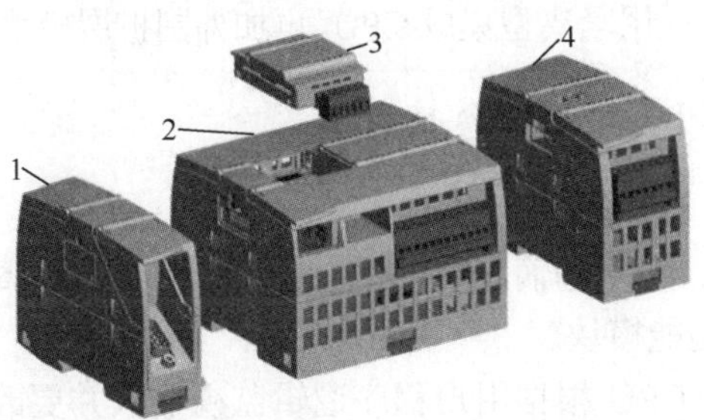

1—通信模块（CM）或通信处理器（CP）；2—CPU（CPU 1211C、CPU 1212C、CPU 1214C、CPU 1215C、CPU 1217C）；
3—信号板（SB）（数字 SB、模拟 SB）、通信板（CB）或电池板（BB）；
4—信号模块（SM）（数字 SM、模拟 SM、热电偶 SM、RTD SM、工艺 SM）。

图 1-4 S7-1200 PLC 的硬件系统

表1-1 PLC的组成模块

模块类型	说明
CPU支持一个插入式扩展板： ● 信号板（SB）可为CPU提供附加I/O。SB连接在CPU的前端。 ● 通信板（CB）可以为CPU增加其他通信端口。 ● 电池板（BB）可提供长期的实时时钟备份	1—SB上的状态指示灯；2—可拆卸用户接线连接器。
信号模块（SM）可以为CPU增加其他功能。SM连接在CPU右侧。 ● 数字量I/O。 ● 模拟量I/O。 ● 热电阻和热电偶。 ● SM1278 I/O-Link主站	1—状态指示灯；2—总线连接器滑动接头；3—可拆卸用户连接器。
通信模块（CM）和通信处理器（CP）将增加CPU的通信选项，如PROFIBUS或RS-232/RS-485的连接性[适用于点对点（point to point PtP）、Modbus或通用串行接口协议（universal serial interface protocol，USS）]或者执行器传感器接口（actuator sensor interface，AS-i）主站。 CP可以提供其他通信类型的功能，如通过GPRS、IEC、DNP3或WDC网络连接到CPU。 ● CPU最多支持3个CM或CP。 ● 各CM或CP连接在CPU的左侧（或连接到另一CM或CP的左侧）	1—状态指示灯；2—通信连接器。

五、西门子S7-1200 PLC的集成CPU简介

西门子S7-1200 PLC采用紧凑型集成CPU，再加外围扩展模块的形式搭建其硬件架构。

1. 西门子S7-1200 PLC的CPU及接线

（1）CPU内部集成

CPU中集成了电源、输入和输出模块、内置PROFINET、高速运动控制I/O接口及板载模拟量输入模块等功能模块。

在下载用户程序后，CPU根据用户程序逻辑监视输入并更改输出，用户程序可以包含布尔逻辑、计数、定时、复杂数学运算及与其他智能设备的通信。

CPU提供一个PROFINET端口用于通过PROFINET网络通信，如图1-5所示。还可使用附加模块通过过程现场总线（PROFIBUS）、通用分组无线服务（general packet radio service，GPRS）、RS-485、RS-232、IEC、分布式网络协议（distributed network protocol 3.0，DNP3）和网络数据中心（web data center，WDC）网络进行通信。表 1-2 所示为各种型号 CPU 的特征。

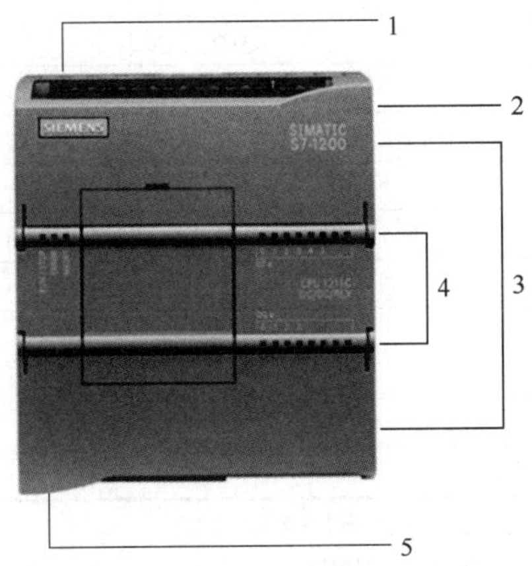

1—电源接口；2—存储卡插槽（上部保护盖下面）；3—可拆卸用户接线连接器（保护盖下面）；
4—板载 I/O 的状态指示灯；5—PROFINET 连接器（CPU 的底部）。

图 1-5 CPU 内部集成

表 1-2 各种型号 CPU 的特征

特征		CPU 1211C	CPU 1212C	CPU 1214C	CPU 1215C	CPU 1217C
物理尺寸		90mm×100mm×75mm		110mm×100mm×75mm	130mm×100mm×75mm	150mm×100mm×75mm
用户存储器容量	工作存储器	50KB	75KB	100KB	125KB	150KB
	装载存储器	1MB		4MB		
	保持存储器	10KB				
本地板载 I/O	数字量	6 点输入/4 点输出	8 点输入/6 点输出	14 点输入/10 点输出		
	模拟量	2 点输入			2 点输入/2 点输出	
过程映像大小	输入（I）	1024B				
	输出（Q）	1024B				
位存储器（M）容量		4096B		8192B		
信号模块（SM）扩展数量		无	最多 2 个	最大 8 个		
信号板（SB）或电池板（BB）或通信板（CB）数量		1 个				
通信模块（CM）（左侧扩展）数量		3 个				
高速计数器	总计	最多可组态 6 个使用任意内置或 SB 输入的高速计数器				
	1MHz	—				Ib.2 到 Ib.5
	100/80kHz①	Ia.0 到 Ia.5				
	30/20kHz①	—	Ia.6 到 Ia.7	Ia.6 到 Ib.5		Ia.6 到 Ib.1
	200kHz②	—				

续表

特征		CPU 1211C	CPU 1212C	CPU 1214C	CPU 1215C	CPU 1217C
脉冲输出[3]	总计	最多可组态 4 个使用任意内置或 SB 输出的脉冲输出				
	1MHz	—				Qa.0 到 Qa.3
	100kHz	Qa.0 到 Qa.3				Qa.4 到 Qb.1
	20kHz	—	Qa.4 到 Qa.5	Qa.4 到 Qb.1		—
存储卡		SIMATIC 存储卡（选件）				
数据日志	数量	每次最多打开 8 个				
	大小	每个数据日志为 500MB 或受最大可用装载存储器容量限制				
实时时钟保持时间		通常为 20 天，40℃时最少为 12 天（免维护超级电容）				
PROFINET 以太网通信端口数量		1 个			2 个	
实数数学运算执行速度		2.3μs/指令				
布尔运算执行速度		0.08μs/指令				

注：本表内容摘自《S7-1200 可编程控制器系统手册》V4.4。

① 将 HSC 组态为正交工作模式时，可应用较慢的速度。

② 与 SB 1221 DI×24VDC 200 kHz、SB 1221 DI 4×5VDC 200 kHz 一起使用时，最高可达 200kHz。

③ 对于具有继电器输出的 CPU，必须安装数字量信号才能使用脉冲输出。

S7-1200 PLC 的 CPU 集成的工艺功能包括高速计数与频率测量、高速脉冲输出、脉宽调制（pulse width modulation，PWM）控制和 PID 控制。

CPU 相当于人的大脑，包括运算器控制器，还集成了内部存储器。存储器大致可分为系统存储器、工作存储器、装载存储器和保持存储器。S7-1200 PLC CPU 的运算速度相当快，每条布尔运算指令、字传送指令和浮点数数学运算指令的执行时间分别为 0.08μs、1.7μs 和 2.3μs。

1）存储器。系统存储器包括位存储、定时器、计数器、输入/输出过程映像区、中断堆栈和块堆栈、本地数据堆栈等临时存储。

2）输入/输出回路。其中过程映像输入、过程映像输出各占 1024B。集成的数字量输入电路的输入端子电压额定值为 DC 24V，输入电流为 4mA。“1”状态允许的最小电压/电流为 DC 15V/2.5mA，“0”状态允许的最大电压/电流为 DC 5V/1mA。输入延迟时间组态时可以设定为 0.1μs～20ms，有脉冲捕获功能。在过程输入信号的上升沿或下降沿可以产生快速响应的硬件中断。

继电器输出的电压范围为 DC 5～30V 或 AC 5～250V，最大电流为 2A，白炽灯负载为 DC 30W 或 AC 200W。DC/DC/DC 型 CPU 的金属-氧化物-半导体场效应晶体管（metal-oxide-semiconductor field-effect transistor，MOSFET）的“1”状态最小输出电压为 DC 20V，“0”状态最大输出电压为 DC 0.1V，输出电流为 0.5A。最大白炽灯负载为 5W。

CPU 1214C DC/DC/DC 的电源电压、输入回路电压和输出回路电压均为 DC 24V。输入回路也可以使用内置的 DC 24V 电源。

脉冲输出最多 4 路，CPU1217 支持最高 1MHz 的脉冲输出，其他 DC/DC/DC 型的 CPU 本机最高支持 100kHz 的脉冲输出，通过信号板可输出 200kHz 的脉冲。

有两点集成的模拟量输入（0～10V），10 位分辨率，输入电阻大于等于 100kΩ。

集成的 DC 24V 电源可供传感器和编码器使用，也可以用作输入回路的电源。

3）通信端。S7-1200 PLC 集成的 PROFINET 接口用于编程计算、HMI、其他 PLC 或其他设备通信。此外，它还通过开放的以太网协议支持与第三方设备的通信。CPU 1215C 和 CPU 1217C 有两个带隔离的 PROFINET 以太网端口，其他 CPU 有一个以太网端口，传输速率为 10/100Mbit/s。

4）高速计数器。最多可组态 6 个使用 CPU 内置或信号板输入的高速计数器，CPU 1217C 有 4 点最高频率为 1MHz 的高速计数器。其他 CPU 可组态最高频率为 100kHz（单相）/80kHz（互差 90° 的正交相位）或最高频率为 30kHz（单相）/20kHz（正交相位）的高速计数器（与输入点地址有关）。如果使用信号板，最高计数频率为 200kHz（单相）/160kHz（正交相位）。

5）高速输出。各种型号的 CPU 最多有 4 点高速脉冲输出［包括信号板的数字量（DQ）输出］。CPU 1217C 的高速脉冲输出最高频率为 1MHz，其他 CPU 的高速脉冲输出最高频率为 100kHz，信号板的高速脉冲输出最高频率为 200kHz。

6）运动控制。S7-1200 PLC 的高速输出可以用于步进电动机或伺服电动机的速度和位置控制。通过一个轴工艺对象和 PLC 开放式运动控制指令，它们可以输出脉冲信号来控制步进电动机的速度、阀位置或加热元件的占空比。除了返回原点和点动功能以外，还支持绝对位置控制、相对位置控制和速度控制。轴工艺对象有专用的组态窗口、调试窗口和诊断窗口。

7）用于闭环控制的 PID 功能。PID 功能用于对闭环过程进行控制，建议 PID 控制回路的个数不要超过 16 个。PID 调试窗口提供用于参数调节的形象直观的曲线图，支持 PID 参数自整定功能。

（2）CPU 的外部接线图

CPU 1214C DC/DC/DC 的外部接线图如图 1-6 所示。输入回路一般使用 CPU 内置的 DC 24V 传感器电源。漏型输入时一般外接 DC 电源，将输入回路的 1M 端子与 24VDC 传感器电源的 M 端子连接起来，将内置的 24V 电源的 L+端子接到外接触点的公共端。源型输入时将 24VDC 传感器电源的 L+端子连接到 1M 端子。

CPU 1214C AC/DC/RLY 的接线图与图 1-6 的区别在于前者的本机电源电压为 AC 220V，输出为继电器输出，可以接直流电源，也可以接交流电源。

2. CPU 的外部扩展模块

（1）通信模块

通信模块安装在 CPU 模块的左边，最多可以添加 3 个通信模块，可以使用点对点通信模块、PROFIBUS 模块、工业远程通信模块、AS-i 接口模块和 I/O-Link 模块。

（2）信号模块

信号模块简称为 SM，安装在 CPU 模块的右边，以增加数字量和模拟量输入/输出点数。CPU 1211 不能扩展信号模块，CPU 1212C 只能连接两个信号模块，其他 CPU 最多可以连接 8 个信号模块。

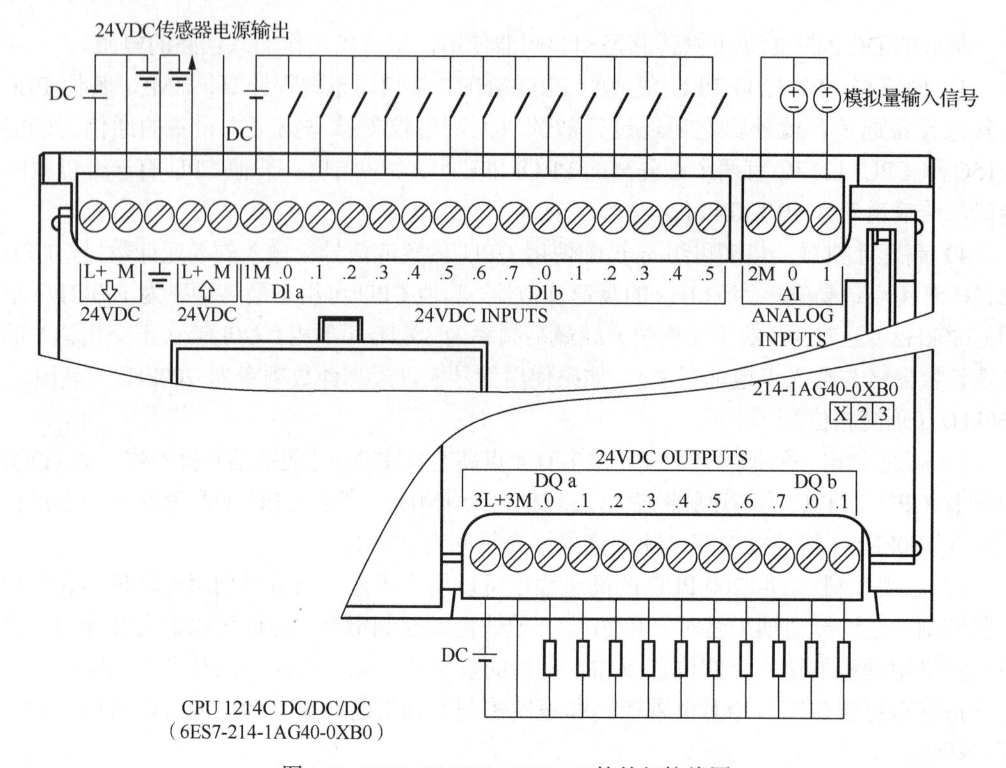

图 1-6 CPU 1214C DC/DC/DC 的外部接线图

(3)信号板

S7-1200 PLC 所有的 CPU 模块的正面都可以安装一块信号板，并且不会增加安装的空间。有时添加一块信号板，就可以增加需要的功能。例如，数字量输出信号板使继电器输出的 CPU 具有高速输出的功能。

安装时首先取下端子盖板，然后将信号板直接插入 S7-1200 PLC 的 CPU 正面的槽内。信号板有可拆卸的端子，因此可以很容易地更换信号板。

(4)集成的通信接口与通信模块

S7-1200 PLC 有非常强大的通信功能，提供下列通信选项和模块：智能设备(I-Device)、PROFNET、PROFIBUS、远距离控制通信、点对点通信、USS 通信、Modbus RTU、AS-i 和 I/O-Link MASTER。

1)集成的 PROFINET 接口。实时工业以太网是现场总线发展的趋势，PROFINET 是基于工业以太网的现场总线（IEC 61158 现场总线标准的类型，是开放式的工业以太网标准，它使工业以太网的应用扩展到了控制网络最底层的现场设备）。

S7-1200 PLC 的 CPU 集成的 PROFINET 接口可以与计算机、其他 S7 CPU、PROFINET I/O 设备（如 ET 200 远程 I/O 和 SINAMICS 驱动器）通信。该接口使用具有自动交叉网线功能的 RJ45 连接器，用直通网线或者交叉网线都可以连接 CPU 和其他以太网设备或交换机，数据传输速率为 10/100Mbit/s。

CSM 1277 是紧凑型交换机模块，有 4 个具有自检测和交叉自适应功能的 RJ45 连接器。它安装在 S7-1200 PLC 的导轨上，不需要组态。

2）PROFIBUS 通信与通信模块。PROFIBUS 是国际现场总线标准之一，已被纳入现场总线的国际标准 IEC 61158。

通过使用 PROFIBUS-DP 主站模块 CM 1243-5，S7-1200 PLC 可以与其他 CPU、编程设备、人机界面和 PROFIBUS-DP 从站设备（如 ET 200 和 SINAMICS 驱动设备）通信。CM 1243-5 可以作为 S7-1200 PLC 通信的客户机或服务器。

通过使用 PROFIBUS-DP 从站模块 CM 1242-5，S7-1200 PLC 可以作为智能 DP 从站设备与 PROFIBUS-DP 主站设备通信。

3）点对点通信与通信模块。通过点对点通信，S7-1200 PLC 可以直接发送信息到外围设备，如打印机；从其他设备接收信息，如条形码阅读器、射频识别（radio frequency identification，RFID）读写器和视觉系统；可以与 GPS 装置、无线电调制解调器及其他类型的设备交换信息。

CM 1241 是点对点高速串行通信模块，可执行的协议有 ASCII、USS 驱动协议、Modbus RTU 主站协议和从站协议，可以装载其他协议。3 种模块分别有 RS-232、RS-485 和 RS-422/485 通信接口。

通过 CM 1241 通信模块或者 CB 1241 RS-485 通信板，可以与支持 Modbus RTU 协议和 USS 协议的设备进行通信。S7-1200 PLC 可以作为 Modbus 主站或从站。

4）AS-i 通信与通信模块。AS-i 位于工厂自动化网络的最底层。AS-i 已被列入 IEC 62026 标准。AS-i 是单主站主从式网络，支持总线供电，即两根电缆同时作为信号线和电源线。S7-1200 PLC 的 AS-i 主站模块为 CM 1243-2，其主站协议版本为 V3.0，可配置 31 个标准开关量/模拟量从站或 62 个 A/B 类开关量/模拟量从站。

5）远程控制通信与通信模块。通过使用 GPRS 通信处理器 CP 1242-7，S7-1200 CPU 可以与下列设备进行无线通信：中央控制站、其他远程站、移动设备（SMS 短消息）、编程设备（远程服务）和使用开放式用户通信的其他通信设备。通过 GPRS 可以实现简单的远程监控。

6）I/O-Link 主站模块。I/O-Link 是 IEC 61131-9 中定义的用于传感器/执行器领域的点对点通信接口，使用非屏蔽的 3 线制标准电缆。I/O-Link 主站模块 SM 1278 用于连接 S7-1200 CPU 和 I/O-Link 设备，它有 4 个 I/O-Link 端口，同时具有信号模块功能和通信模块功能。

（5）精简人机界面 HMI

第二代精简系列人机界面主要与 S7-1200 配套，64K 色高分辨率宽屏显示器的尺寸为 4in（1in≈2.54cm）、7in、9in 和 12in，支持垂直安装，用博途软件中的 WinCC 组态。它们有一个 RS-422/RS-485 接口或一个 RJ45 以太网接口，还有一个 USB 2.0 接口。

六、S7-1200 PLC 的 CPU 的工作原理及工作过程

1. CPU 的工作模式

CPU 在通电情况下，有 STOP、STARTUP 和 RUN 共 3 种工作模式，在面板上，有模式状态指示灯，指示 CPU 当前所处的工作模式。

1）在 STOP 模式下，CPU 不执行任何程序，只在处理所有通信请求（如果适用）和执行自诊断两个状态间循环。过程映像也不会自动更新。而用户可以下载项目。RUN/STOP 指示灯为黄色常亮。

2）在 STARTUP 模式下，CPU 进行加电诊断和系统初始化。CPU 不会处理中断事件。RUN/STOP 指示灯为绿色和黄色交替闪烁。检查到某些错误时，将禁止进行加电诊断和系统初始化，禁止 CPU 进入 RUN 模式，保持在 STOP。

3）在 RUN 模式下，扫描周期重复执行。

在程序循环阶段的任何时刻都可能发生中断事件，CPU 也可以随时处理这些中断事件。用户可以在 RUN 模式下，下载项目的某些部分。

RUN/STOP 指示灯为绿色常亮。

2. 工作模式的切换

西门子 S7-1200 PLC 的 CPU 上没有工作模式选择开关，只能用编程软件或程序指令来在线切换 STOP 或 RUN 工作模式，即用博途软件中的 CPU 操作面板，或工具栏上的按钮来切换模式，在用户程序中用 STP 指令使 CPU 进入 STOP 模式。

3. 冷启动与暖启动

下载了用户程序的块和硬件组态后切换到 RUN 模式时，CPU 执行冷启动。冷启动时复位输入，初始化输出；复位存储器，即清除工作存储器、非保持性存储区和保持性存储区，并将装载存储器的内容复制到工作存储器。

冷启动后，在下一次下载之前，从 STOP 到 RUN 模式的切换均为暖启动。暖启动时所有非保持的系统数据和用户数据被初始化，不会清除保持性存储区。但可以用在线和诊断视图的“MRES”按钮来复位存储器。存储器复位将清除所有工作存储器、保持性及非保持性存储区，将装载存储器内容复制到工作存储器，并将输出设置为组态的“对 CPU STOP 的响应”。存储器复位不会清除诊断缓冲区，也不会清除永久保存的 IP 地址。

可组态 CPU 的“加电后启动”设置及重启方法。CPU 支持以下加电模式：STOP 模式、“暖启动后转到 RUN 模式”和“暖启动后转到上一个模式”。

4. CPU 的状态的工作过程

CPU 启动时先进入 STARTUP 模式，然后进入 RUN 模式。STARTUP 模式又分为 A～F 六个阶段；RUN 模式，CPU 反复地执行①～④阶段的不同任务，如图 1-7 所示。

S7-1200 PLC 数字量输入/输出时，CPU 利用了内部存储器中的过程映像输入区和过程映像输出区，用于存放输入信号和输出信号的状态。

在 RUN 模式，输出刷新时，PLC 采用集中输出方式，即在输出刷新阶段①集中将所有的输出过程映像寄存器的值集中输出到对应的外部端子并锁存，直到下一个输出刷新阶段。在程序运行中，输出映像寄存器的值可能会被多次改写，最终结果决定输出映像寄存器的值。若程序中线圈接通，则输出映像寄存器值为“1”；若断开，则输出映像寄存器值为“0”。输出映像寄存器的值为“1”，则对应的输出端子与对应公共端子连通，反之则断开。S7-1200 PLC 也提供立即输出指令。

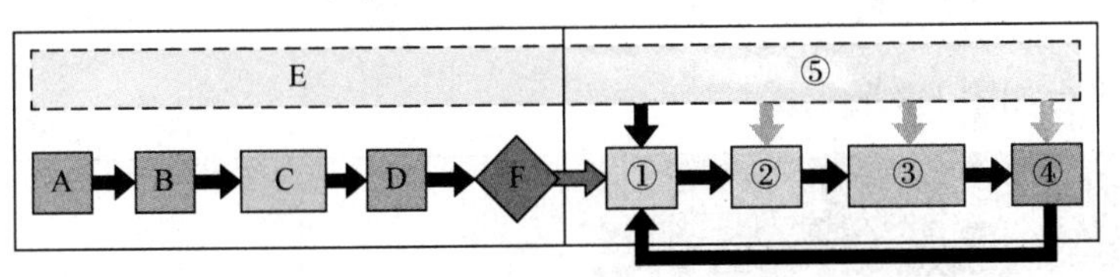

STARTUP

A 清除I（图像）存储区

B 使用组态的零、最后一个值或替换值初始化Q
输出（图像）存储区，并将PB、PN和AS-i输出归零

C 将非保持性M存储器和数据块初始化为初始值，并启用组态的循环中断和时间事件。执行启动OB。

D 将物理输入的状态复制到I存储器

E 将所有中断事件存储到要在进入RUN模式后处理的队列中

F 启用将Q存储器写入物理输出

RUN

① 将Q存储器写入物理输出

② 将物理输入的状态复制到I存储器

③ 执行程序循环OB

④ 执行自检诊断

⑤ 在扫描周期的任何阶段处理中断和通信

图 1-7 STARTUP 和 RUN 模式分阶段的任务

PLC 采用集中输入方式，即在采样阶段②将所有物理输入回路信号都采样存储到对应的输入过程映像寄存器 I 中，错过采样阶段的外部电路通断电情况将不能被 CPU 读取。输入回路通电被采样后，过程映像寄存器置“1”，反之置“0”。如过程映像寄存器为“1”，则程序中对应常开触点闭合，常闭触点断开；反之则常开触点断开，常闭触点闭合。另外，S7-1200 PLC 提供立即读指令，可以在程序处理阶段直接读取外部端子信号，格式为输入元件后加：P。

读取输入后，执行用户程序时，从第一条指令开始，按程序的逻辑流程逐条顺序执行用户程序中的指令，包括程序循环 OB 调用 FC 和 FB 的指令，直到最后一条指令。程序执行过程中，各输出点的值被保存到过程映像输出，而不是立即写给输出模块。在程序执行阶段，即使外部输入信号的状态发生了变化，过程映像输入的状态也不会随之而变。

七、编程软件应用基础

博途（Portal）TIA 是西门子自动化的全新工程设计软件，TIA 是 totally integrated automation（全集成自动化）的简称。博途整合了原有的编程软件，包括触摸屏与组态，功能更加强大，应用更加方便。S7-1200 PLC 用博途软件的 STEP 7 Basic（基本版）或 STEP 7 Professional（专业版）编程。

1. S7-1200 PLC 的编程语言

PLC 编程语言的国际标准 IEC 61131-3 中有 5 种编程语言。S7-1200 PLC 使用梯形图 LAD、函数块图 FBD 和结构化控制语言（structured control language，SCL）。输入程序时在地址前自动添加%，梯形图中，一个程序段可以放多个独立电路。

2. 博途软件平台的构成

博途软件平台如图 1-8 所示。

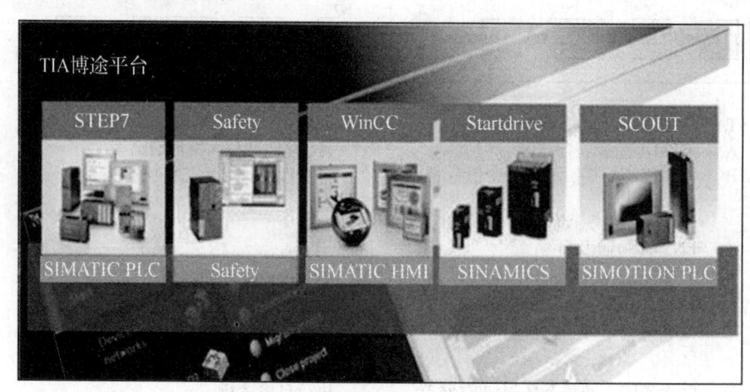

图 1-8 博途软件平台

3. 博途软件的安装

博途软件 V15 支持 Windows 10、Windows 8、Windows 7，但必须都是 64 位系统，对计算机的配置要求较高，CPU 要求 i5 或以上，运行内存 8GB 以上。安装博途软件的过程中不能运行杀毒软件、防火墙软件、防木马软件、优化软件等，只要不是系统自带的软件都须退出。在注册表（图 1-9）中找到 HKEY_LOCAL_MACHINE\SYSTEM\CurrentControlSet\Control\Session Manager 下的 PendingFileRenameOperations 键，查看该键，将该键值所指向的目录文件删除（删除此文件对计算机没有任何影响），然后删除该键，或者直接删除该键值，安装中不需要重新启动。

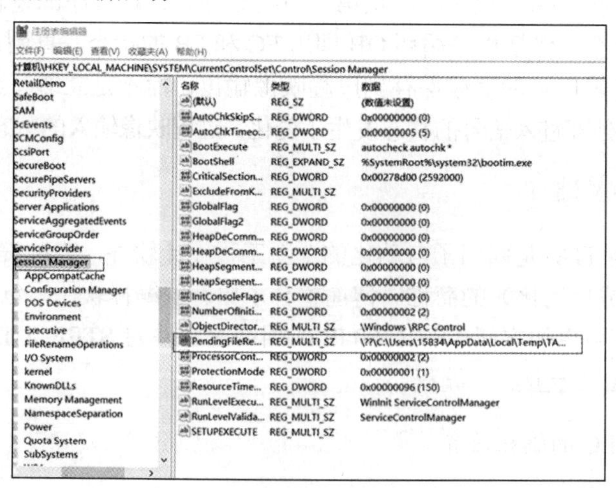

图 1-9 注册表

文件的存放路径不能有中文字符，所有的路径都不能有中文字符。软件必须安装在 C 盘。

操作系统要求为原版操作系统，不能是一键还原（GHOST）版本，也不能是优化后的版本。如果不是原版操作系统，用户也可以试着安装，但有可能会在安装中报故障。如果安装过以前版本的软件，则须重装系统后再安装。

安装完后请按要求重启计算机。计算机重启后，不要先运行软件，应先安装授权，完成后再重启计算机。

打开 V15 文件夹（其中为博途软件的安装文件），如图 1-10 所示，选择图 1-10（a）框中的文件并解压；然后安装解压后的安装包［图 1-10（b）］，步骤如图 1-11 和图 1-12 所示。

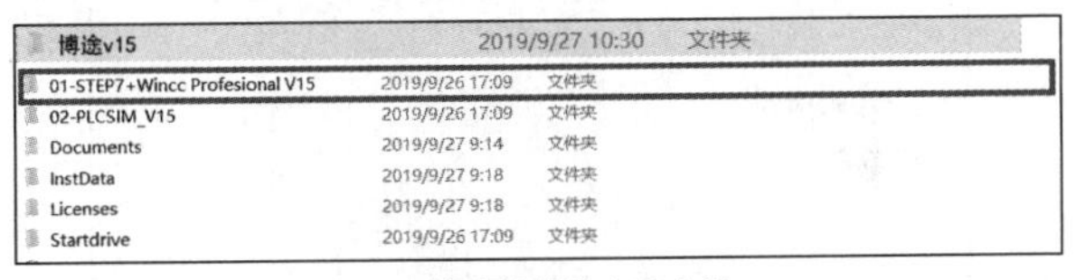

（a）博途软件的安装文件

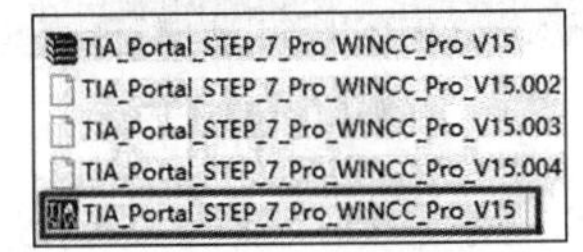

（b）解压后的安装包

图 1-10　解压文件

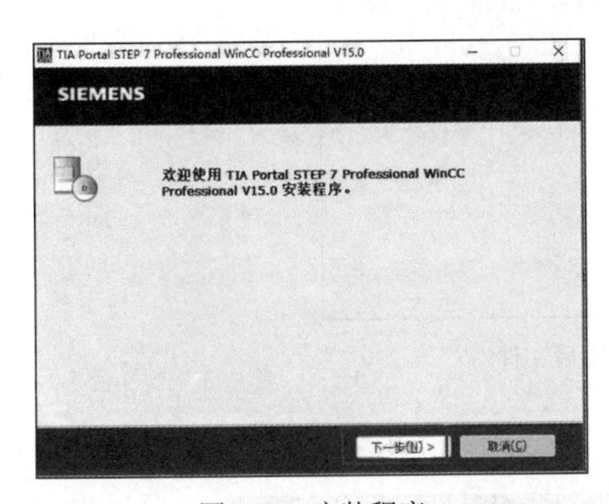

图 1-11　安装程序

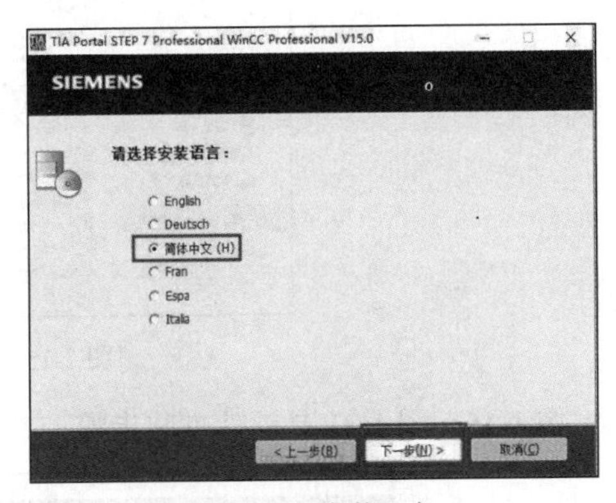

图 1-12　安装语言

图 1-13 所示为解压安装包。最好在 C 盘新建一个文件夹，解压到这个文件夹内，安装完成后直接删掉（或者选中“退出时删除提取的文件”复选框）此文件夹。

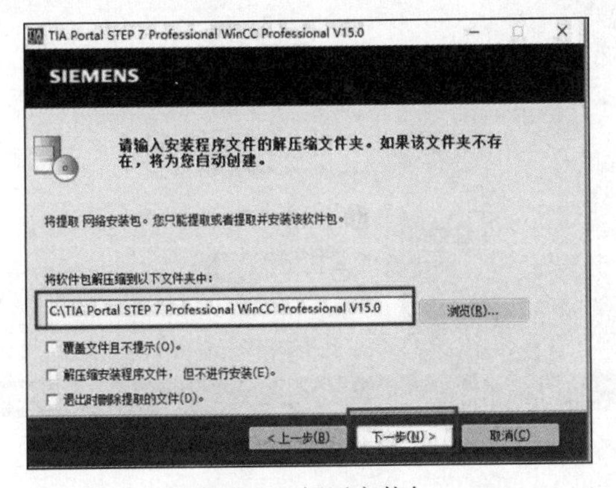

图 1-13　解压安装包

如果只解压文件，可以选中“解压缩安装程序文件，但不进行安装”复选框。图 1-14 所示为软件解压中。

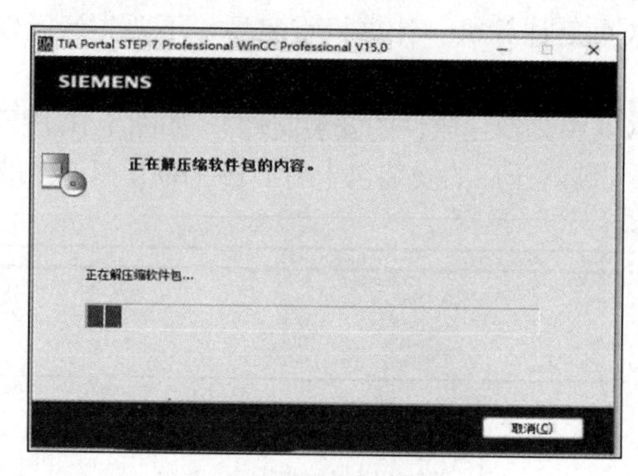

图 1-14　解压中

解压后的文件内容如图 1-15 所示，直接双击 Start 文件即可开始安装。

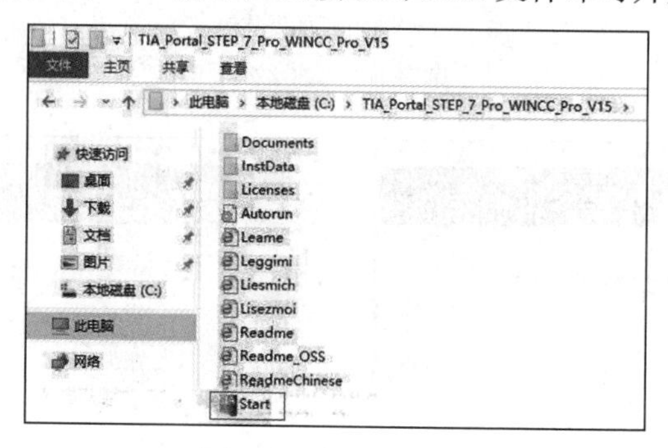

图 1-15　解压后文件

图 1-16～图 1-21 是软件安装步骤。

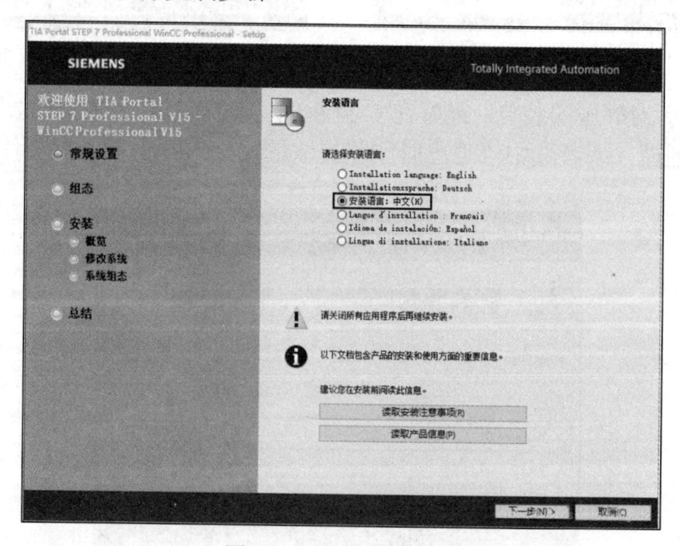

图 1-16　选择安装语言

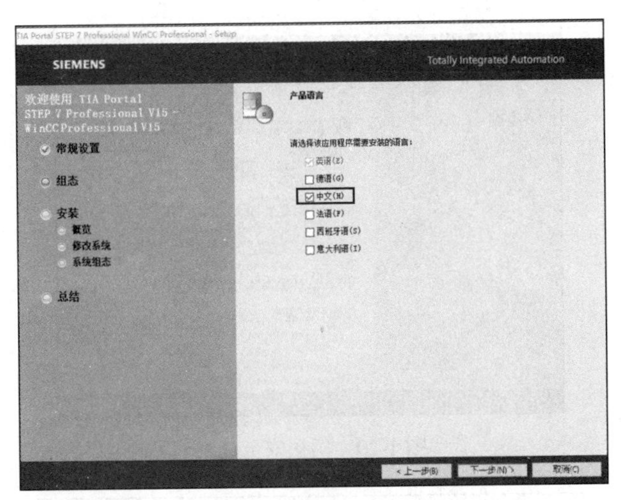

图 1-17　选择应用程序需要安装的语言类型

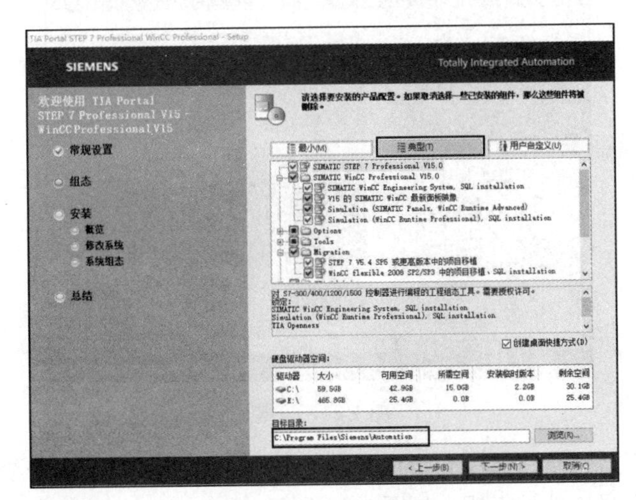

图 1-18　安装产品配置

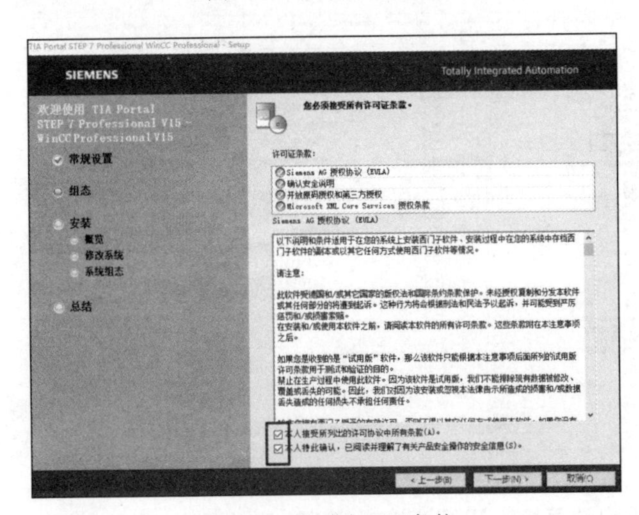

图 1-19　通过许可证条款

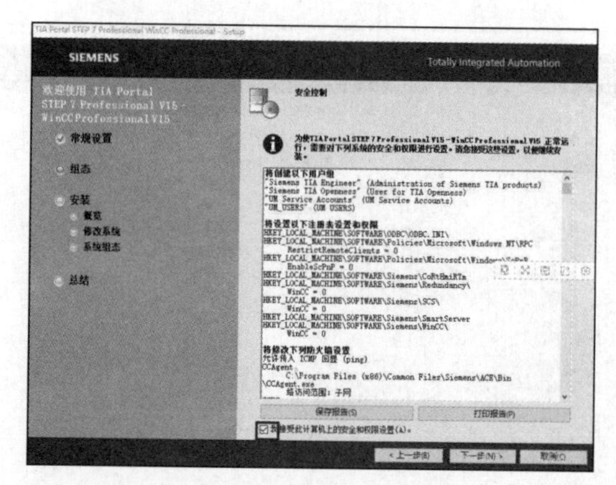

图 1-20　确认安全控制

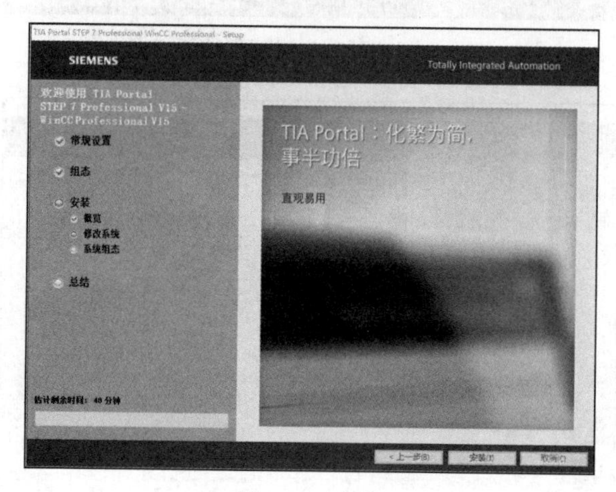

图 1-21　安装

授权步骤：运行 Sim_EKB_Install_2018_11_14，选择“需要的密钥”选项，选中全部复选框，然后选择安装长密钥，如图 1-22 所示。

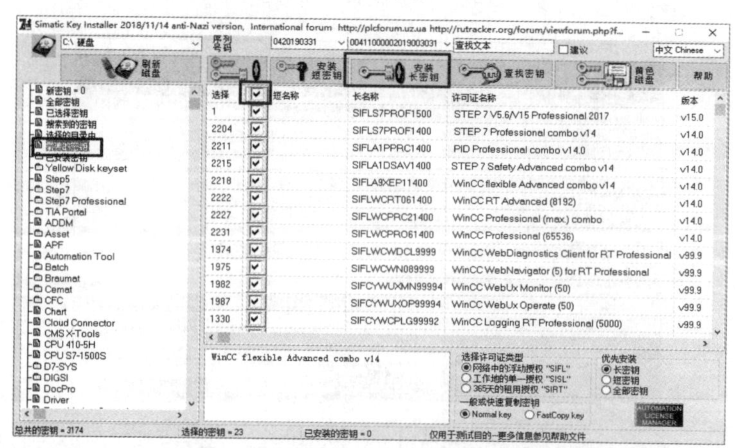

图 1-22　确认授权

授权完成后重启计算机，运行博途 V15。

如果打开博途 V15 配置 CPU 型号时提示错误，则应先关闭软件，再以管理员身份打开即可。

4. 博途软件的界面简介

（1）Portal 视图

双击博途软件图标，可以打开 Portal 视图界面，如图 1-23 所示。Portal 视图是面向任务的视图，可以概览自动化项目的所有任务。界面主要包括任务选项、任务选项对应的操作、操作选择面板、切换到“项目视图”链接。

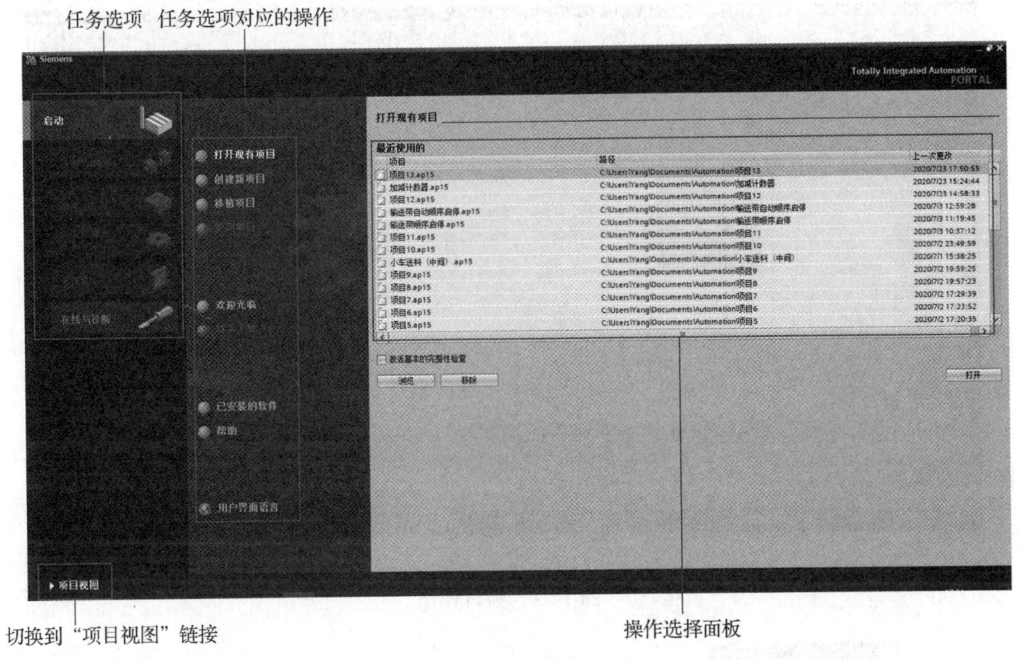

图 1-23 Portal 视图界面

1）任务选项为各个任务区提供了基本功能，在 Portal 视图中提供的任务选项取决于所安装的软件产品。

2）任务选项对应的操作：提供了对所选任务可使用的操作，操作的内容会根据所选的任务选项动态变化。

3）切换到项目视图：可以使用“项目视图”链接切换到项目视图。

（2）项目视图

项目视图是针对项目的，是所有组件的结构化视图。单击“项目视图”链接，切换到“项目视图”界面，如图 1-24 所示。界面主要包括如下区域：

1）项目树。项目中的各组成部分在项目树中以树形结构显示，如图 1-25 所示。项目树的使用方式与 Windows 操作系统的资源管理器相似，作为每个编辑器的子元件，用文件夹以结构化的方式保存。

可以用项目树访问所有的设备和项目数据，添加新的设备，编辑已有的设备，打开处理项目数据的编辑器。

2）详细视图。详细视图将显示总览窗口或项目树中所选对象的特定内容，如图 1-26 所示。选择了项目树中的“PLC 变量”→“默认变量表”后，在详细视图中将出现默认变量表中的所有变量。

3）任务卡。任务卡的功能与编辑器有关，如图 1-27 所示。通过任务卡可以进行进一步或附加的操作，如从硬件目录中选择对象、搜索与替代项目中的对象等。可以通过最右边的竖条按钮来切换任务卡显示的内容。可以使用哪些任务卡取决于所安装的软件产品。

图 1-24　项目视图

图 1-25　项目树

图 1-26　详细视图

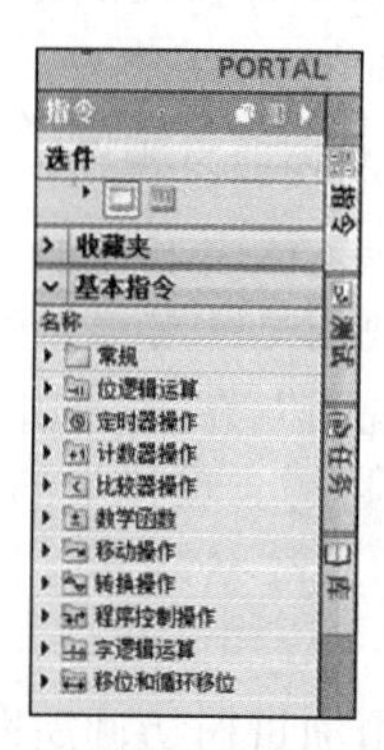

图 1-27　任务卡

4）工作区。工作区如图 1-28 所示。在工作区内显示进行编辑或打开的对象，在工作区中可以打开若干个对象，但通常每次在工作区中只能看到其中一个对象。在编辑栏中，所有其他对象均显示为选项卡。如果在执行某些任务时需要同时查看两个对象，可以用水平方式和垂直方式平铺工作区。

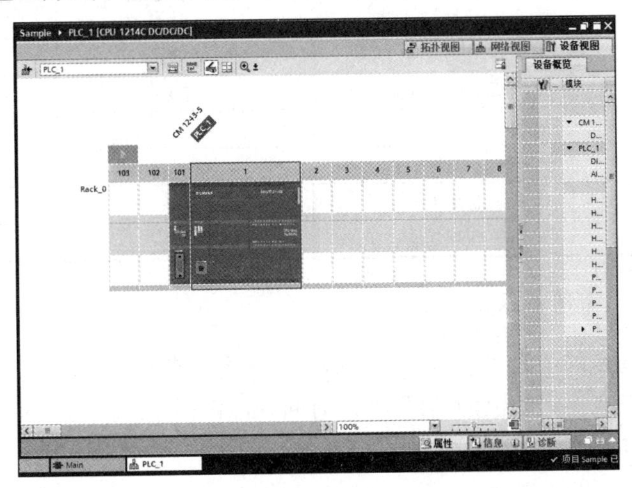

图 1-28 工作区

5）巡视窗口。巡视窗口如图 1-29 所示，用来显示选中的工作区中的对象的附加信息，还可以用巡视窗口来设置对象的属性。巡视窗口中有以下 3 个选项卡。

属性：用来显示和修改选项中的工作区中的对象属性。

信息：显示所选对象和操作的详细信息及编译的报警信息。

诊断：显示系统诊断时间和组态的报警事件。

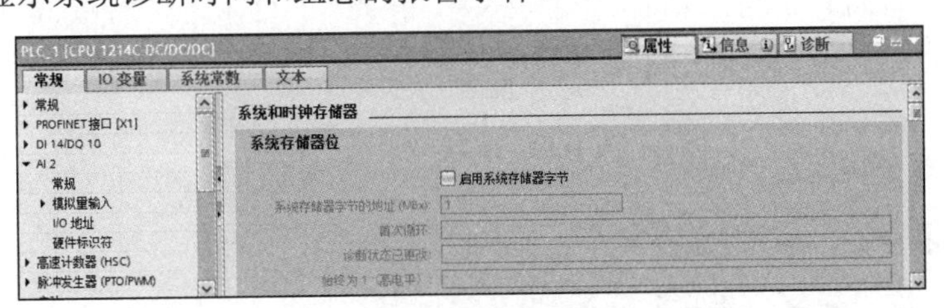

图 1-29 巡视窗口

八、位逻辑指令

位逻辑指令主要是指实现位与位之间“与”“或”“非”等逻辑运算或配合实现逻辑运算的相关指令，如表 1-3 所示。

表 1-3 位逻辑指令

指令	描述	指令	描述
—| |—	常开触点	RS（R、S1 输入，Q 输出）	置位优先锁存器

续表

指令	描述	指令	描述
—┤/├—	常闭触点	SR: —S Q—, —R1	复位优先锁存器
—┤NOT├—	取反触点	—┤P├—	上升沿检测触点
—( )—	输出线圈	—┤N├—	下降沿检测触点
—(/)—	取反输出线圈	—(P)—	上升沿检测线圈
—(S)—	置位	—(N)—	下降沿检测线圈
—(R)—	复位	P_TRIG	上升沿触发器
—(SET_BF)—	区域置位	N_TRIG	下降沿触发器
—(RESET_BF)—	区域复位		

1. 常开触点与常闭触点指令

常开触点在指定的位为“1”状态（ON）时闭合，在指定的位为“0”状态（OFF）时断开。常闭触点在指定的位为“1”状态时断开，在指定的位为“0”状态时闭合。

2. 取反指令

取反（NOT）指令用来转换能流输入的逻辑状态。如果没有能流流入NOT触点，则有能流流出［图1-30（a）］；如果有能流流入NOT触点，则没有能流流出［图1-30（b）］。

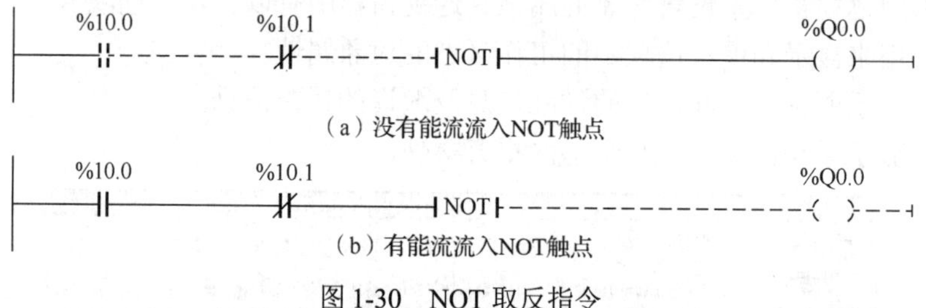

（a）没有能流流入NOT触点

（b）有能流流入NOT触点

图1-30　NOT取反指令

3. 输出指令

线圈输出指令系统将线圈的状态写入指定的地址，线圈通电时写入“1”，断电时写入“0”。如果是Q区的地址，CPU将输出的值传送给对应的过程映像输出。在RUN模式下，CPU不停地扫描输入信号，根据用户程序的逻辑处理输入状态，通过向过程映像输出寄存器写入新的输出状态值来作出响应。在写输出阶段，CPU将存储在过程映像寄存器中的新的输出状态传送给对应的输出电路。

可以用Q0.0:P的线圈将位数据值立即写入对应的物理输出点。

反相输出线圈中间有“/”符号，如果有能流流过M10.0的反相输出线圈［图1-31（a）］，则M10.0的常开触点断开［图1-31（b）］；反之，如果没有能流流过M10.0的反相输出线圈，则其常开触点闭合。

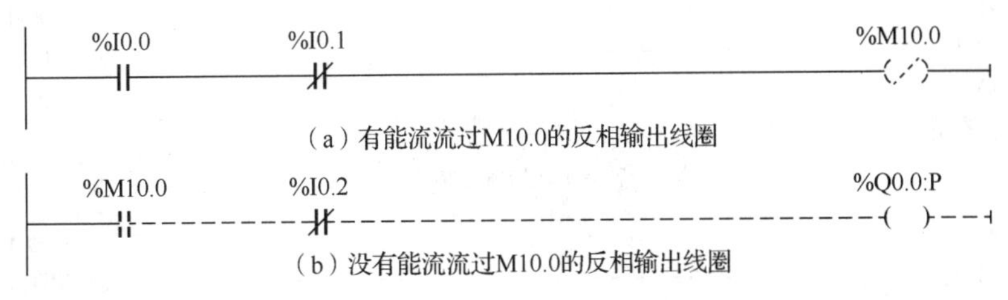

（a）有能流流过M10.0的反相输出线圈

（b）没有能流流过M10.0的反相输出线圈

图 1-31　输出线圈

4. 置位、复位指令

S（Set，置位或置“1”）指令将指定的地址位置位（变为“1”状态并保持）。R（Reset，复位或置“0”）指令将指定的地址位复位（变为“0”状态并保持）。

置位指令与复位指令最主要的特点是有记忆和保持功能。如果图 1-32 中 I0.0 的常开触点闭合，则 Q0.0 变为“1”状态并保持该状态。即使 I0.0 的常开触点断开，Q0.0 也仍然保持“1”状态［见图 1-32（c）中的波形图］。在程序状态中，用 Q0.0 的 S 和 R 线圈连续的绿色圆弧和绿色的字母表示“1”状态，用间断的蓝色圆弧和蓝色的字母表示“0”状态。

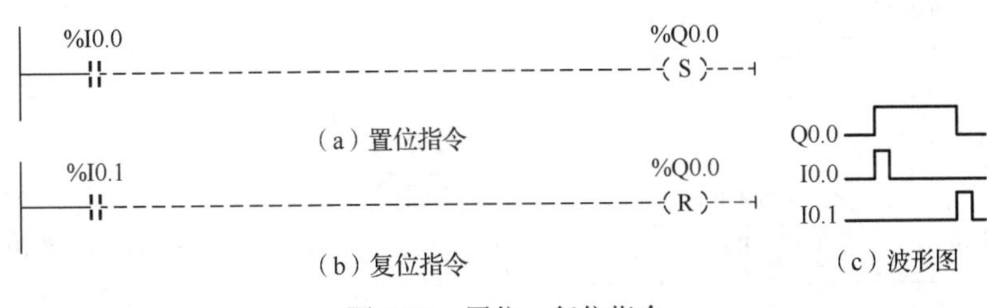

（a）置位指令

（b）复位指令

（c）波形图

图 1-32　置位、复位指令

I0.1 的常开触点闭合时，Q0.0 变为“0”状态并保持该状态。即使 I0.1 的常开触点断开，Q0.0 也仍然保持“0”状态。

5. 区域置位、区域复位指令

SET_BF（Setbitfield，区域置位）指令将从指定的地址开始的连续若干个位地址置位（变为“1”状态并保持）。在图 1-33（a）中的 I0.0 的上升沿（从“0”状态变为“1”状态），从 Q0.0 开始的 4 个连续的位被置位为“1”并保持“1”状态。

RESET_BF（Resetbitfield，区域复位）指令将从指定的地址开始的连续若干个位地址复位（变为“0”状态并保持）。在图 1-33（b）中的 I0.1 的下降沿（从“1”状态变为“0”状态），从 Q0.0 开始的 4 个连续的位被复位为“0”并保持“0”状态。

与 S7-200 PLC 和 S7-300/400 PLC 不同，S7-1200 PLC 的梯形图允许在一个程序段网络内输入多个独立电路。

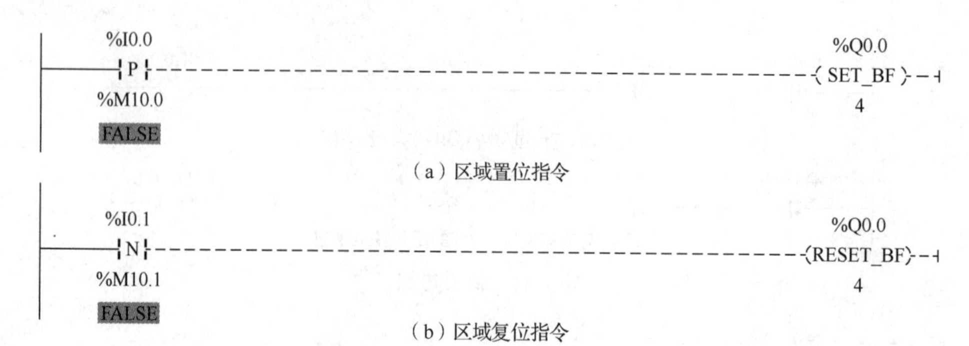

（a）区域置位指令

（b）区域复位指令

图 1-33　区域置位、区域复位指令

6. 复位优先指令与置位优先指令

SR 是复位优先指令，如图 1-34（a）所示，其输入/输出关系如表 1-4 所示。RS 是置位优先指令，如图 1-34（b）所示，其输入/输出关系如表 1-4 所示。

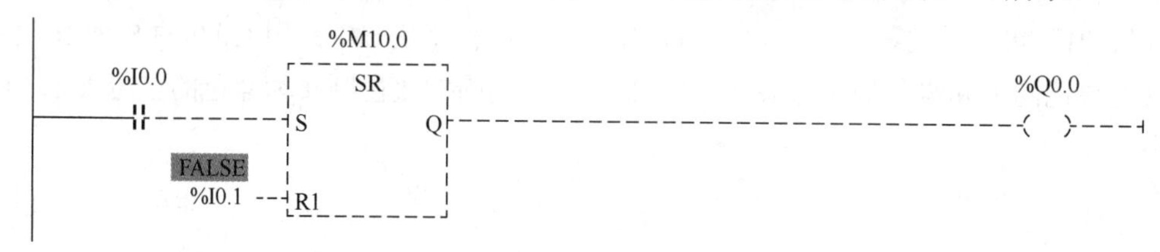

（a）复位优先指令

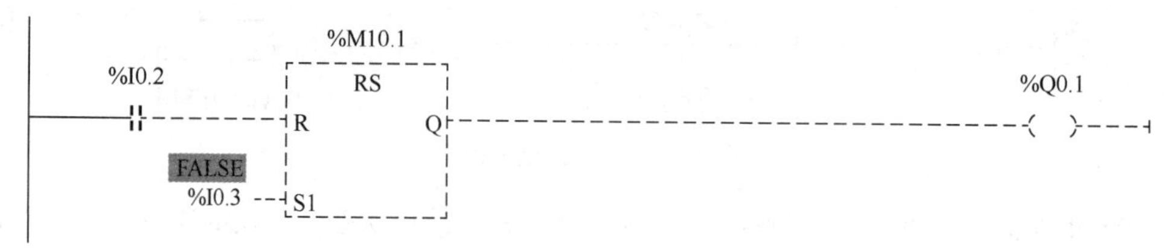

（b）置位优先指令

图 1-34　复位优先指令与置位优先指令

表 1-4　复位优先指令与置位优先指令

复位优先指令（SR）			置位优先指令（RS）		
S	R1	输出位	S1	R	输出位
0	0	保持前一状态	0	0	保持前一状态
0	1	0	0	1	0
1	0	1	1	0	1
1	1	0	1	1	1

注：“0”表示断开，“1”表示接通。

两种锁存器的区别仅在于表 1-4 的最下面一行。在复位优先指令中，在置位（S）和复位（R1）信号同时为“1”时，SR 锁存器的输出位 M10.0 被复位为 0，Q0.0 输出为“0”状态；在置位优先指令中，在置位（S1）和复位（R）信号同时为“1”时，RS 锁存器的输出位 M10.1 被置位为“1”，Q0.1 输出为“1”状态。

7. 边沿检测触点指令

图 1-35 中间有 P 的触点是上升沿检测触点，如果输入信号 I0.0 由“0”状态变为“1”状态（即输入信号 I0.0 的上升沿），则该触点接通一个扫描周期。边沿检测触点不能放在电路结束处。

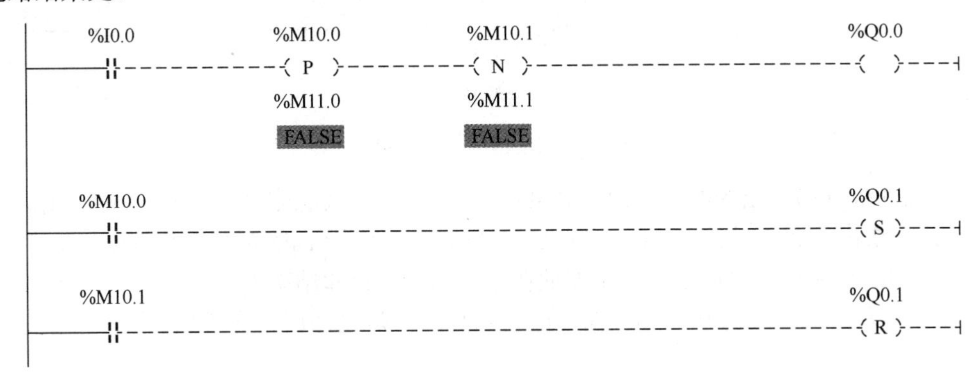

图 1-35　边沿检测线圈指令

P 触点下面的 M10.0 为边沿存储位，用来存储上一次扫描循环时 I0.0 的状态。通过比较输入信号的当前状态和上一次循环的状态，来检测信号的边沿。边沿存储位的地址只能在程序中使用一次，它的状态不能在其他地方被改写。只能使用 M、全局 DB 和静态局部变量 Static 来作边沿存储位，不能使用临时局部变量或 I/O 变量来作边沿存储位。

图 1-35 中间有 N 的触点是下降沿检测触点，如果输入信号 I0.1 由“1”状态变为“0”状态（即输入信号 I0.1 的下降沿），RESET_BF 的线圈“通电”一个扫描循环周期。N 触点下面的 M10.1 为边沿存储位。

8. 边沿检测线圈指令

中间有 P 的线圈是上升沿检测线圈（图 1-35），仅在流进该线圈的能流的上升沿（线圈由断电变为通电），输出位 M10.0 为“1”状态。M11.0 为边沿存储位。

中间有 N 的线圈是下降沿检测线圈（图 1-35），仅在流进该线圈的能流的下降沿（线圈由通电变为断电），输出位 M10.1 为“1”状态。M11.1 为边沿存储位。边沿检测线圈不会影响逻辑运算结果（RLO），它对能流是畅通无阻的，其输入端的逻辑运算结果被立即送给线圈的输出端。边沿检测线圈可以放置在程序段的中间或程序段的最右边。

在运行时用外接的小开关使 I0.0 变为“1”状态，I0.0 的常开触点闭合，能流经 P 线圈和 N 线圈流过 Q0.0 的线圈。在 I0.0 的上升沿，M10.0 的常开触点闭合一个扫描周期，使 Q0.1 置位；在 I0.0 的下降沿，M10.1 的常开触点闭合一个扫描周期，使 Q0.1 复位。

9. P_TRIG 指令与 N_TRIG 指令

在流进 P_TRIG 指令的 CLK 输入端（图 1-36）的能流的上升沿（能流刚出现），Q 端输出脉冲宽度为一个扫描周期的能流，使 Q0.0 置位。P_TRIG 指令框下面的 M10.0 是脉冲存储器位。

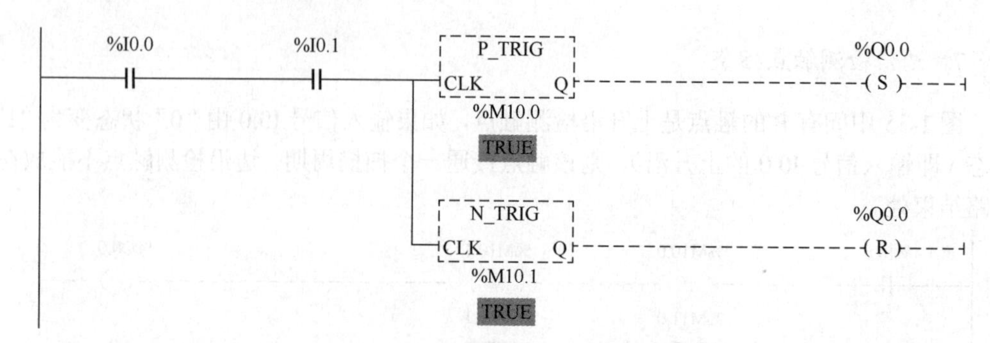

图 1-36　P_TRIG 指令与 N_TRIG 指令

在流进 N_TRIG 指令的 CLK 输入端的能流的下降沿（能流刚消失），Q 端输出脉冲宽度为一个扫描周期的能流，使 Q0.0 复位。N_TRIG 指令框下面的 M10.1 是脉冲存储器位。

P_TRIG 指令与 N_TRIG 指令不能放在电路的开始处和结束处。

在设计程序时应考虑输入和存储位的初始状态，是允许还是应避免首次扫描的边沿检测。

10. 边沿检测指令的比较

下面比较 3 种边沿检测指令的功能（以上升沿检测为例）：

在─|P|─触点上面的地址的上升沿，该触点接通一个扫描周期。因此 P 触点用于检测触点上面的地址的上升沿，并且直接输出上升沿脉冲。

在流过─(P)─线圈的能流的上升沿，线圈上面的地址在一个扫描周期为“1”状态。因此 P 线圈用于检测能流的上升沿，并用线圈上面的地址来输出上升沿脉冲。

在流入 P_TRIG 指令的 CLK 端的能流的上升沿，Q 端输出一个扫描周期的能流。因此 P_TRIG 指令用于检测能流的上升沿，并且直接输出上升沿脉冲。

如果 P_TRIG 指令左边只有 I0.0 的常开触点，可以用 I0.0 的 P 触点来代替它们。

任务实施

一、任务分析

本任务中的控制，其实质是一个单向长动控制，应设计有“启动”与“停止”按钮。另外，PLC 带负载的能力还不足以驱动电动机，所以采用间接控制模式，PLC 只控制接触器的线圈通断电，接触器再间接控制电动机的运行，从而控制传送带的运行。如果 PLC 的功率不够驱动接触器线圈，可以再用一级继电器控制。

另外，在主电路还设计了熔断器、热继电器，实现了短路保护、过载保护，对电动机外壳及人易于接触到的金属部分，通过接地，实现接地保护。

二、PLC 接线图与元件分配

启动、停止控制电路主电路和 PLC 接线图如图 1-37 所示。

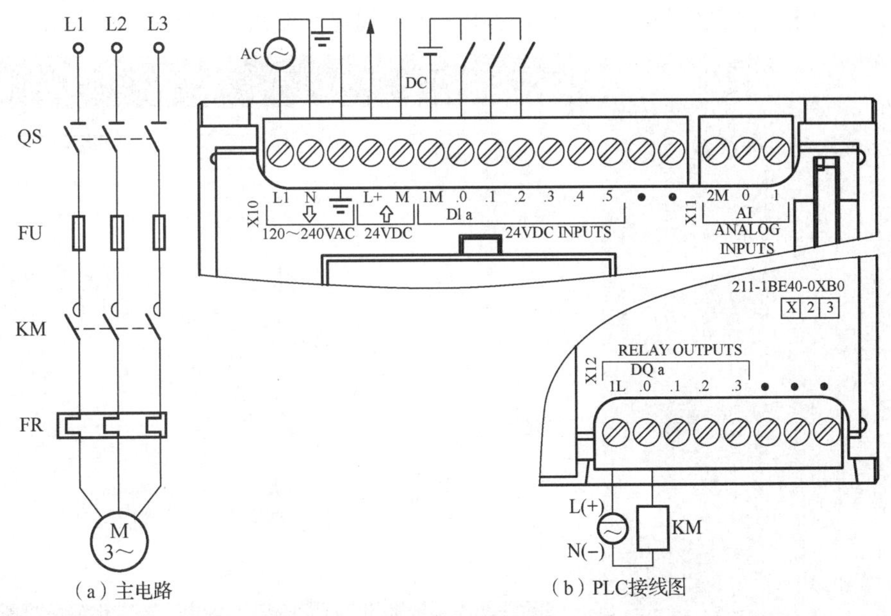

（a）主电路　（b）PLC接线图

图 1-37　启动、停止控制电路主电路和 PLC 接线图

元件分配：I0.0 为启动按钮，I0.1 为停止按钮，I0.2 为热继电器常开触点，Q0.0 为接触器线圈。

三、组态操作步骤

1）打开 TIA Portal V15 软件，在项目视图里选择“创建新项目”选项，如图 1-38 所示。

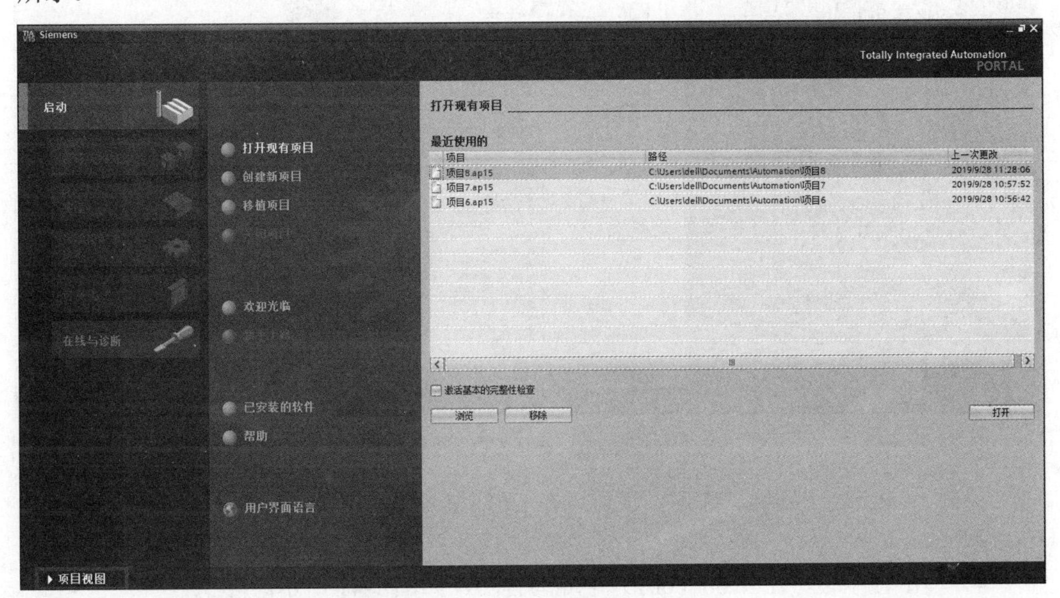

图 1-38　选择“创建新项目”选项

2）在弹出的“创建新项目”对话框中单击“创建”按钮，如图 1-39 所示。

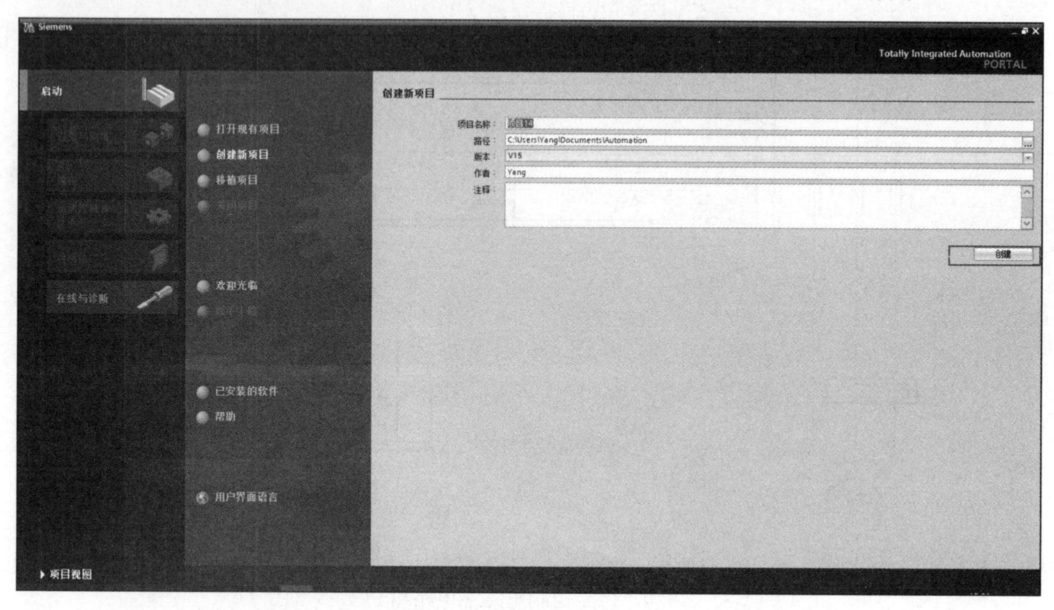

图 1-39 单击“创建”按钮

3）选择“添加新设备”选项，选择需要的 CPU 型号，如图 1-40 所示。

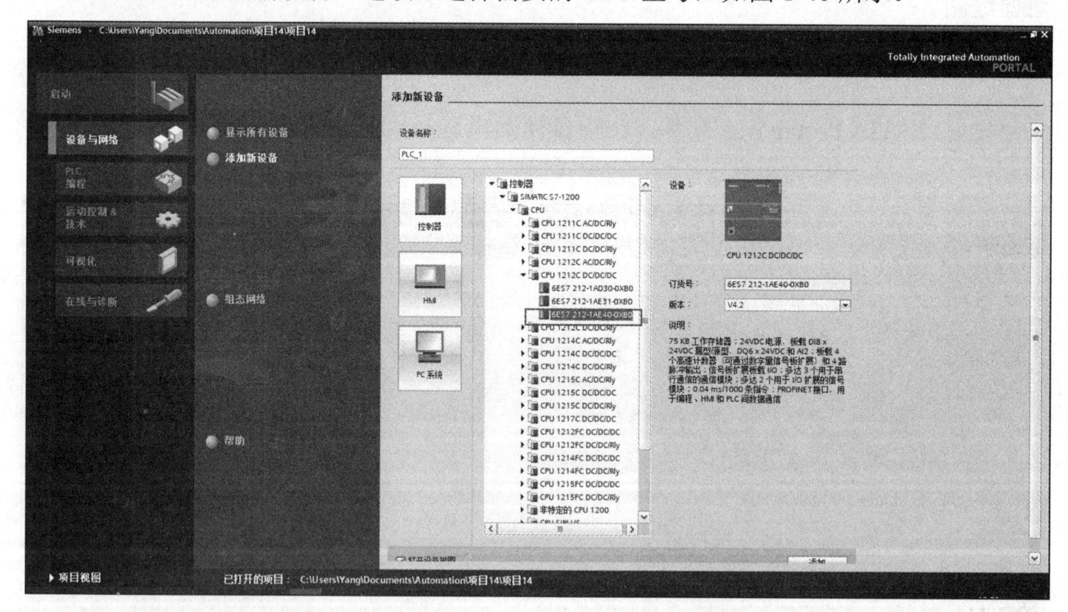

图 1-40 选择 CPU 型号

另外，CPU 处于连线状态时，也可以在 CPU 型号里选择非特定型号，然后选择自动获取型号。

4）单击程序块，在 main（ob1）中编写程序，如图 1-41 所示。

5）程序编写完成后，可进行编译（图 1-42），查看程序是否有错误。编译无误后单击“下载到设备”按钮。

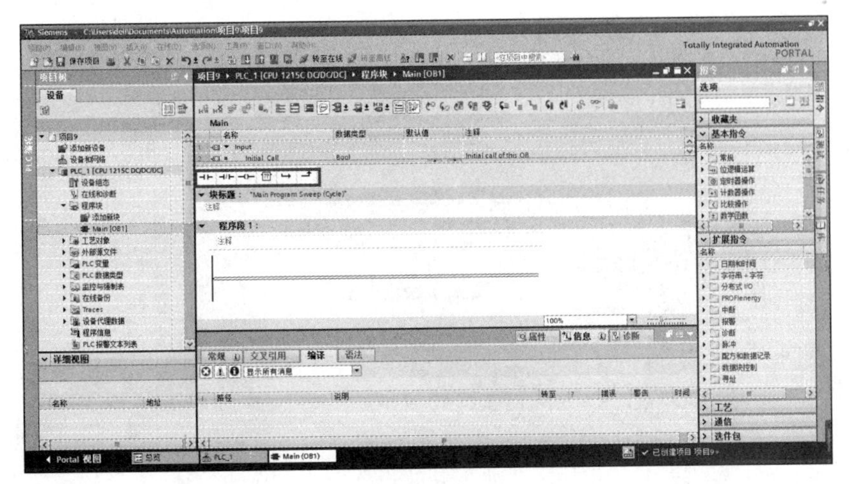

图 1-41 编写程序

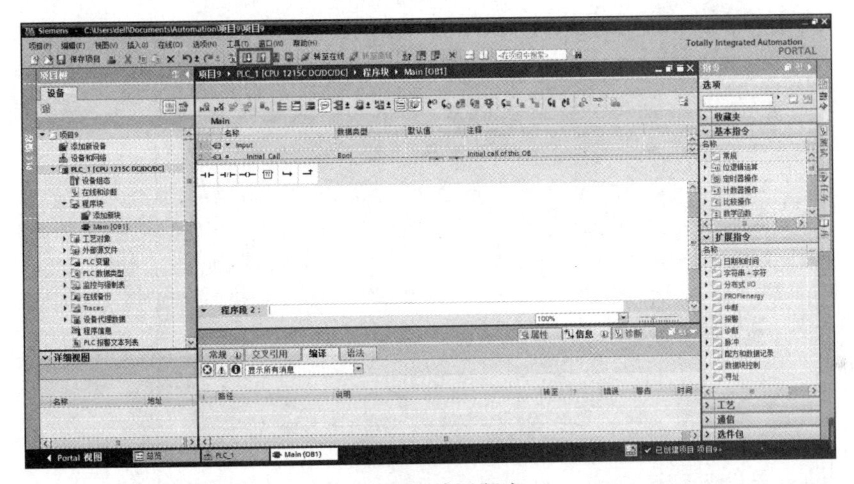

图 1-42 编译程序

6）连接 PLC，如图 1-43 和图 1-44 所示。

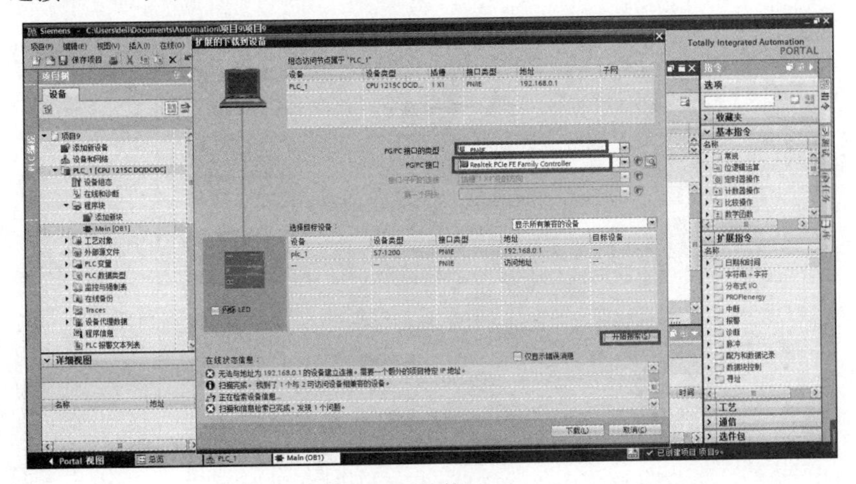

图 1-43 连接 PLC 一

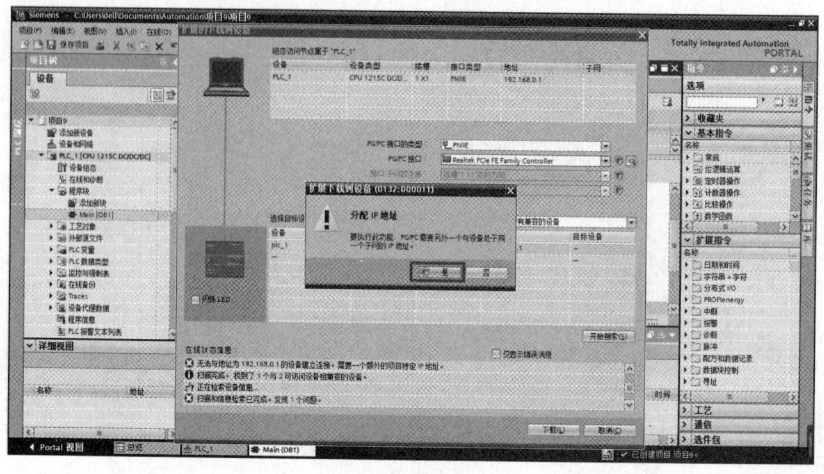

图1-44　连接PLC二

7）下载程序到PLC，如图1-45和图1-46所示。

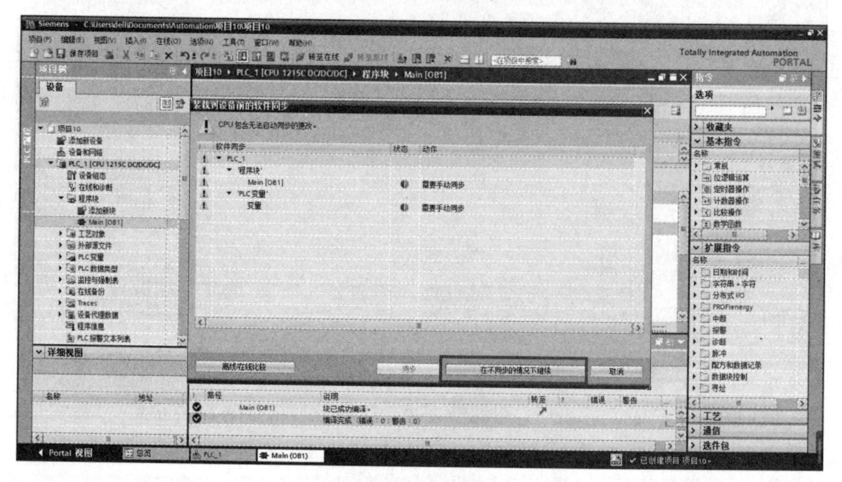

图1-45　下载程序到PLC一

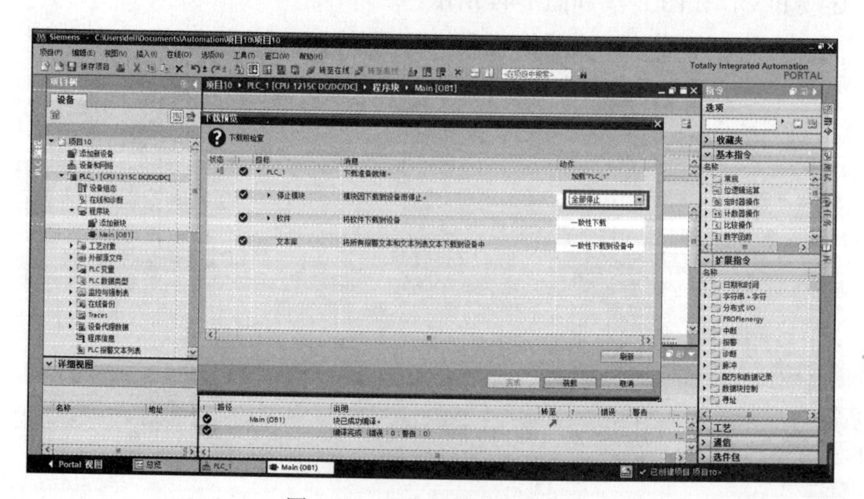

图1-46　下载程序到PLC二

8）下载完成，界面如图 1-47 所示。

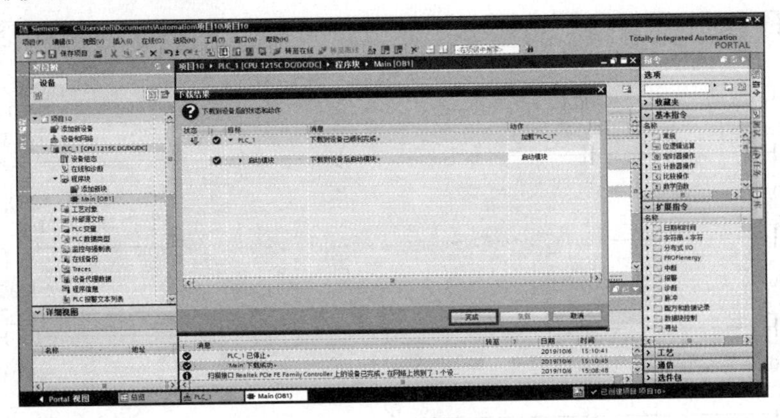

图 1-47　下载完成

下载完成后运行程序，单击“开始监控”按钮即可看见程序的状态。

四、梯形图

1）“启、保、停”结构的梯形图如图 1-48 所示。

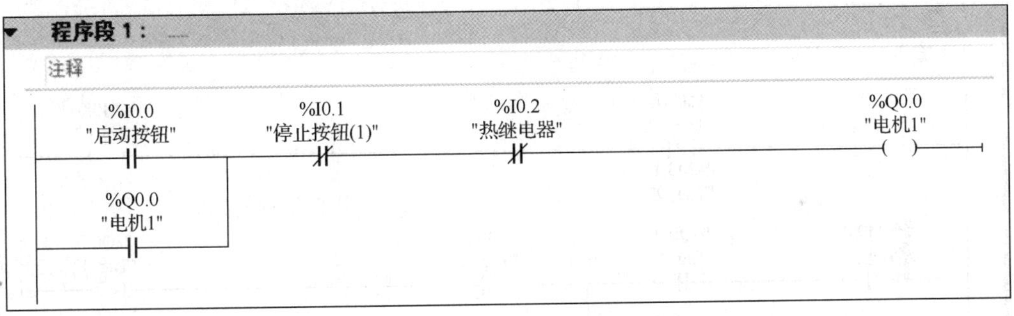

程序段 1：……

注释

%I0.0 "启动按钮"　%I0.1 "停止按钮(1)"　%I0.2 "热继电器"　%Q0.0 "电机1"

%Q0.0 "电机1"

图 1-48　“启、保、停”结构的梯形图

2）用置位和复位指令的梯形图如图 1-49 所示。

程序段 1：……

i0.0启动

%I0.0 "Tag_1"　%Q0.0 "Tag_2" (S)

程序段 2：……

i0.1停止　i0.2热继电器

%I0.1 "Tag_3"　%Q0.0 "Tag_2" (R)

%I0.2 "Tag_4"

图 1-49　用置位和复位指令的梯形图

3）用一个按钮控制启停的参考梯形图如图 1-50 或图 1-51 所示。

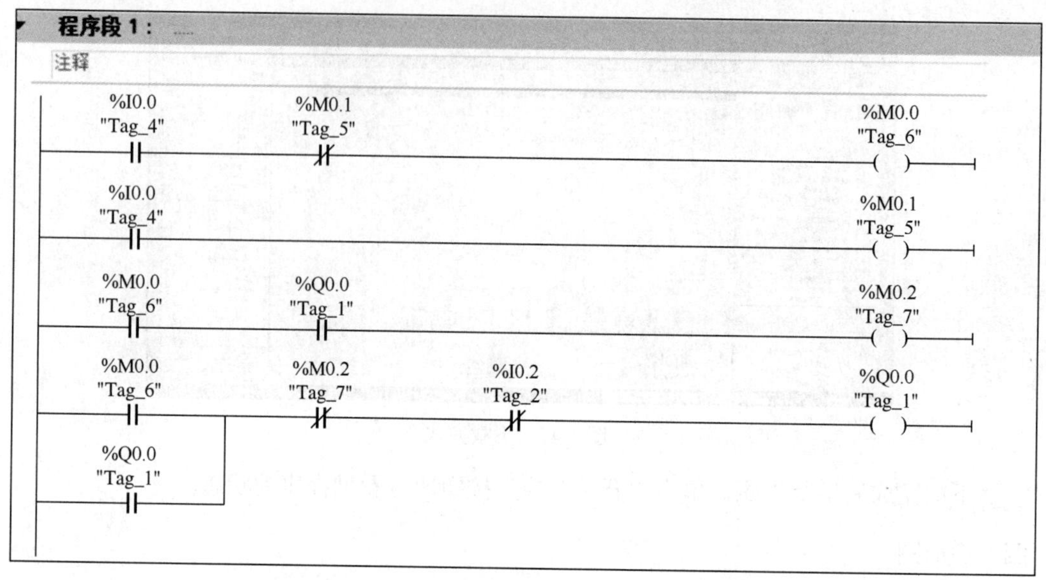

图 1-50　用一个按钮控制启停的参考梯形图一

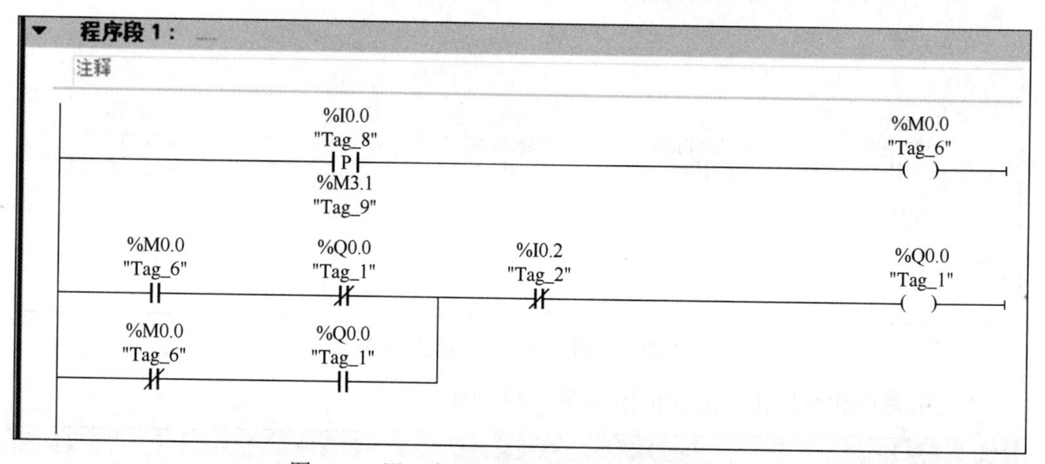

图 1-51　用一个按钮控制启停的参考梯形图二

任务二　传送带的正反转控制

任务简介

用西门子 S7-1200 PLC 控制传送带的正反转。控制要求如下：①闭合开关 SB1，PLC 控制电动机正转启动，从而控制传送带正转；②闭合开关 SB2，PLC 控制电动机反转启动，从而控制传送带反转；③按下开关 SB3，PLC 控制电动机停止转动，从而控制传送带停止转动。

教学目标

1.2 课件

- 了解西门子 S7-1200 PLC 内部软元件的功能及数据结构。
- 掌握西门子 S7-1200 PLC 编程中常用的数制（2，10，16）与码制。
- 掌握西门子 S7-1200 PLC 指令的寻址方式。
- 掌握与传送带的正反转控制相关的指令。
- 掌握程序上载与监控调试的一般方法。

思政目标

产品质量的提高，一方面需要有先进的技术与设备，另一方面还需要有熟练掌握技能的操作人员，职业教育讲求的是理论与实践结合，培养像鲁班一样的能工巧匠，并在实践中不断创新，所以需要特别重视实践操作。

准备知识

一、PLC 的模块化程序结构

S7-1200 PLC 的用户程序结构采用模块化的编程结构，模块化编程可以将复杂的自动化任务划分为对应生产过程的技术功能较小的子任务，每个子任务对应一个称为“块”的子程序，可以通过块与块之间的相互调用来组织程序，这样的程序易于修改和调试。S7-1200 PLC 中设计有 OB、FB、FC、DB 块，如图 1-52 所示。

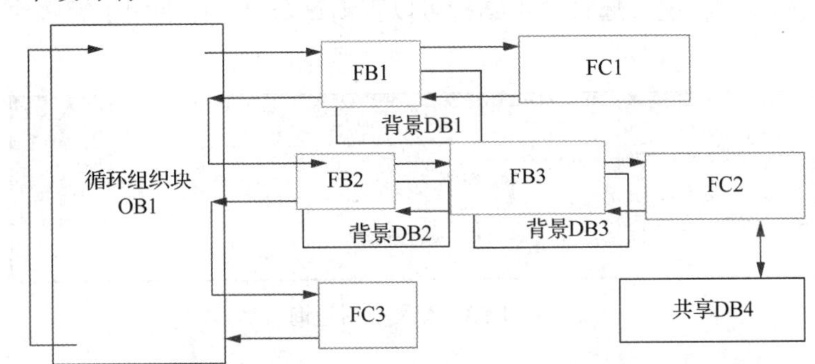

图 1-52　PLC 模块的调用关系

其中，OB、FB、FC 统称为代码块，被调用的代码块可以嵌套调用别的代码块；DB 为数据块，没有代码。操作系统只调用 OB 块。块的具体描述如表 1-5 所示。

表 1-5　块

块	描述
组织块（OB）	是 CPU 操作系统与用户程序的接口，决定用户程序的结构。被操作系统自动调用，OB 分为启动组织块、循环块、中断组织块等。使用时必须有 OB1 组织块，操作系统会每个扫描周期执行一次 OB1
函数块（FB）	用户编写的包含经常使用的功能的子程序，有专用背景数据块。运行时需要调用各种参数，于是就产生了背景数据块 DB，所以需要用到的数据就存储在 DB 块中，即使结束调用，数据也不丢失
函数（FC）	用户编写的包含经常使用的功能的子程序，无专用背景数据块，运行时产生临时变量，执行结束后数据丢失，不具备存储功能

续表

块	描述
背景数据块（DB）	用于保存 FB 的输入变量、输出变量和静态变量，其数据在编译时自动生成
全局数据块（DB）	用于存储用户的数据区域，供所有的代码块访问

1. 组织块（OB）

组织块是操作系统与用户程序的接口，组织块由操作系统调用，用于控制 PLC 启动、扫描循环和中断程序的执行、错误处理等。组织块的程序是由用户编写的，每个块必须有唯一的 OB 编码，编码 123 之前的某些编码是保留的，CPU 特定事件触发组织块的执行，OB 不能被其他块调用。系统启动时，操作系统会先调用启动 OB，进入 RUN 模式后，再循环调用循环 OB。启动 OB 可以有多个，按优先级执行，一般顺序小的先执行，启动 OB 系统默认是 OB100，自定义的编码应大于等于 123。循环 OB 也可以有多个，按优先级执行，一般顺序小的先执行，系统默认是 OB1，自定义的编码应大于等于 123。从程序循环 OB 或启动 OB 开始，嵌套深度为 16；从中断 OB 开始，嵌套深度为 6。对于 FB 或 FC，只有在 OB1 中调用后才会被 PLC 扫描执行。

一个项目程序中 FB、FC 比较多的情况下，如何查看其调用情况呢？查询 FB 或 FC 在什么块中调用的方式有两种：一种是通过巡视窗口中信息对话框中的交叉引用进行查询，如图 1-53 所示。若要查询某个块，则单击该块，然后在巡视窗口的交叉引用中可以看出在什么程序的哪个程序段进行了调用。另一种是通过总览窗口里的程序信息中的调用结构查看块的调用情况。通过调用结构可以查询每个块下面调用了哪些块，如图 1-54 所示。

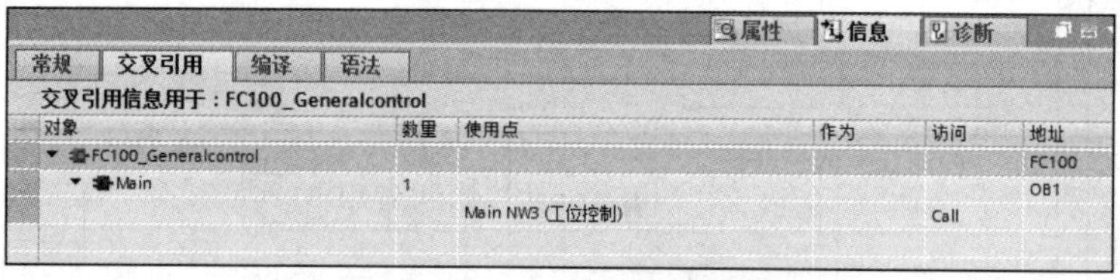

图 1-53　交叉引用查询

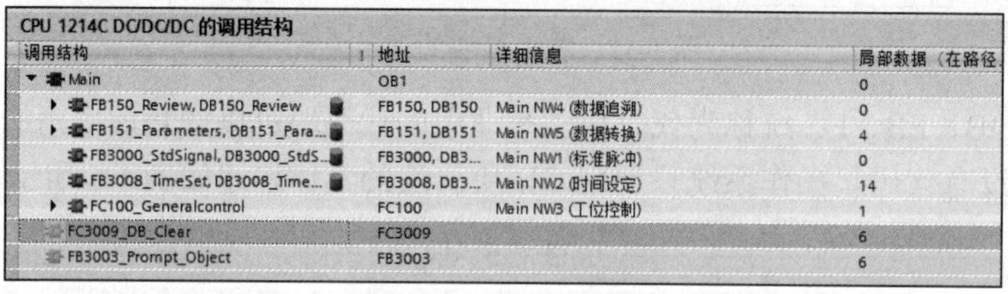

图 1-54　调用结构

不同类型的组织块完成不同的系统功能。S7-1200 CPU 支持的组织块、相应的启动事件、优先级和编号等，如表 1-6 所示。

表 1-6 组织块功能

事件类型	启动事件	默认优先级	允许编号范围	允许的 OB 数量
启动	STOP 到 RUN 的转换	1	100 或≥123	≥0
循环程序	启动或结束上一个程序循环 OB	1	1 或者≥123	≥1
时间中断	已达到启动时间	2	≥10	最多 2 个
延时中断	延时结束	3	≥20	最多 4 个
循环中断	循环时间结束	8	≥30	
状态中断	CPU 接收到状态中断	4	55	0 或 1
更新中断	CPU 接收到更新中断	4	56	0 或 1
制造商或配置文件特定中断	CPU 接收到制造商或配置文件特定中断	4	57	0 或 1
诊断中断	模块检测到错误	5	82	0 或 1
插拔中断	删除或插入分布式 I/O 模块	6	83	0 或 1
机架错误中断	分布式 I/O 模块 I/O 系统错误	6	86	0 或 1
硬件中断	上升沿（最多 16 个） 下降沿（最多 16 个） HSC 计数值=设定值（最多 6 次） HSC 计数方向变化（最多 6 次） HSC 计数外部复位（最多 6 次）	18	≥40	最多 50 个
时间错误中断	超出最大循环时间 仍在执行被调用 OB 错过时间中断 STOP 期间将丢失时间中断 队列溢出 因中断负载过高而导致中断丢失	22	80	0 或 1
MC-Interpolator	用于闭环控制	24	92	0 或 1
MC-Servo	将在 MC-Servo 之前直接调用	—	67	0 或 1
MC-PostServo	将在 MC-Servo 之后直接调用	—	95	0 或 1

2. 数据块（DB）

数据块用于存储程序数据。新建数据块时，默认状态是“优化的块访问”，且数据块中存储变量的属性是非保持的。

DB 可存储于装载存储器和工作存储器中，与 M 存储区相比，使用功能类似，都是全局变量。不同的是，M 存储区的大小在 CPU 技术规范中已经定义且不可扩展，而数据块是由用户定义，最大不能超过数据工作存储区和装载存储区，可以创建全局数据块、背景数据块、基于系统数据类型或 PLC 数据类型创建的数据块、CPU 数据块。

（1）全局数据块

全局数据块必须事先定义才可以在程序中使用。双击项目树中相应 PLC 站点下的“程序块>添加新块”，选择“数据块”选项，创建全局数据块，DB 块编号范围为 1～59999。

在数据块“属性”的“常规”→“属性”中设置 DB 块的访问方式。

数据块的访问设置选项如下：

1）仅存储在装载内存中：选中该项时，DB 块下载后只存储于装载存储器。可以通过“READ DBL”指令将装载存储区的数据复制到工作存储区中，或通过“WRIT_DBL”指令将数据写入装载存储区的 DB 块中。

2）在设备中写保护数据块：选中该项时，此 DB 块只可读访问。

3）优化的块访问：选中该项时，DB 块为优化访问。

打开数据块后，可以定义变量及其数据类型、启动值及保持等属性。

（2）背景数据块

背景数据块供关联的函数块（FB）使用，保存对应 FB 的输入、输出参数及静态变量，其变量只能在 FB 中定义，不能在背景数据块中直接创建。

程序中调用 FB 块时，可以为之分配一个已经创建的背景 DB，也可以直接定义一个新的 DB 块，该 DB 块将自动生成并作为这个 FB 的背景数据块。

（3）CPU 数据块

CPU 数据块是在 CPU 运行期间由指令“CREATE DB”生成的，无法在离线项目中创建，并具有写保护。与监视其他数据块的值类似，可以在在线模式中监视 CPU 数据块的变量值。

“CREATEDB”指令：在装载存储器和/或工作存储器中创建新的数据块。

“ATTR DB”指令：读取数据块属性。

“DELETE DB”指令：删除由“CREATE DB”指令创建的数据块。

3. 函数（FC）

FC 没有可以存储块接口数据的存储数据区。在调用 FC 时，可以给 FC 的所有形参分配实参。

在调用 FC 时，CPU 为该 FC 分配临时存储区并将存储单元初始化为 0。

如果在 FC 中没有写入该块的 Output 参数，则将使用特定数据类型的预定义值。例如，BOOL 类型的预定义值为“FALSE”。

在程序中调用 FC 时，将执行 FC 中的程序。使用 FC 编程，还需要注意：如果 FC 的接口区参数被修改（增加/减少，或修改数据类型），必须编译整个程序并重新定义 FC 的实参，执行“一致性下载”；FC 的形参只能用符号访问，不能用绝对地址访问。

4. 函数块（FB）

与 FC 相比，调用函数块 FB 时必须为之分配背景数据块，用于存储块的参数值。

FB 的输入、输出参数及静态变量存储在背景的数据块 DB 中，这些值在 FB 执行后依然有效；FB 的临时变量不存储在背景数据块 DB 中，在 FB 执行后失效；在没有初始化的情况下，Output 会输出背景数据块 DB 的初始值。

背景数据块在调用 FB 时会自动生成，其结构与对应 FB 的接口区相同。FB 有 3 种实例，分别为单一背景、多重背景、参数实例。

当 FB 大量调用时，使用单一背景实例将使用更多的数据块资源。这时，可以将多个小的 FB 集中放到一个主 FB 中，在 OB 中调用主 FB 时，就会生成一个总的背景数据块。

这些小的 FB 的数据存储在主 FB 的静态变量中，这就是多重背景。

二、西门子 PLC 存储器配置

1. 内部存储器

从物理结构和功能角度讲，S7-1200 PLC 内部存储器可以按如下分类：

（1）按物理存储特点分类

1）RAM。CPU 可以读出 RAM 中的数据，也可以将数据写入 RAM，它是易失性存储器，电源中断后，存储器数据消失。

2）ROM。ROM 只能读出不能写入，它是非易失性存储器，电源中断后，存储器数据不会消失，一般用来存放 PLC 的操作系统。

3）快闪存储器和 EEPROM。快闪存储器（Flash EPROM）和 EEPROM 是非易失性存储器，用来存放用户程序和断电时需要保护的重要数据。

（2）按系统功能分类

按系统功能可分为装载存储器和工作存储器。

装载存储器用于非易失性地存储用户程序、数据和组态信息，该非易失性存储器能够在断电后继续保持数据，该存储器位于存储卡（若存在）或 CPU 中。项目被下载到 CPU 后，首先存储在装载存储器中。存储卡支持的存储空间比 CPU 内置的存储空间要大。

工作存储器是易失性存储器，用于在执行用户程序时存储用户项目的某些内容。CPU 会将这些项目内容从装载存储器复制到工作存储器中。该易失性存储器的数据将在断电后丢失，而在恢复供电时由 CPU 恢复。

2. 断电保持存储器

断电保持存储器用于在断电时存储所选用户存储单元的值。发生断电时，CPU 留出了足够的缓冲时间来保存几个有限的指定单元的值。这些保持的值会随后在供电时恢复。暖启动时断电保持存储器中的数据保持不变，冷启动时断电保持存储器中的数据会被清除。

3. 存储卡

可选的 SIMATIC 存储卡可用作存储用户程序的替代存储器，或用于传送程序。如果使用存储卡，CPU 将运行存储卡中的程序而不是自身存储器中的程序。

CPU 仅支持预先已格式化的 SIMATIC 存储卡。要插入存储卡，须打开 CPU 顶盖，然后将存储卡插入插槽中。存储卡应正确安装，并检查以确定存储卡没有写保护：滑动保护开关，使其离开 Lock 位置。存储卡作传送卡使用时，可将项目复制到多个 CPU 中，通过传送卡将所存储的项目从卡中复制到 CPU 的存储器，将程序复制到 CPU 后必须取出传送卡。存储卡作为程序卡使用时，可以替代 CPU 存储器，所有 CPU 功能都由该程序卡进行控制，插入程序卡会擦除 CPU 内部装载存储器的所有内容（包括用户程序和任何强制 I/O），然后 CPU 会执行程序卡中的用户程序，程序卡必须保留在 CPU 中。如果取出程序卡，CPU 必须切换到 STOP 模式。

三、PLC 中的存储区

CPU 提供了各种专用存储区，其中包括输入（I）、输出（Q）和位存储器（M）。所有代码块都可以通过特定存储单元的符号名称无限制地访问这些作为全局变量的存储器；CPU 提供了本地存储器（L）和数据块（DB）。数据块（DB）可在用户程序中加入 DB 以存储代码块的数据。从相关代码块开始执行直到结束，存储的数据始终存在。全局 DB 存储所有代码块均可使用的数据，而背景 DB 存储特定 FB 的数据，并且由 FB 的参数进行构造。临时存储器只要调用代码块，CPU 的操作系统就会分配要在执行块期间使用的临时或本地存储器（L）。代码块执行完成后，CPU 将重新分配本地存储器，以用于执行其他代码块。

PLC 中的存储区如表 1-7 所示。

表 1-7　PLC 中的存储区

存储区	说明
过程映像输入（I）	从扫描周期开始，从物理输入复制
物理输入（I_:P）	立即读取 CPU 的 SB 和 SM 的物理输入点
过程映像输出（Q）	在扫描周期开始后复制到物理输出
物理输出（Q_:P）	立即写入 CPU、SB、SM 上的物理输出点
位存储器/辅助存储区（M）	控制和数据存储器
临时存储区（L）	存储块的临时数据，这些数据仅在该块本地范围有效
数据块（DB）	数据存储器，同时也是 FB 的参数存储器

1. 过程映像输入区（I）

过程映像输入在用户程序中的标识符为 I，它是 PLC 接收外部输入的数字量信号的窗口。输入端可以外接常开触点或常闭触点，程序中可以使用单个触点，也可以使用多个触点组成的串、并联电路［图 1-55（a）］。在每次扫描循环开始时，CPU 读取数字量输入点的外部输入电路的状态，并将它存入过程映像输入区，如图 1-55 所示。

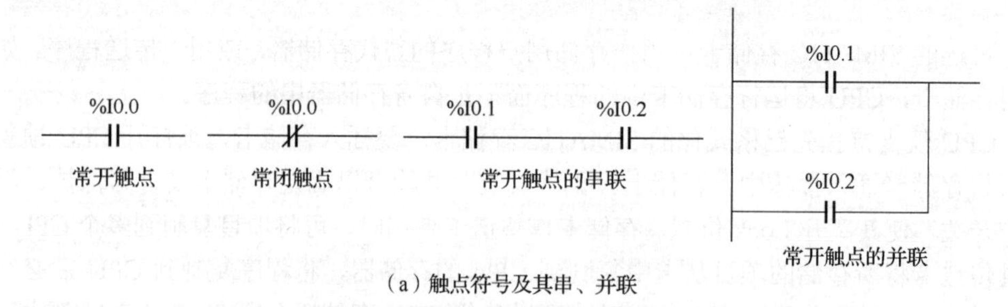

（a）触点符号及其串、并联

图 1-55　触点符号及其串、并联与过程映像输入区的工作原理

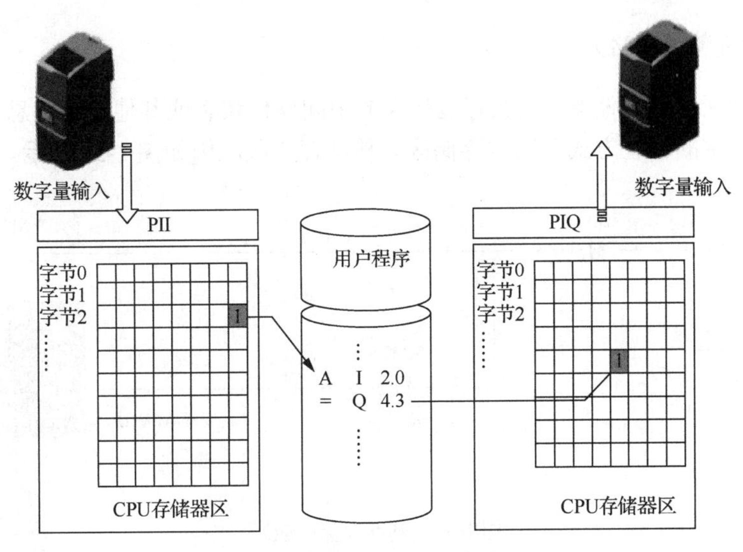

（b）过程映像输入区的工作原理

图 1-55（续）

2. 物理输入（I_:P）

物理输入如图 1-56 所示。在 I/O 点的地址符号后面附加“:P”，可以立即访问外设输入或外设输出。通过给输入点的地址附加“:P”，可以立即读取 CPU、信号板和信号模块的数字量输入和模拟量输入。访问时使用 I_:P 取代 I 的区别在于前者的数值直接来自被访问的输入点，而不是来自过程映像输入。

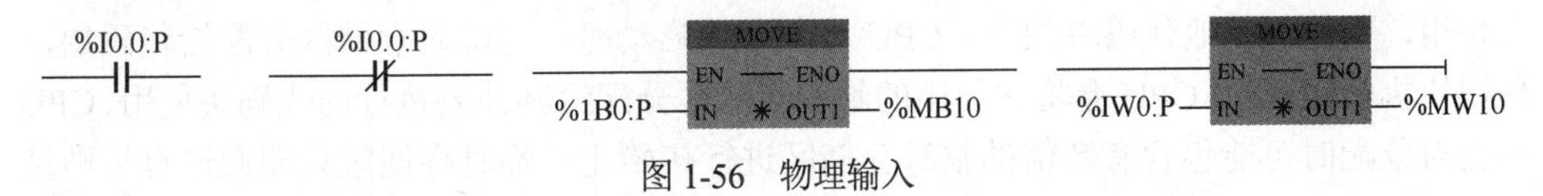

图 1-56 物理输入

3. 过程映像输出区（Q）

过程映像输出区（图 1-57）在用户程序中的标识符为 Q，用户程序访问 PLC 的输入和输出地址区时，不是去读写数字量模块上的信号状态，而是访问 CPU 的过程映像区，在扫描循环中，用户程序计算输出值，并将它们存入过程映像输出区，在下一个扫描循环开始时，将过程映像输出区的内容写到数字量输出点，再由后者驱动外部负载。

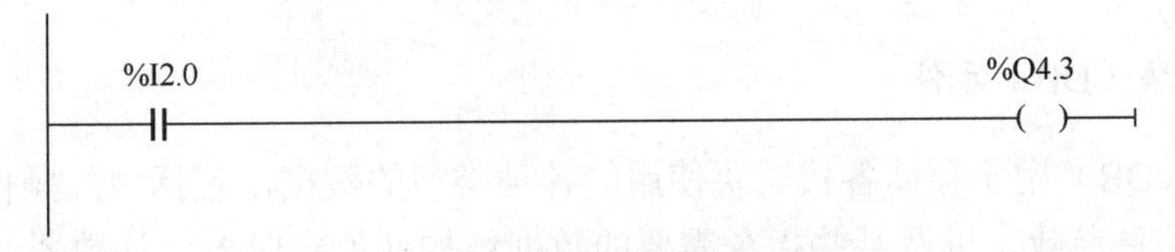

图 1-57 过程映像输出区

4. 辅助存储区（M）

辅助存储区（M存储器）用来存储运算的中间操作状态或其他控制信息。可以用位、字节、字、双字的寻址方式读写位存储区。辅助存储区应用如图1-58所示。

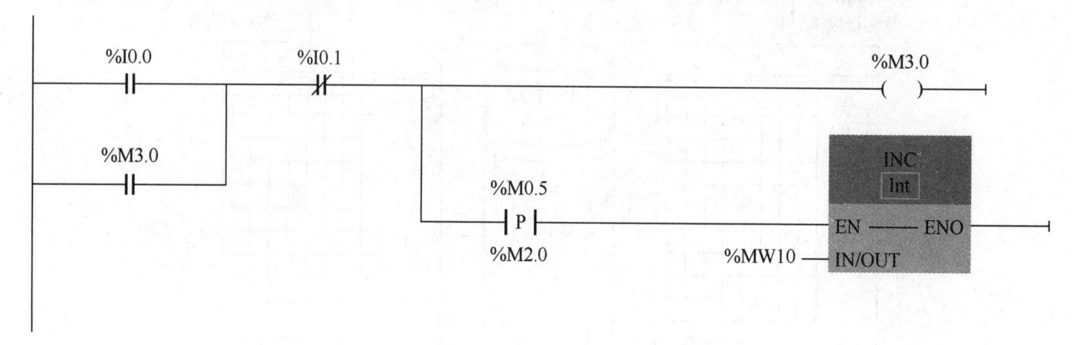

图1-58 辅助存储区应用

5. 临时存储区（L）

临时存储区用于存储代码块被处理时使用的临时数据，临时存储区类似于M存储器，二者的主要区别在于M存储器是全局的，而临时存储区是局部的。临时存储区应用如图1-59所示。

1）所有的OB、FC和FB都可以访问M存储器中的数据，即这些数据可以供用户程序中所有的代码块全局性地使用。

2）在OB、FC和FB的接口区生成的临时变量具有局部性，只能在生成它的代码块内使用，不能与其他代码块共享。CPU在代码块启动时，将临时存储区分配给代码块，代码块执行结束后，CPU会将它使用的临时存储区分配给其他要执行的代码块使用，CPU不会对分配时可能包含有数值的临时存储区进行初始化。临时存储区只能通过符号地址访问。各代码块的临时存储区的空间大小可以在块的调用结构处查询。

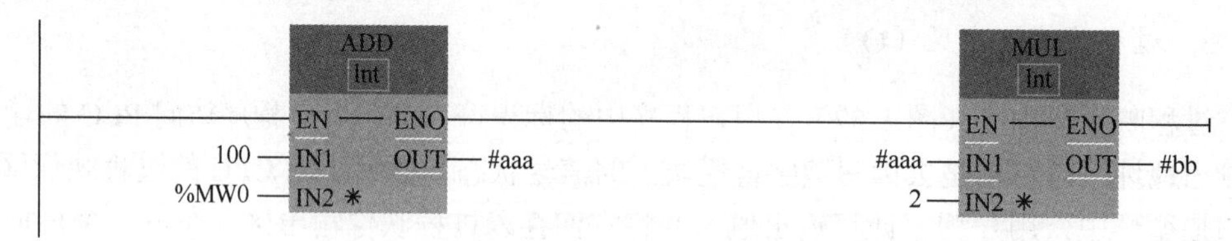

图1-59 临时存储区应用

6. 数据块（DB）元件

数据块（DB）用于存储各代码块使用的各种类型的数据，包括中间操作状态或FB的其他控制信息参数，以及某些指令需要的数据结构（如定时器、计数器），如图1-60所示。数据块的访问可以按位、字节、字、双字的方式进行，访问数据块中的数据时，应指明数据块的名称，如DB1.DBB0。S7-1200 PLC中新建的数据块默认采用优化块的访问方式进行访问，因此在程序编写时通常使用符号的方式访问数据块中的数据。当需要使用绝对地址访问时，需要去掉优化访问块的选项，如图 1-61 所示。

数据块_1

	名称	数据类型	起始值	保持	可从 HMI/...	从 H...	在 HMI ...	设定值	注
1	▼ Static			☐	☐	☐	☐	☐	
2	start	Bool	false	☐	☑	☑	☑	☐	
3	stop	Bool	false	☐	☑	☑	☑	☐	
4	run	Bool	false	☐	☑	☑	☑	☐	
5	time	Int	0	☐	☑	☑	☑	☐	
6	aa	Byte	16#0	☐	☑	☑	☑	☐	
7	▼ timer_TON	IEC_TIMER		☐	☑	☑	☑	☐	
8	PT	Time	T#0ms	☐	☑	☑	☑	☐	
9	ET	Time	T#0ms	☐	☑	☐	☑	☐	
10	IN	Bool	false	☐	☑	☑	☑	☐	
11	Q	Bool	false	☐	☑	☐	☑	☐	

图 1-60 数据块解释

数据块_1 [DB1]

常规

常规
信息
时间戳
编译
保护
属性
下载但不重新初...

属性

☐ 仅存储在装载内存中
☐ 在设备中写保护数据块
☑ 优化的块访问

图 1-61 使用绝对地址访问

每个存储器的大小都以字节为单位进行表示，存储器中的每一个存储单元都有一个唯一的地址，用户程序利用这些地址访问存储单元中的信息。在访问时，主要访问格式有按位访问、按字节访问、按字访问、按双字访问。存储地址的格式如图 1-62 所示。

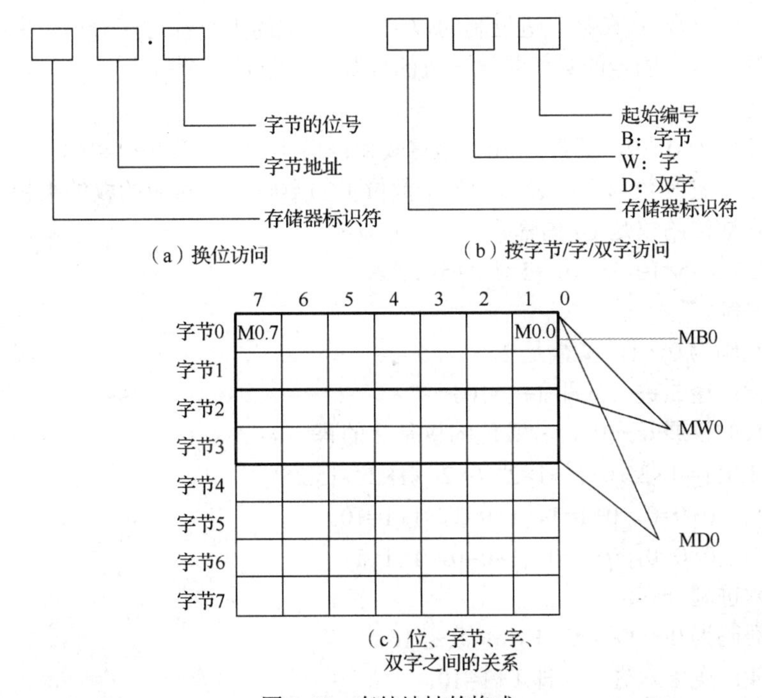

图 1-62 存储地址的格式

例如，按位访问——I0.0、Q0.0、M0.0，按字节访问——IB0、QB0、MB10，按字访

问——IW0、QW0、MW100，按双字访问——ID0、QD0、MD200。在输入/输出元件后加上:P 可以立即访问输入/输出点，如 I0.0:P、Q0.0:P，但是受硬件限制。数据块也可按位、字节、字、双字访问，格式分别如 DB1.DBX3.5、DB1.DBB0、DB1.DBW20、DB1.DBD20等，其中 DB1 为数据块名。

数据类型用来描述数据的长度和属性，即用于指定数据元素的大小及如何解释数据，每个指令至少支持一种数据类型，而有些指令支持多种数据类型，因此指令上使用的操作数的数据类型必须与指令所支持的数据类型一致。所以在设计程序、建立变量时，需要对建立的变量分配相应的数据类型。

在使用博途软件设计程序时，用于建立变量的地方主要有变量表、DB 块、FB/FC/OB的接口区。但需要注意的是，并不是所有数据类型对应的变量都可以在这三者中建立。

对于数据类型，主要学习不同数据类型所对应的存储器空间大小、所能表示的数据大小、所表示的数据在存储器中是如何进行存储，以及不同数据类型的使用。

四、数制与码制

1. 数制

PLC 中常用的整型常量分为十进制、二进制和十六进制。

进位制：表示数时，仅用一位数码往往不够用，必须用进位计数的方法组成多位数码。多位数码每一位的构成及从低位到高位的进位规则称为进位计数制，简称进位制。

基数：进位制的基数，就是在该进位制中可能用到的数码个数。

位权（位的权数）：在某一进位制的数中，每一位的大小都对应着该位上的数码乘上一个固定的数，这个固定的数就是这一位的权数。权数是一个幂。

（1）十进制

特点：数码为 0～9，基数是 10。运算规律：逢十进一，即 9+1=10。

任意一个十进制数都可以表示为各个数位上的数码与其对应的权的乘积之和，称为权展开式。各数位的权是 10 的幂。

例：$(5555)_{10}=5\times10^3+5\times10^2+5\times10^1+5\times10^0$。

（2）二进制

特点：数码为 0、1，基数是 2。

运算规律：逢二进一，即 1+1=10。

二进制数的权展开式中，各数位的权是 2 的幂。

例：$(101.01)_2=1\times2^2+0\times2^1+1\times2^0+0\times2^{-1}+1\times2^{-2}=(5.25)_{10}$。

加法规则：0+0=0，0+1=1，1+0=1，1+1=10。

乘法规则：0×0=0，0×1=0，1×0=0，1×1=1。

（3）十六进制

特点：数码为 0～9 和 A～F，基数是 16。

运算规律：逢十六进一，即 F+1=10。

十六进制数的权展开式中，各数位的权是 16 的幂。

例：$(D8.A)_{16}=13\times16^1+8\times16^0+10\times16^{-1}=(216.625)_{10}$。

用16#来表示十六进制，在数字后面加“H”也可以表示十六进制数。例如，16#13AF可以表示为13AFH。

（4）数制转换

将N进制数按权展开，即可以转换为十进制数。

1）二进制数与八进制数的转换。

① 二进制数转换为八进制数：将二进制数由小数点开始，整数部分向左，小数部分向右，每3位分成一组，不够3位补零，则每组二进制数便是1位八进制数。

② 八进制数转换为二进制数：将每位八进制数用3位二进制数表示。

$$(374.26)_8=(011111100.010110)_2$$

2）二进制数与十六进制数的转换。将二进制数由小数点开始，整数部分向左，小数部分向右，按照每4位二进制数对应于1位十六进制数进行转换。

$$(AF4.76)_{16}=(101011110100.01110110)_2$$

3）十进制数转换为二进制数。采用的方法：基数连除、连乘法。例：将$(44.375)_{10}$转换为二进制数，如图1-63所示。

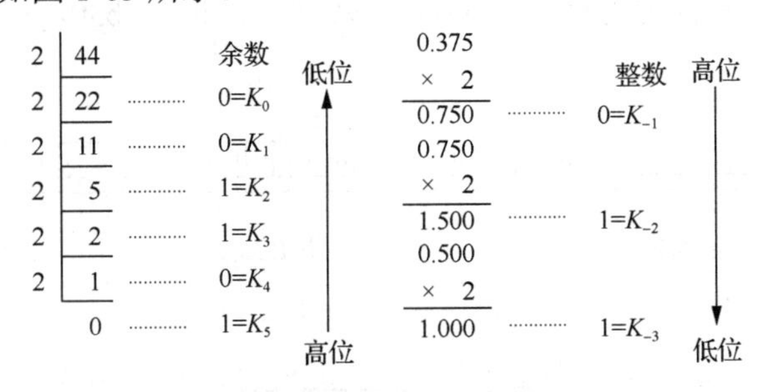

图1-63 基数连除、连乘法

原理：将整数部分和小数部分分别进行转换。整数部分采用基数连除法，先得到的余数为低位，后得到的余数为高位；小数部分采用基数连乘法，先得到的整数为高位，后得到的整数为低位。转换后再合并。

所以：$(44.375)_{10}=(101100.011)_2$。

采用基数连除、连乘法，可将十进制数转换为任意的N进制数。

2. PLC中数据的类型

类型用于指定数据元素的大小和格式，在定义变量时需要设置变量的数据类型；在使用指令、函数、函数块时，需要按照操作数要求的数据类型使用合适的变量。S7-1200 PLC中的数据类型如表1-8所示。

表1-8 S7-1200 PLC中的数据类型

名称	数据类型	大小/bit	范围	常量输入实例
无符号整型（位或位系列）	BOOL	1	0～1	TRUE，FALSE，0，1
	BYTE	8	16#00～16#FF	16#12，16#AB
	WORD	16	16#0000～16#FFFF	16#ABCD，16#1234
	DWORD	32	16#00000000～16#FFFFFFFF	16#1234ABCD
	CHAR	8	16#00～16#FF	'A'，'f'，'@'

续表

名称	数据类型	大小/bit	范围	常量输入实例
整型数据	SINT	8	−128～+127	100，−100
	INT	16	−32768～+32767	1000，−1000
	DINT	32	−2147483648～+2147483647	100000，12342354
	USINT	8	0～255	123
	UINT	16	0～65535	123
	UDINT	32	0～4294967295	1234
浮点数（实数）	REAL	32	$\pm1.175495\times10^{-38}\sim\pm3.402823\times10^{38}$	123.456，-3.4×10^{-2}
	LRAEAL	64	$\pm2.2250738585072014\times10^{-308}\sim\pm1.7976931348623158\times10^{308}$	12345.123456789

整数在PLC中的存储方式：整数分为正整数和负整数，数据存储器中的最高位表示符号位。0表示正整数，1表示负整数。负数在PLC中的存储以补码的形式进行存储。

实数的存储方式：实数在S7-1200 PLC中分为单精度和双精度两种，单精度存储空间为32位，双精度存储空间为64位。

单精度浮点数：最高位为符号位b31，指数部分为b23～b30，尾数部分为b0～b22，如图1-64所示。

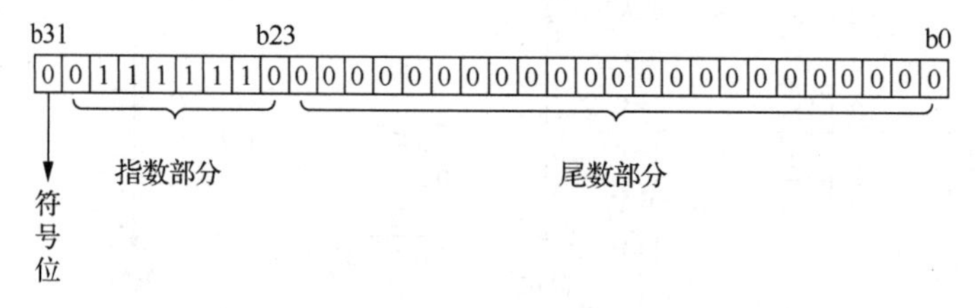

图1-64　单精度浮点数

双精度浮点数：最高位为符号位b63，指数部分为b52～b62，尾数部分为b0～b51。

3. 复杂数据类型

复杂数据类型是基本数据类型的组合。S7-1200 PLC的CPU支持以下复杂数据类型。

（1）字符串。

字符和字符串数据类型如表1-9所示。

表1-9　字符和字符串数据类型

数据类型	大小	范围	常量输入示例
Char	8位	16#00～16#FF	'A'、'T'、'@'
WChar	16位	16#0000～16#FFFF	亚洲字符等
String	*n*+2B	*n*为0～254B	"ABCD"
WString	*n*+2个字	*n*为0～65534个字	"abc123@.com"

Char在存储器中占用1B，可以存储以ASCII格式编码的单个字符，而WChar在存储器中占用一个字的空间，可包含任意双字节字符表示形式。

String数据类型存储一串单字节字符，String提供了多达256B，前2B分别表示字节中最大的字符数和当前的字符数，定义字符串的最大长度可以减少它占用的存储空间。

例如，定义字符串 Mystring [12]之后，字符串的最大字符长度就只有 12 个字符；如果未定义，则表示要占有 256B。

WString 数据类型与 String 数据类型类似，支持单字值的较长字符串，第一个字包含最大总字符数，下一个字包含总字符数，接下来的字符串可包含多达 65534 个字。

String 和 WString 的数据类型，只能在 DB 块和块的接口参数里面建立，不能在变量表中建立。

（2）日期时间（DTL）

日期和时间数据类型如表 1-10 所示。

表 1-10　日期和时间数据类型

数据类型	大小	范围	常量输入实例
TIME	32bit	T#-24d_20h_31m_23s_648ms～ T#24d_20h_31m_23s_647ms	T#50m_30s T#1d_2h_15m_30s_45ms
日期	16bit	D#1990-1-1 到 D#2168-12-31	D#2017-11-11
TIME_OF_DAY	32bit	TOD#0:0:0～TOD#23:59:59.999	TOD#10:20:30.400
DTL（长格式日期和时间）	12B	最小：DTL#1970-01-01-00:00:00.0 最大：DTL#2262-04-11-23:47:16.854	DTL#2017-11-11-10:20:30.400

DTL 的每一部分均包含不同的数据类型和取值范围（表 1-11），指定值的数据类型必须与相应部分的数据类型相一致，包括年、月、日、星期、小时、分、秒和纳秒，长度为 12 个字节，可在全局数据块或块的接口区中定义。

表 1-11　DTL 的数据类型和取值范围

大小/B	数据类型	类型符号	取值范围
0～1	年	UINT	1970～2554
2	月	USINT	1～12
3	日	USINT	1～31
4	星期	USINT	1（星期日）～7（星期六）
5	小时	USINT	0～23
6	分	USINT	0～59
7	秒	USINT	0～59
8～11	纳秒	UDINT	0～999999999

注：DTL（长格式日期和时间）数据类型，在建立变量的时候，只能为在数据块中或代码块接口区中所建立的变量选择该数据类型，不能为变量表中建立的变量选择该数据类型。

（3）结构（Struct）

Struct：由固定个数的不同数据类型元素组成的数据结构，其元素可以是数组或结构，最多可以嵌套 8 级，为统一处理不同类型的数据或参数提供了方便。

（4）数组（Array）

Array：数组是由相同数据类型的多个元素组成的，数组可以在 DB 块中或 OB、FB、FC 的块接口编辑器中创建，无法在 PLC 的变量表中创建。数组格式为 Array[lo.. hi]of type。其中，lo 表示 low，hi 表示 high，为数组元素编号下标和上标，取值范围为[-32768，

32767]；type表示基本数据类型。

Variant：该数据类型可以指向不同数据类型的变量或是参数。Variant 指针可以指向基本的数据类型，也可以指向复合的数据类型，它不会占用存储器的任何空间，该变量只能在块的接口参数中建立。S7-1200 PLC中的很多指令会使用到该变量。

此外，当指令要求的数据类型与实际操作数的数据类型不同时，还可以根据数据类型的转换功能来实现操作数的输入。

4. PLC中常见的码制

（1）补码

有符号二进制整数用补码来表示，其最高位为符号数，最高位为0时表示正数，最高位为1时表示负数。正数的补码就是它本身，最大的16位二进制正数为2#01111 1111 1111 1111，对应的十进制数为32767。

将正数的补码逐位取反（0变为1，1变为0）后加1，得到绝对值与它相同的负数的补码。例如，将1158对应的补码2#0000 0100 1000 0110逐位取反后加1，得到-1158的补码2#1111 1011 0111 1010。

将负数的补码的各位取反后加1，得到与它的绝对值对应的正数的补码。例如，将-1158的补码2#1111 1011 0111 1010逐位取反后加1，得到1158的补码2#0000 0100 1000 0110。

整数的取值范围为-32768～+32767，双整数的取值范围为-2147483648～+2147483647。

（2）BCD码

BCD（binary coded decimal）是二进制编码的十进制的缩写，是用4位二进制数（0000～1001）表示1位十进制数（0～9）。BCD码各位之间的关系是逢十进一。常用BCD码作为二进制与十进制之间的中间代码。

（3）美国信息交换标准代码（ASCII码）

美国信息交换标准代码（American Standard Code for Information Interchange，ASCII码）由美国国家标准局（American National Standards Institute，ANSI）制定，它已被国际标准化组织（International Organization for Standardization，ISO）定为国际标准（ISO 646标准）。ASCII码用来表示所有的英语大/小写字母、数字0～9、标点符号和在美式英语中使用的特殊控制字符。数字0～9的ASCII码为十六进制数30H～ 39H，英语大写字母A～Z的ASCII码为41H～5AH，英语小写字母a～z的ASCII码为61H～7AH。

任务实施

一、任务分析

传送带的正反向运行控制中，选用西门子S7-1200 PLC作为控制器，输出为继电器方式，PLC只控制接触器线圈，间接控制正反转主电路。

主电路设置有刀开关QS，熔断器FU，接触器KM1、KM2（要交换相序），热继电器FR。I0.0为电动机正转启动，I0.1为电动机反转启动，I0.2为电动机停止，I0.3为热继电器常开触点，Q0.0驱动KM1，Q0.1驱动KM2，正反转换向时要先停机，再切换。

正反转控制电路主电路和PLC接线图如图1-65（a）、（b）所示。

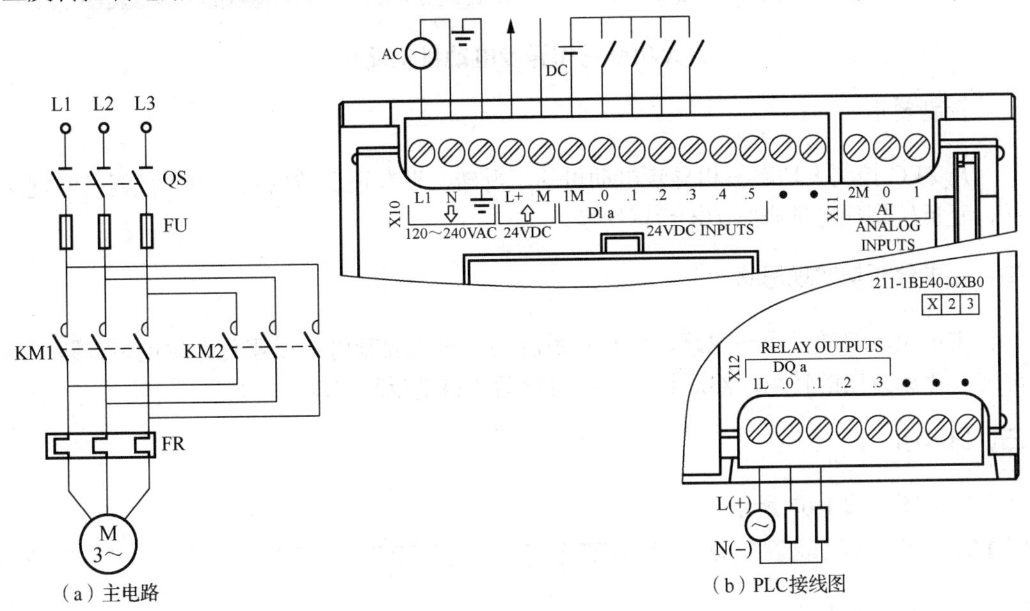

图1-65　正反转控制电路主电路和PLC接线图

二、梯形图

梯形图如图1-66所示。

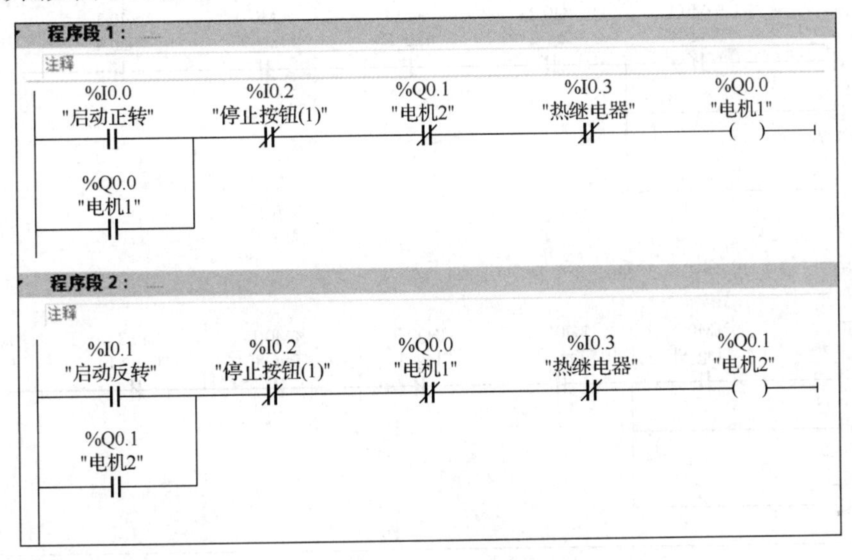

图1-66　梯形图

拓展阅读

大功率三相异步电动机正反转

一、控制要求

用 PLC 控制大功率三相异步电动机的正反转，设有正反转启动、停止按钮及常规保护，正反转切换时须延时 10s 后再切换。

二、要求分析与实现思路

主电路同普通正反转电路，但是正反转切换时需要延时，以避免产生电弧，即切换时先停止原方向的转动，然后计时，计时满后再自动反转启动。

三、梯形图

梯形图如图 1-67 所示。

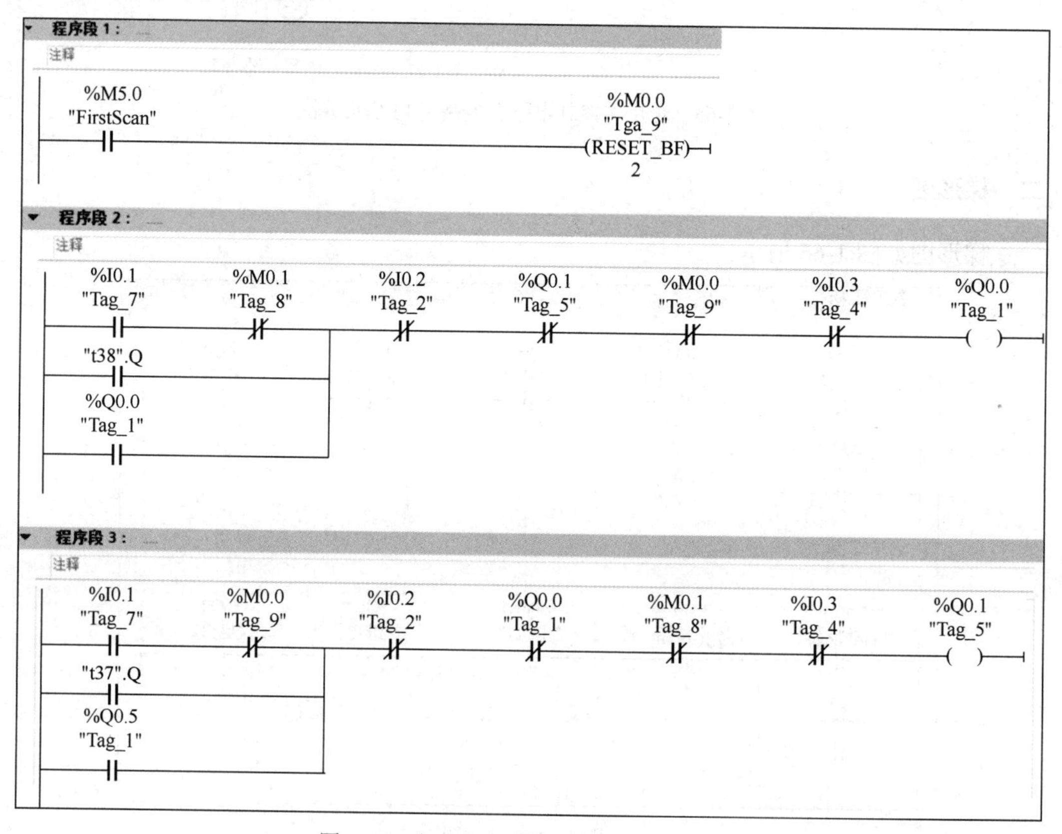

图 1-67 大功率电动机正反转控制梯形图

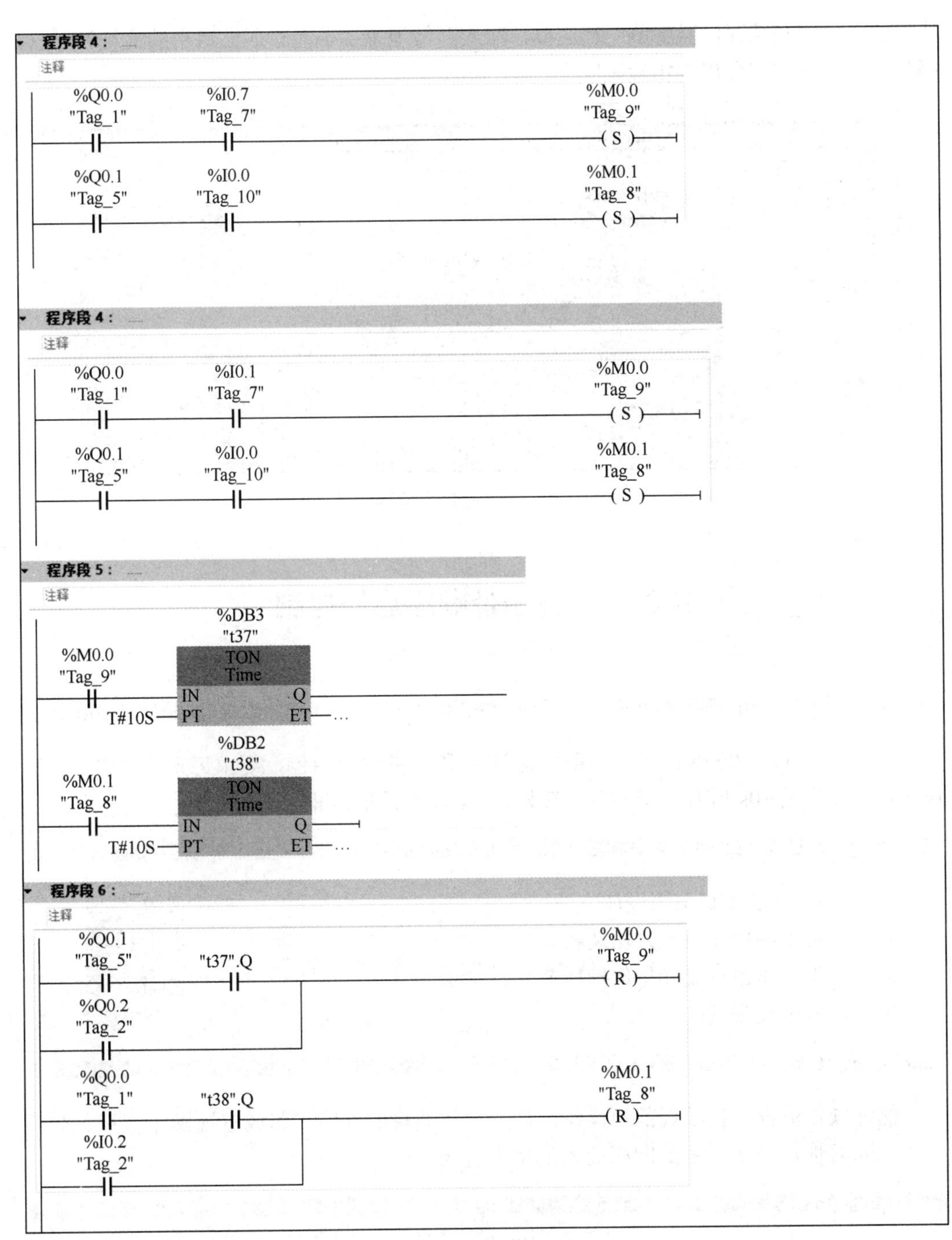

图 1-67（续）

注意：正反转要互锁，以防主电路短路，停止按钮外接常开触点，程序中应为常闭触点；外面输入回路接常闭触点，程序中应为常开触点；FR 也是同样道理。

图 1-67 中，程序段 1 中的 M5.0 相当于 S7-200 中的 SM0.1，在博途软件中的设置如图 1-68 所示。选择“设备组态”→“属性”选项，选择“系统和时钟存储器”选项，选

中右侧“启用系统存储器字节”复选框，输入存储地址（不能输入已启用的地址）。鼠标指针放在相应位置会出现相应说明。

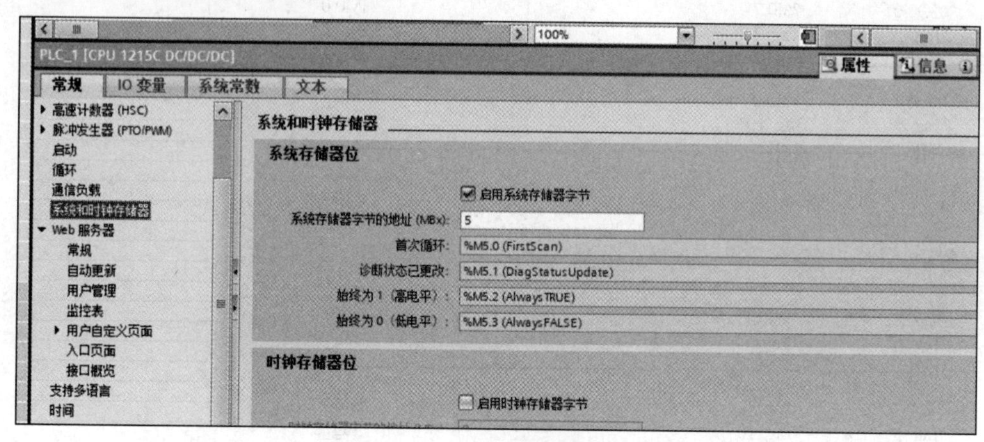

图 1-68　系统与时钟存储器设置

任务三　传送带顺序启停控制

任务简介

用西门子 S7 1200 PLC 控制两条传送带 A 和 B 的顺序启停，要求每条传送带设有启停按钮，A 启动 10s 后 B 才能启动，B 停止 5s 后 A 才能停止。

教学目标

- 掌握 PLC 控制系统设计方法。
- 掌握多种程序设计方法及相关指令。
- 掌握工作模式设计与保护环节。
- 理解编程规则。

1.3 课件

思政目标

熟练操作流程，科学规范地操作，是安全与质量的保障。养成重视操作流程、要领与规范的习惯，是从学生走向职业人的重要标志之一。

准备知识

S7-1200 有 4 种定时器：脉冲定时器（TP）、接通延时定时器（TON）、断开延时定时器（TOF）和保持型接通延时定时器（TONR）。

1. 脉冲定时器（TP）

TP 指令用于生成具有预设宽度时间的脉冲。图 1-69（a）、（b）所示为 TP 指令格式及计时规律示意图。TP 指令中的 IN 为定时器使能端，PT 为定时器的设定值，Q 为定时器的输出端，ET 为定时器的当前值。

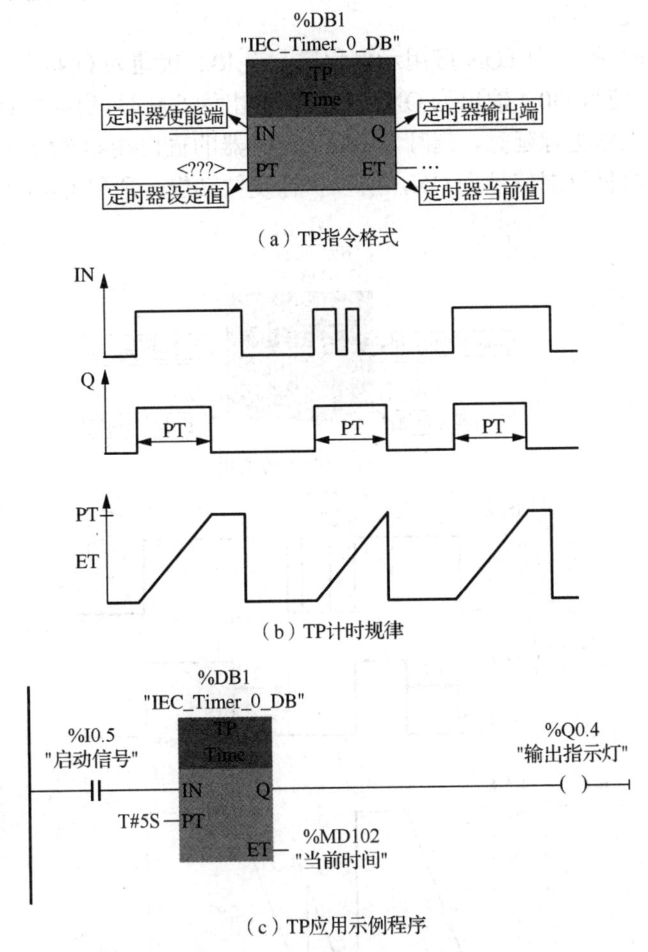

（a）TP指令格式

（b）TP计时规律

（c）TP应用示例程序

图 1-69　TP 计时规律及应用示例程序

使用 TP 指令可以将输出 Q 置位为预设的一段时间，当定时器使能端的状态从 OFF 变为 ON 时，可启动该定时器指令，定时器开始计时。无论后续使能端的状态如何变化，都将输出 Q 置位为由 PT 指定的一段时间。若定时器正在计时，即使检测到使能端的信号从 OFF 变为 ON 的状态，输出 Q 的信号状态也不会受到影响。

图 1-69（c）所示为 TP 应用示例程序。根据定时器的计时规律分析应用示例程序的输出。当 I0.5 接通为 ON 时，Q0.4 的状态为 ON，5s 后，Q0.4 的状态变为 OFF，在这 5s 时间内，不管 I0.5 的状态如何变化，Q0.4 的状态始终保持为 ON。

2. 接通延时定时器（TON）

接通延时定时器的指令标识符为 TON，指令中的引脚定义与 TP 定时器指令中的引脚定义一致。当定时器的使能端为“1”时，启动该指令，开始计时，在定时器的当前值 ET 与设定值 PT 相等时，输出端 Q 输出为 ON。只要使能端的状态仍为 ON，输出端

Q就保持输出为ON。若使能端的信号状态变为OFF，则输出端Q复位为OFF。在使能端再次变为ON时，该定时器功能将再次启动。TON指令格式及计时规律示意图如图1-70（a）、（b）所示。

图1-70（c）所示为TON应用示例程序。当I0.5接通为ON时，执行复位优先指令中的置位功能，使得Q0.4输出为ON，当Q0.4输出为ON时，启动接通延时定时器TON，使该定时器的工作进行延时，延时10s后，定时器的输出端Q输出为ON状态，此时复位优先指令中的复位端信号为ON，所以执行复位功能，所以Q0.4输出为OFF。

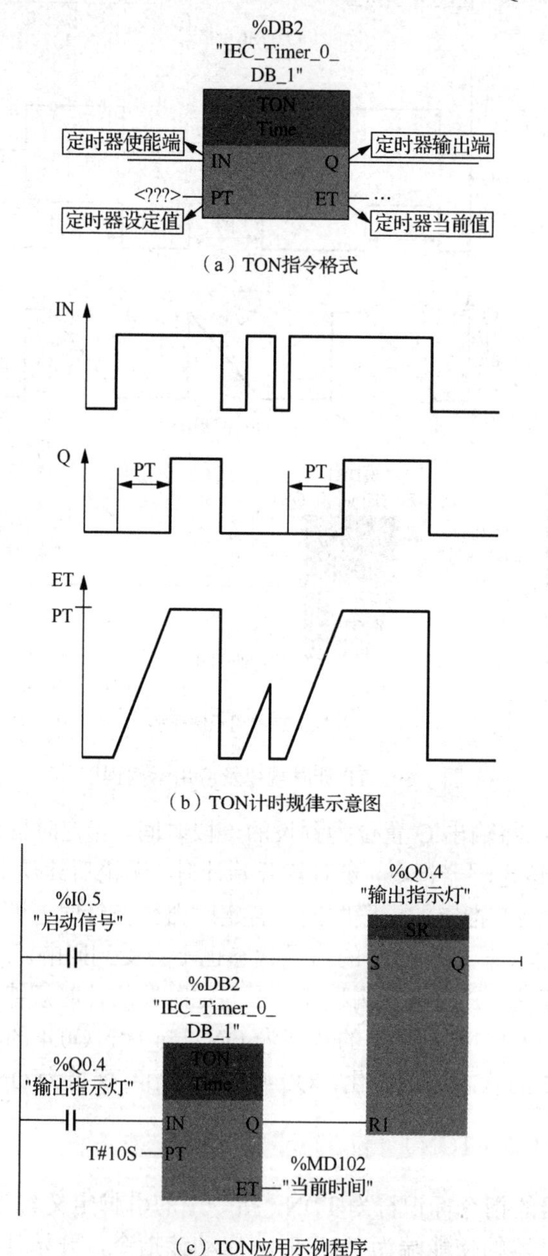

图1-70 TON计时规律及应用示例程序

3. 断开延时定时器（TOF）

断开延时定时器的指令标识符为 TOF，指令中的引脚定义与 TP/TON 定时器指令中的引脚定义一致。当定时器的使能端为 ON 时，输出端 Q 置位为 ON。当使能端的状态变回 OFF 时，定时器开始计时。只要 ET 的值小于 PT 的值，输出端 Q 就保持置位。当 ET 的值等于 PT 的值时，则复位输出端 Q。如果使能端的信号状态在 ET 的值小于 PT 值时变为 ON，则复位定时器，输出端 Q 的信号状态仍将为 ON。TOF 指令格式及计时规律示意图如图 1-71（a)、(b）所示。

根据对图 1-71（c）TOF 应用示例程序的分析可以看出，断开延时的过程，当 I0.5 为 ON 时，Q0.4 输出为 ON；当 I0.5 变为 OFF 时，Q0.4 输出保持 10s 后自动断开为 OFF。

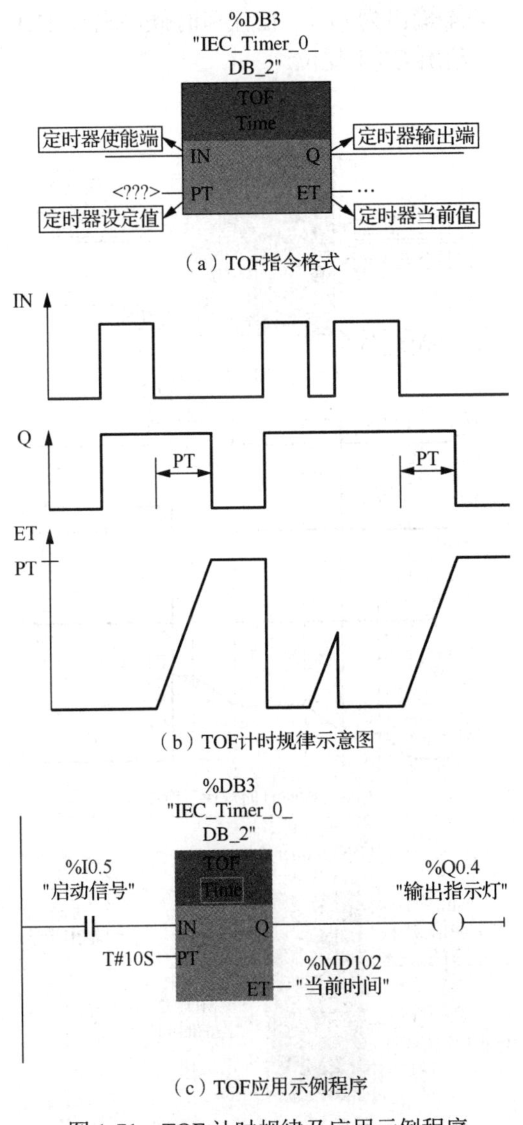

（a）TOF指令格式

（b）TOF计时规律示意图

（c）TOF应用示例程序

图 1-71 TOF 计时规律及应用示例程序

4. 保持型接通延时定时器（TONR）

保持型接通延时定时器的标识符为TONR，当定时器使能端为ON时，启动定时器；如果使能端变为OFF，则指令暂停计时，当前值不复位；如果使能端变回为ON，则继续累计运行时间。如果定时器的当前值ET等于设定值PT，并且指令的使能端为ON，则定时器输出端的状态为1。若定时器的复位端为ON，则定时器的当前值清零，输出端的状态变为OFF。TONR指令格式及计时规律示意图如图1-72（a）、（b）所示。

图1-72（c）所示为TONR应用示例程序。当I0.5接通为ON时，定时器TONR开始执行延时功能，若在定时器的延时时间未到达10s时，I0.5变为OFF，则定时器的当前值保持不变；当I0.5再次变为ON时，定时器在原基础上继续往上计时。当定时器的延时时间到达10s时，Q0.4输出为ON，在任何时候，只要I1.1的状态为ON，该定时器的当前值都会被清零，输出Q0.4复位。

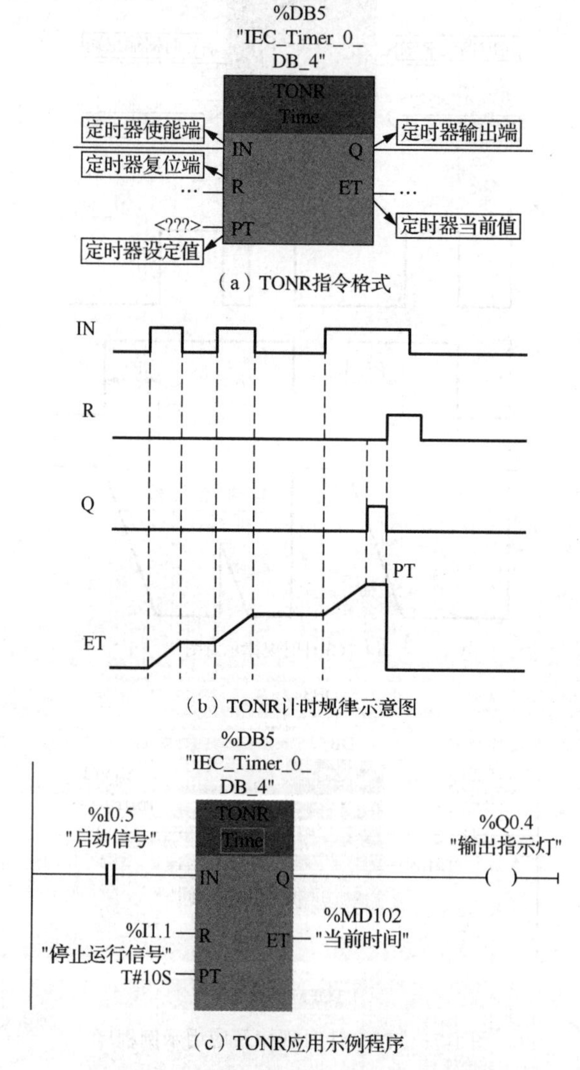

图1-72　TONR计时规律及应用示例程序

任务实施

一、I/O 地址分配表

I/O 地址分配表如表 1-12 所示。

表 1-12 I/O 地址分配表

输入信号		输出信号	
A 启动按钮	I0.0	A 输出	Q0.0
A 停止按钮	I0.1	B 输出	Q0.1
B 启动按钮	I0.2		
B 停止按钮	I0.3		

二、梯形图

1. 没时间间隔要求的顺序启停

分别设有启停按钮，A 启动后 B 才能启动，B 停止后 A 才能停止。参考梯形图如图 1-73 所示。

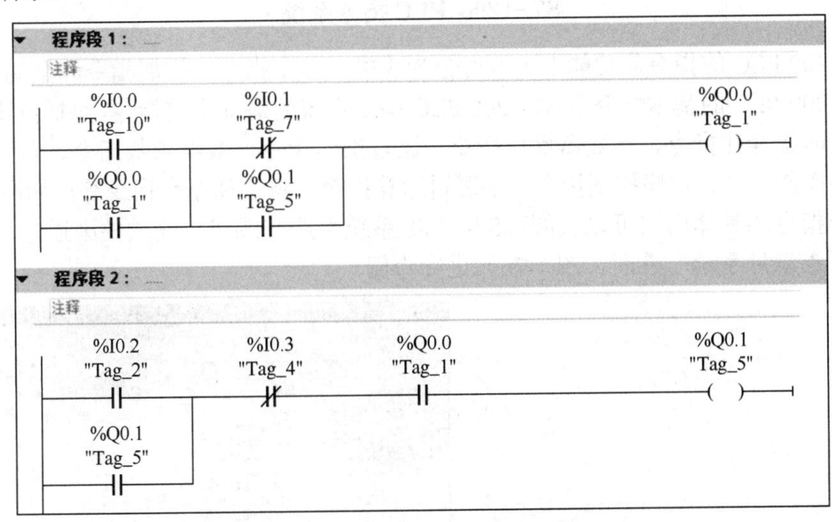

图 1-73 没时间间隔要求的顺序启停梯形图

2. 有时间要求的顺序启停

A 启动 10s 后 B 才能启动，B 停止 5s 后 A 才能停止。参考梯形图如图 1-74 所示。

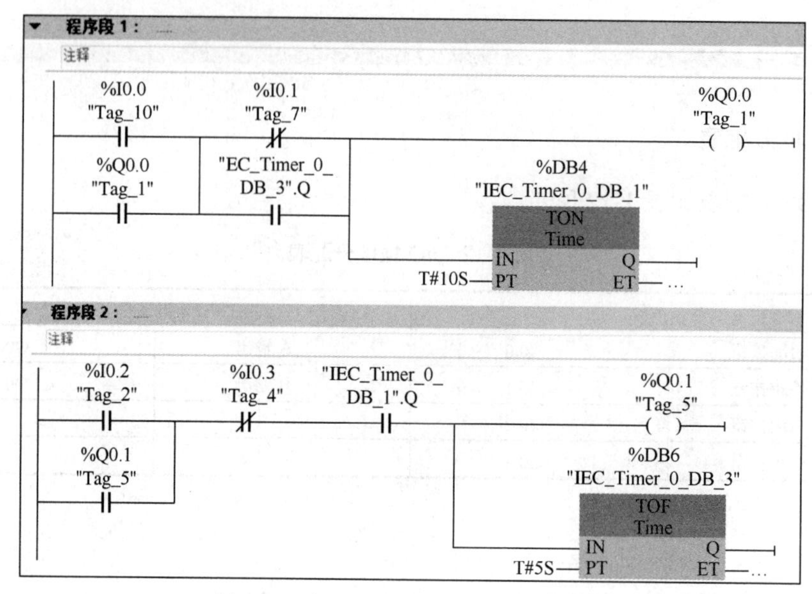

图 1-74　有时间要求的顺序启停梯形图

拓展阅读

S7-1200 PLC 指令系统

S7-1200 PLC 的指令从功能上大致可分为 3 类：基本指令、扩展指令和全局库指令。

S7-1200 PLC 的基本指令是 S7-1200 PLC 指令系统的最基本的指令，包括位逻辑运算指令、定时器操作指令、计数器操作指令、比较操作指令、数学函数指令、移动操作指令、转换操作指令、程序控制指令、字逻辑运算指令、移位和循环指令等，如图 1-75 所示。每个指令的具体用法可以查阅《S7-1200 系统手册》或在博途软件中通过“帮助”菜单打开“信息系统”界面（图 1-76）进行查阅。

图 1-75　S7-1200 PLC 的基本指令

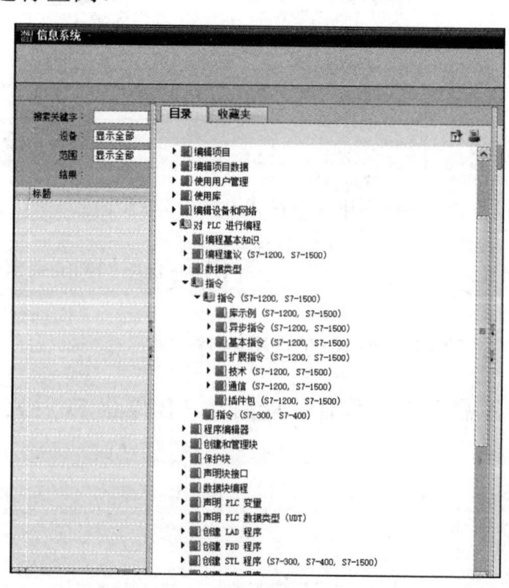

图 1-76　“信息系统”界面

作 业

一、填空题

1．CPU 1214C 右侧最多可以扩展________个信号模块，左侧最多可以扩展________个通信模块，正上面还可以扩展________个信号板。

2．CPU 1214C 有集成的________点数字量输入、________点数字量输出、________点模拟量输入、________点高速输出、________点高速输入。

3．十进制数 100 对应的二进制数是 2#________，对应的十六进制数是 16#________；十进制-50 的补码是 2#________。

4．Q0.6 是输出字节________的第________位。

5．MD100 由 MW________和 MW________组成，MB________是它的最低位字节。

6．RLO 是________的简称，在程序监控时呈现为绿色实线。

7．接通延时定时器的 IN 输入电路________时开始定时，定时时间大于等于预设时间时，输出 Q 变为________。IN 输入电路断开时，当前时间值 ET________，输出 Q 变为________。

8．加计数器的复位输入 R 为________，加计数脉冲输入信号 CU 的________，如果计数器值 CV 小于________，CV 加 1。CV 大于等于预设计数值 PV 时，输出 Q 为________。复位输入 R 为 1 状态时，CV 被________，输出 Q 变为________。

二、简答题

1．S7-1200 PLC 的 CPU 有哪些型号？

2．信号模块是哪些模块的总称？

3．硬件组态步骤与主要用途是什么？

4．S7-1200 PLC 常用的程序模块有哪些？其功能是什么？

5．S7-1200 PLC 可以使用哪些编程语言？

6．S7-1200 PLC 中常用的寻址方式有哪些？

7．S7-1200 PLC 从加电到运行程序，会经历哪些阶段？其间存储器如何调度？

8．S7-1200 PLC 是如何通过输入回路将开关量信号传输到程序中的？

9．S7-1200 PLC 是如何将程序中输出继电器的值传到输出端子上的？

三、设计题

用 S7-1200 PLC 编程控制两个指示灯 A、B 的顺序亮灭，要求：A 亮 5s 后 B 自行亮；B 灭 10s 后 A 才能灭。请画出接线图与梯形图。

项目二 小车往返送料控制

任务一 终点位于同侧的小车送料控制

任务简介

用 PLC 控制小车自动往返于 CK0、CK1、CK2 三地运货。如图 2-1 所示，系统启动后，运货小车于初始位置 CK0 装货（装货过程不计），装货等待时间为 20s，然后右行将货物运送到 CK1，卸货过程不计，只需等待 2s 即返回 CK0 再次装货，20s 后完成装货，再右行将货物送至 CK2，同样，卸货过程不计，只需等待 2s 即返回 CK0。再次装货，重复上一个循环。系统一直循环工作，直到收到停止信号，完成本轮循环后结束。小车内装有驱动电动机，控制其正反转就可以实现小车左右移动。CK0、CK1、CK2 三地装有行程开关，可检测小车是否到达该位置。

微课 2.1 编程操作与调试

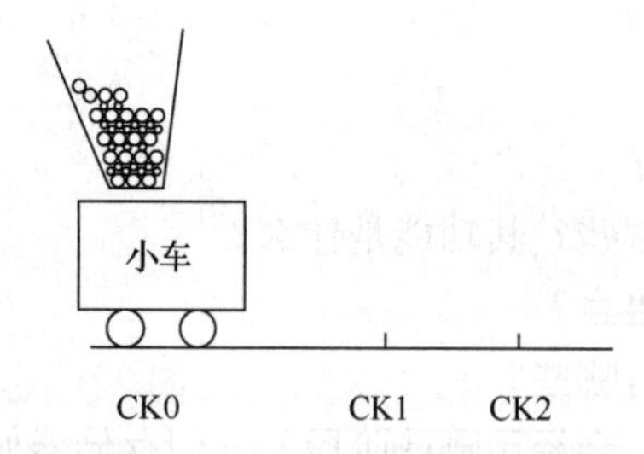

图 2-1 终点位于同侧的小车往返送料示意图

2.1 课件

教学目标

- 进一步熟悉博途软件的应用和计数器、脉冲输出、堆栈、数据块等指令的应用。
- 掌握 PLC 程序设计原则、一般思路与优化方法。
- 进一步强化 PLC 程序设计能力与系统调试、故障检测能力。

思政目标

现代企事业单位中沟通与交流特别重要，学会在团队中恰当地表达自己的意见与想法，增强团队合作意识，提高团队效率，是我们需要逐步培养的一项重要能力。

准备知识

S7-1200 PLC 的计数器属于函数块，调用时需要生成背景数据块。单击指令助记符下面的问号，在下拉列表中选择某种整数数据类型。

CU 和 CD 分别是加计数输入和减计数输入，在 CU 或 CD 信号的上升沿，当前计数器值 CV 被加 1 或减 1。PV 为预设计数值，CV 为当前计数器值，R 为复位输入，Q 为布尔输出。CU、CD、R 和 Q 均为布尔变量。

S7-1200 PLC 有 3 种 IEC 计数器：加计数器（CTU）、减计数器（CTD）和加减计数器（CTUD）。它们属于软件计数器，其最大计数频率受到 OB1 的扫描周期的限制。如果需要频率更高的计数器，可以使用 CPU 内置的高速计数器。

1. 加计数器

CTU 为加计数器。在调用加计数器时，系统会提示添加一个 IEC 计数器的背景数据块（也可以使用用户在数据块中自行建立的 IEC 计数器类型的变量）作为背景数据，如图 2-2 所示。

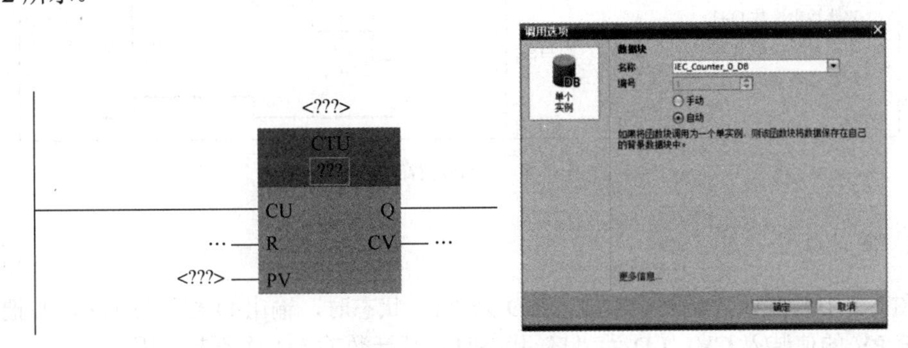

图 2-2 CTU 计数器

可以在图 2-2 所示的指令中找到 Int 字样，在此处可以选择这个计数器基于何种类型的整型变量进行计数。根据指令所选择的整型变量类型，在 PV 端和 CV 端填写相应类型的变量。

将指令列表的“计数器操作”文件夹中的 CTU 指令拖放到工作区，单击方框中 CTU 下面的 3 个问号（图 2-2），再单击问号右边出现的按钮，在下拉列表中设置 PV 和 CV 的数据类型为 Int。

PV 和 CV 可以使用的数据类型有 Int、SInt、DInt、USInt、Uint、UDInt 型。各变量均可以使用 I（仅用于输入变量）、Q、M、D 和 L 存储区，PV 还可以使用常数。

当接在 R 输入端的复位输入 I1.1 为“0”状态（图 2-3），接在 CU 输入端的加计数脉冲输入电路由断开变为接通时（即在 CU 信号的上升沿），当前计数器值 CV 加 1，直到 CV 达到指定的数据类型的上限值。此后 CU 输入的状态变化不再起作用，CV 的值不再增加。CV 大于等于预设计数值 PV 时，输出 Q 为“1”状态，反之为“0”状态。第一次执行指令时，CV 被清零。各类计数器的复位输入 R 为“1”状态时，计数器被复位，输出 Q 变为“0”状态，CV 被清零。图 2-4 所示为加计数器的波形。

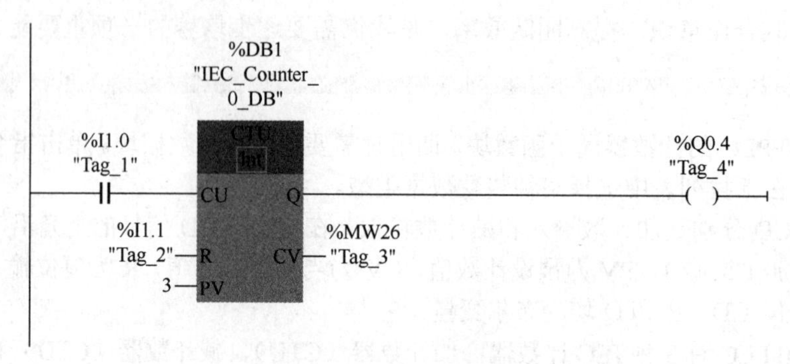

图 2-3　CTU 应用示例

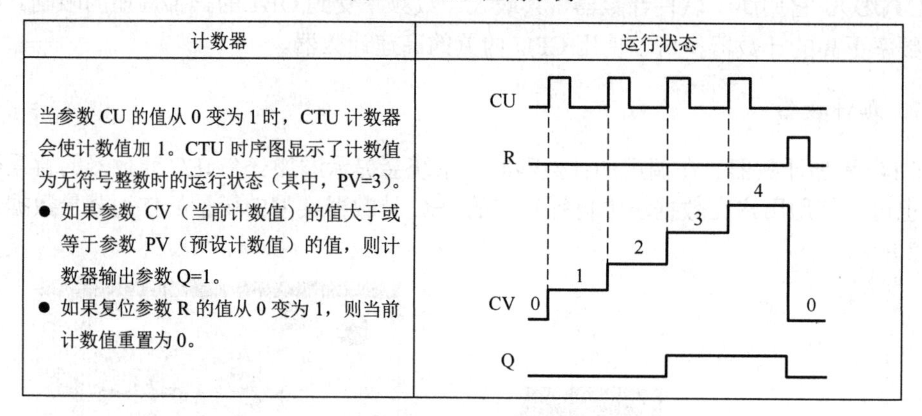

计数器	运行状态
当参数 CU 的值从 0 变为 1 时，CTU 计数器会使计数值加 1。CTU 时序图显示了计数值为无符号整数时的运行状态（其中，PV=3）。 ● 如果参数 CV（当前计数值）的值大于或等于参数 PV（预设计数值）的值，则计数器输出参数 Q=1。 ● 如果复位参数 R 的值从 0 变为 1，则当前计数值重置为 0。	

图 2-4　加计数器的波形

2. 减计数器

图 2-5 中的减计数器的装载输入 LD 为“1”状态时，输出 Q 被复位为 0，并把预设计数值 PV 的值装入 CV。LD 为“1”状态时，减计数输入 CD 不起作用。

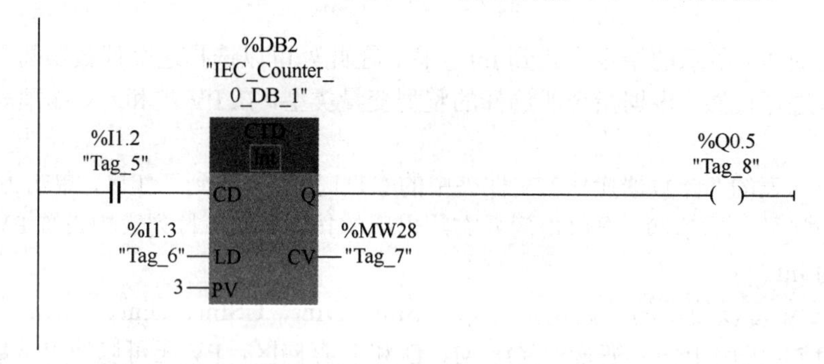

图 2-5　CTD 应用示例

当 LD 为“0”状态时，在减计数器输入 CD 的上升沿，当前计数器值 CV 减 1，直到 CV 达到指定的数据类型的下限值。此后 CD 输入信号的状态变化不再起作用，CV 的值不再减小。

当前计数器值 CV 小于等于 0 时，输出 Q 为“1”状态，反之 Q 为“0”状态。第一次执行指令时，CV 被清零。图 2-6 所示为减计数器的计数原理。

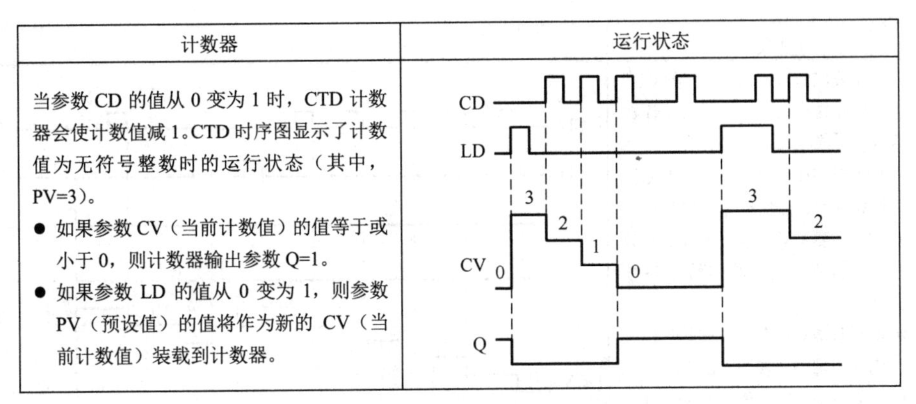

计数器	运行状态
当参数 CD 的值从 0 变为 1 时，CTD 计数器会使计数值减 1。CTD 时序图显示了计数值为无符号整数时的运行状态（其中，PV=3）。 ● 如果参数 CV（当前计数值）的值等于或小于 0，则计数器输出参数 Q=1。 ● 如果参数 LD 的值从 0 变为 1，则参数 PV（预设值）的值将作为新的 CV（当前计数值）装载到计数器。	CD / LD / CV / Q 时序图

图 2-6 减计数器的计数原理

3. 加减计数器

在加减计数器的加计数输入 CU 的上升沿（图 2-7），当前计数器值 CV 加 1，CV 达到指定的数据类型的上限值时不再增加。在减计数输入 CD 的上升沿，CV 减 1，CV 达到指定的数据类型的下限值时不再减小。

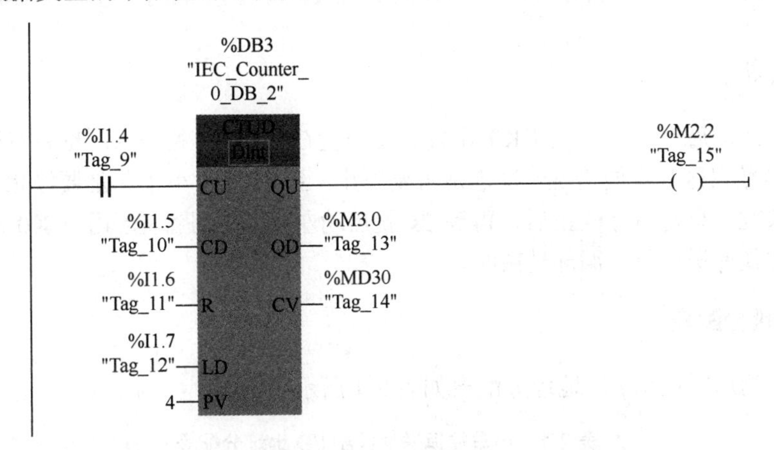

图 2-7 CTUD 应用示例

如果同时出现计数脉冲 CU 和 CD 的上升沿，CV 保持不变。CV 大于等于预设计数值 PV 时，输出 QU 为 1，反之为 0。CV 小于等于 0 时，输出 QD 为 1，反之为 0。

装载输入 LD 为“1”状态时，预设值 PV 被装入当前计数器值 CV，输出 QU 变为“1”状态，QD 被复位为“0”状态。

复位输入 R 为“1”状态时，计数器被复位，CV 被清零，输出 QU 变为“0”状态，QD 变为“1”状态。R 为“1”状态时，CU、CD 和 LD 不再起作用。图 2-8 所示为加减计数器的计数原理。

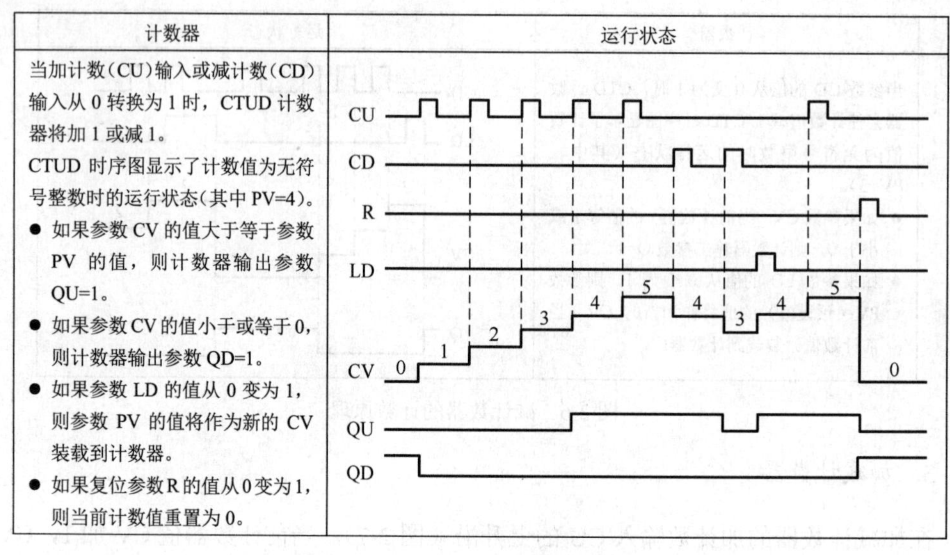

计数器	运行状态
当加计数（CU）输入或减计数（CD）输入从 0 转换为 1 时，CTUD 计数器将加 1 或减 1。 CTUD 时序图显示了计数值为无符号整数时的运行状态（其中 PV=4）。 ● 如果参数 CV 的值大于等于参数 PV 的值，则计数器输出参数 QU=1。 ● 如果参数 CV 的值小于或等于 0，则计数器输出参数 QD=1。 ● 如果参数 LD 的值从 0 变为 1，则参数 PV 的值将作为新的 CV 装载到计数器。 ● 如果复位参数 R 的值从 0 变为 1，则当前计数值重置为 0。	

图 2-8 加减计数器的计数原理

任务实施

一、任务分析

设系统启动后小车总是从 CK0 出发。小车先在 CK0 等待 20s，然后右行。小车到 CK1 后用计数器区分不同情况，决定是否要停止。到 CK2 时小车总是要停止。小车左行的情况有共性，总是右行停止后，再等 2s 就启动左行，并且都是到了 CK0 就停止。计数器的复位最好选在每个循环结束时。

二、I/O 地址分配表

小车往返送料控制 I/O 地址分配表如表 2-1 所示。

表 2-1 小车往返送料控制 I/O 地址分配表

输入信号		输出信号	
CK0	I0.0	左行	Q0.1
CK1	I0.1	右行	Q0.0
启动	I0.3		
停止	I0.4		

三、梯形图

参考梯形图如图 2-9 所示。

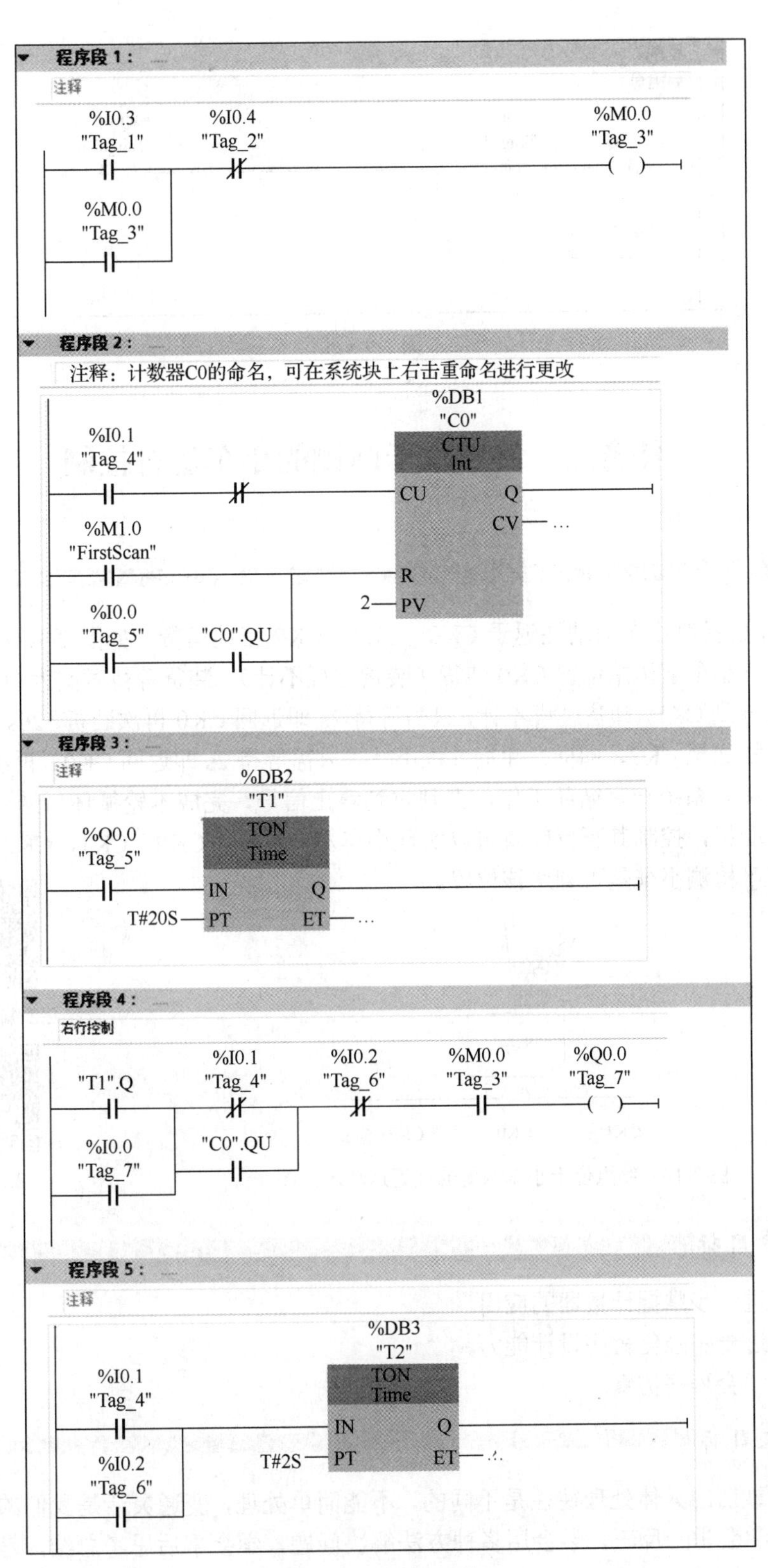

程序段 1：
注释
%I0.3
"Tag_1"
%I0.4
"Tag_2"
%M0.0
"Tag_3"
%M0.0
"Tag_3"
程序段 2：
注释：计数器C0的命名，可在系统块上右击重命名进行更改
%DB1
"C0"
CTU
Int
%I0.1
"Tag_4"
CU
Q
CV
%M1.0
"FirstScan"
R
PV
2
%I0.0
"Tag_5"
"C0".QU
程序段 3：
注释
%DB2
"T1"
TON
Time
%Q0.0
"Tag_5"
IN
Q
T#20S
PT
ET
程序段 4：
右行控制
"T1".Q
%I0.1
"Tag_4"
%I0.2
"Tag_6"
%M0.0
"Tag_3"
%Q0.0
"Tag_7"
%I0.0
"Tag_7"
"C0".QU
程序段 5：
注释
%DB3
"T2"
TON
Time
%I0.1
"Tag_4"
IN
Q
T#2S
PT
ET
%I0.2
"Tag_6"

图 2-9 参考梯形图

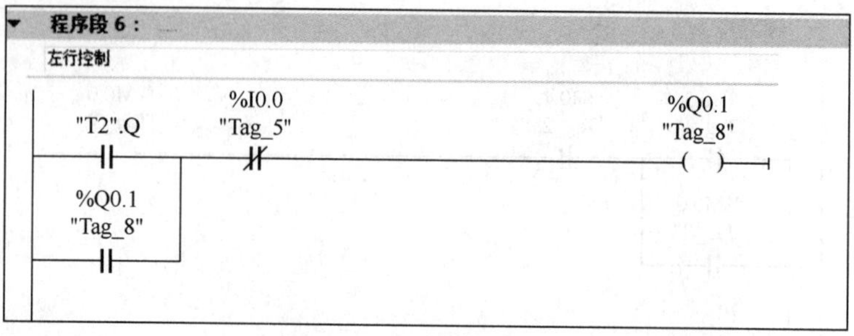

程序段 6：

左行控制

"T2".Q %I0.0 "Tag_5" %Q0.1 "Tag_8"

%Q0.1 "Tag_8"

图 2-9（续）

任务二　终点位于两侧的小车送料控制

任务简介

用 PLC 控制小车自动往返于 CK0、CK1、CK2 三地运货。如图 2-10 所示，系统启动后，运货小车于初始位置 CK0 装货（装货过程不计），装货等待时间为 20s，然后左行将货物运送到 CK1，卸货过程不计，只需等待 2s 即返回 CK0 再次装货，20s 后完成装货，右行将货物送至 CK2，同样，卸货过程不计，只需等待 2s 即返回 CK0。再次装货，重复上一个循环。系统一直循环工作，直到收到停止信号，完成本轮循环后结束。小车内装有驱动电动机，控制其正反转就可以实现小车左右移动。CK0、CK1、CK2 三地装有行程开关，可检测小车是否到达该位置。

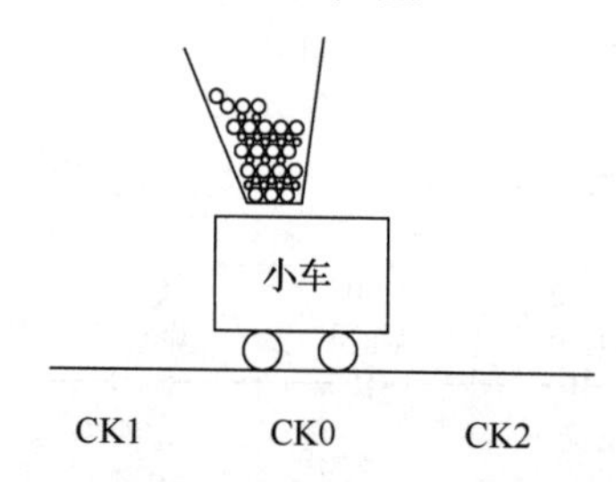

图 2-10　终点位于小车两侧的往返送料示意图

微课 2.2 编程操作与调试

2.2 课件

教学目标

- 进一步掌握计数器的应用。
- 进一步强化程序设计能力。
- 学会程序仿真。

思政目标

不同事情的具体处理往往是不同的，不能简单处理，变通灵活是我们的一个重要思维方向，学会举一反三，学会用多种方法解决问题，学会事后思考总结，是培养变通灵活的基础。

准备知识

一、仿真程序的安装

下载仿真软件，然后找到并打开 02-PLCSIM_V15 文件，如图 2-11 所示。

02-PLCSIM_V15	2019/10/28 13:24	文件夹

图 2-11　博途软件文件夹

如图 2-12 所示，单击 SIMATIC_S7PLCSIM_V15.exe 安装。

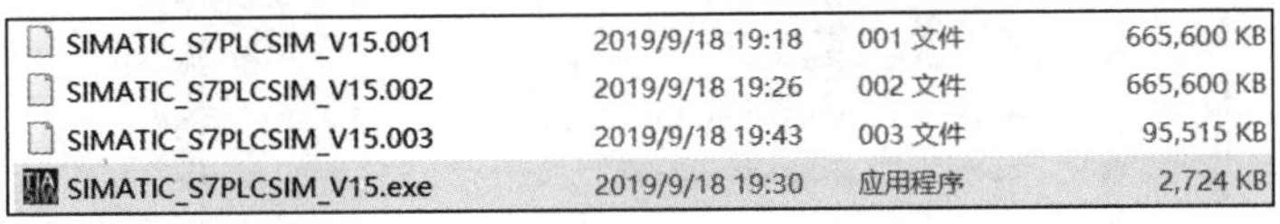

SIMATIC_S7PLCSIM_V15.001	2019/9/18 19:18	001 文件	665,600 KB
SIMATIC_S7PLCSIM_V15.002	2019/9/18 19:26	002 文件	665,600 KB
SIMATIC_S7PLCSIM_V15.003	2019/9/18 19:43	003 文件	95,515 KB
SIMATIC_S7PLCSIM_V15.exe	2019/9/18 19:30	应用程序	2,724 KB

图 2-12　安装包

依次按步骤安装，直到完成，并激活。

二、仿真操作

打开博途软件，创建一个新项目，编写一个程序，然后单击“仿真”按钮，如图 2-13 所示。这时会弹出如图 2-14 所示的对话框，单击“确定”按钮。接着会弹出仿真精简视图，如图 2-15 所示。单击图中右上角的按钮，进入项目视图。然后回到博途编程界面，选中项目中的 PLC_1，单击“装载”及“完成”按钮，如图 2-16 所示。

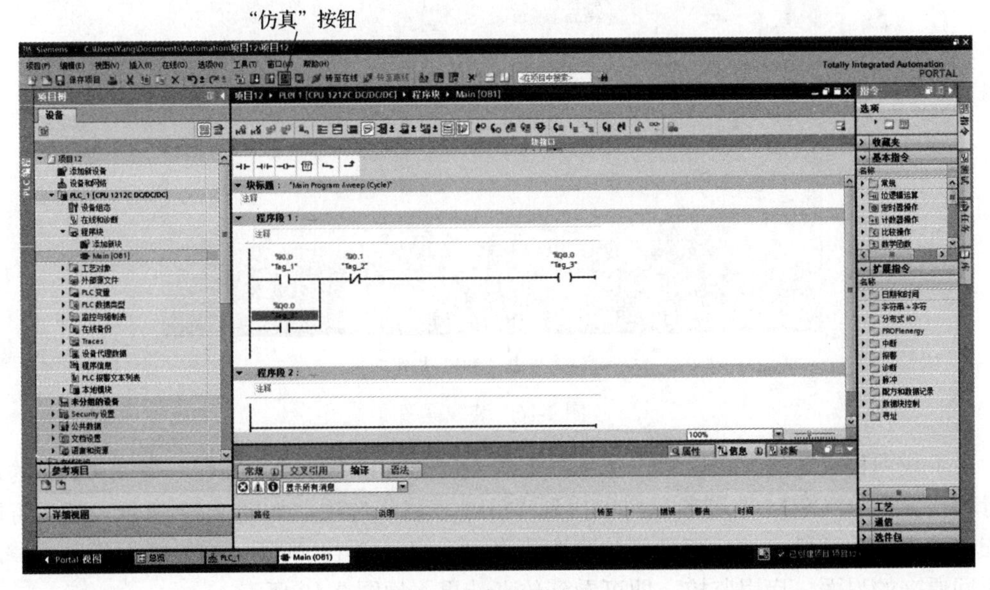

图 2-13　程序仿真

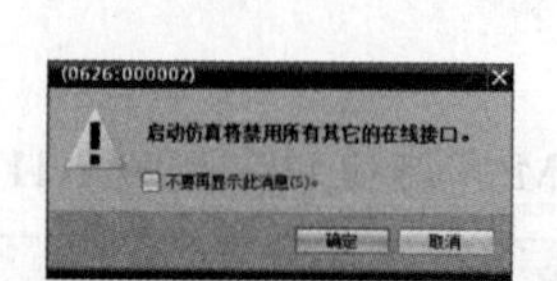

图 2-14　仿真接口启动提示对话框

图 2-15　仿真精简视图

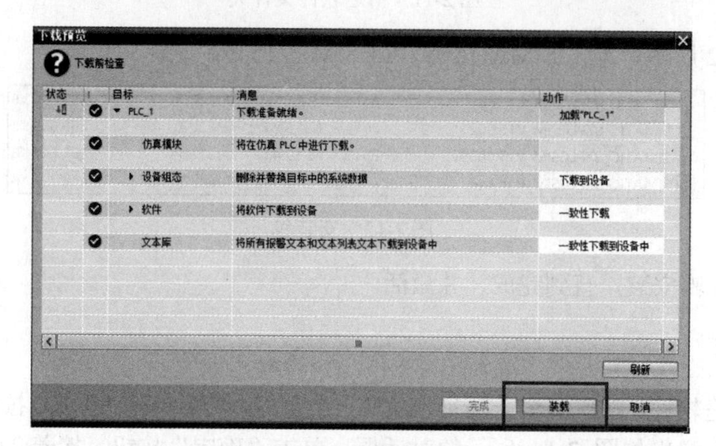

（a）单击“装载”按钮

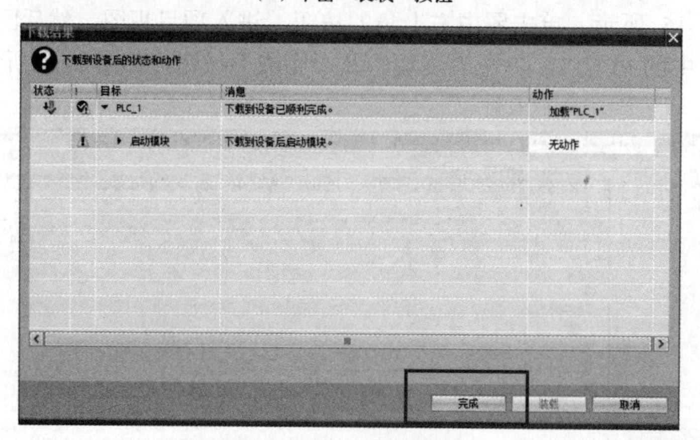

（b）单击“完成”按钮

图 2-16　装载程序

下载项目成功后，可以单击仿真器上的“启动”和“停止”按钮，更改 CPU 的运行模式。在 PLCSIM 左侧项目树中找到“SIM 表格”选项，如图 2-17 所示，然后可以在该表中添加变量，进行变量值的监控和修改，如图 2-18 所示。这个界面不用关掉，返回原来的界面，启用监控，即可看到仿真结果，如图 2-19 所示。

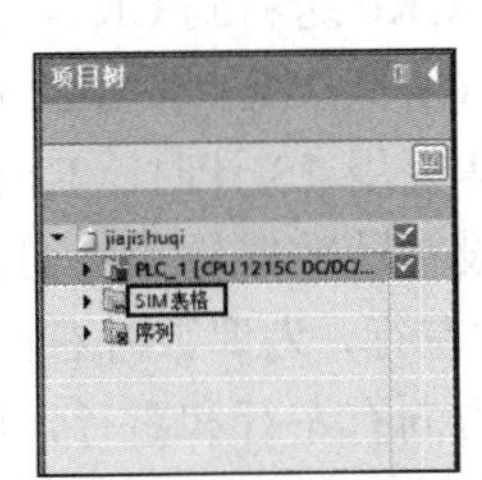

图 2-17　项目树

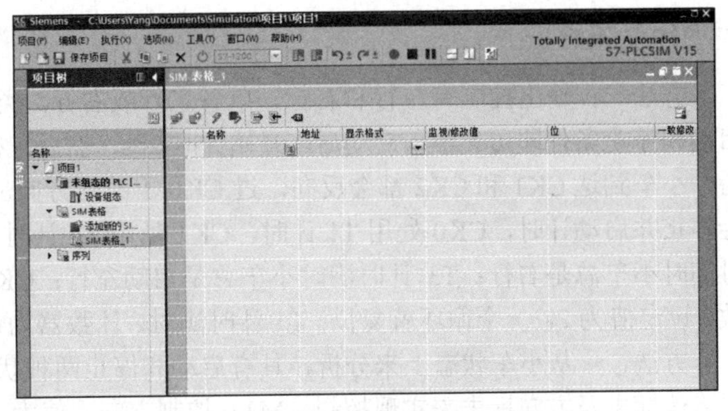

图 2-18　添加变量

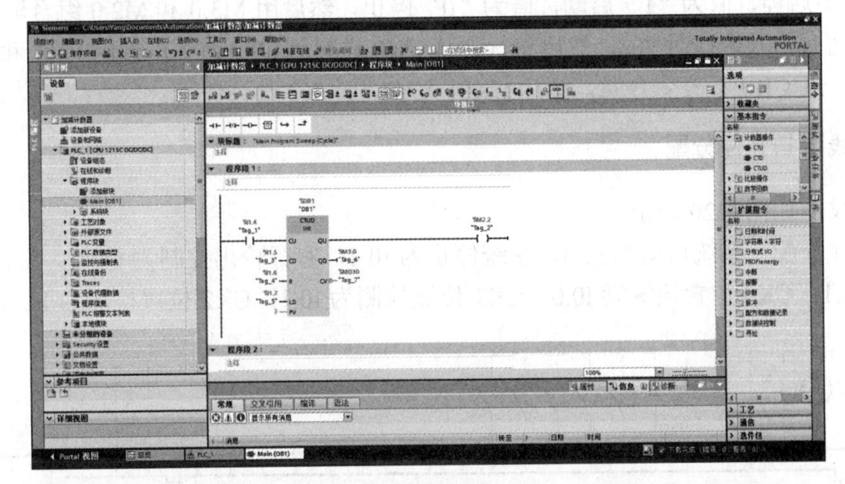

（a）启用监控

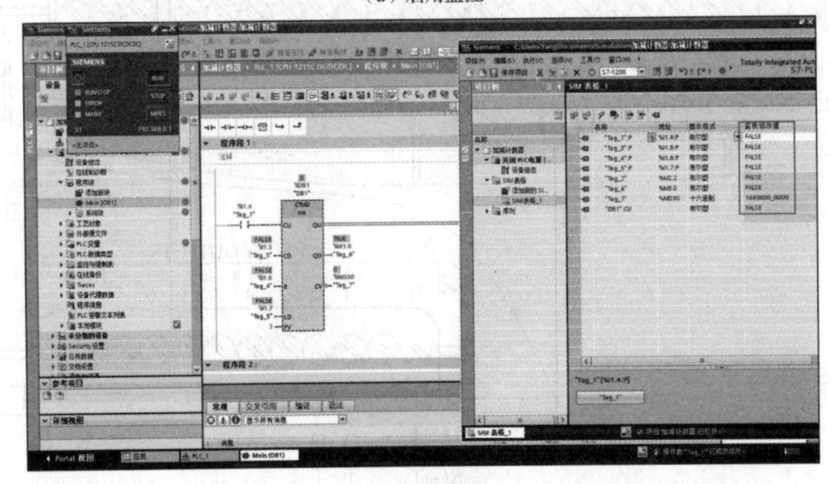

（b）仿真结果

图 2-19　仿真过程

任务实施

方法一：输出控制有左行和右行，单看左行或右行，类似一个单向运动，只设置好启动和停止条件即可。小车启动后，开始计时20s，然后左行，从CK0送料到CK1，然后，小车到达CK1和CK2都会反向，过CK0不改变方向。到达CK0、CK1和CK2都会停止并启动计时，CK0处用T1计时，CK1处用T2计时，CK2处用T3计时。T2计时满时小车总是右行；T3计时满时小车总是启动左行；CK0处设置计数器检测接通次数，设定值为2，一个循环就复位；T1计时满时，计数器为奇数时左行，为偶数时右行。

方法二：从小车状态上来分析，具有启动和停止两种状态，方向有左行和右行，设置启停标志及方向标志来实现控制。M3.0控制方向，值为“1”左行，值为“0”右行；M2.0控制启停，值为“1”启动，值为“0”停止，然后用M3.0和M2.0组合输出即可。小车启动后，开始计时20s，然后左行，从CK0送料到CK1，小车到达CK1和CK2都会反向，过CK0不改变方向，到达CK0，CK1和CK2都会停止。

一、接线图与元件分配

接线图如图2-20所示。

元件分配：系统启动为I0.3，系统停止为I0.4，右行输出控制为Q0.0，左行输出控制为Q0.1，CK0位置检测为I0.0，CK1位置检测为I0.1，CK2位置检测为I0.2。

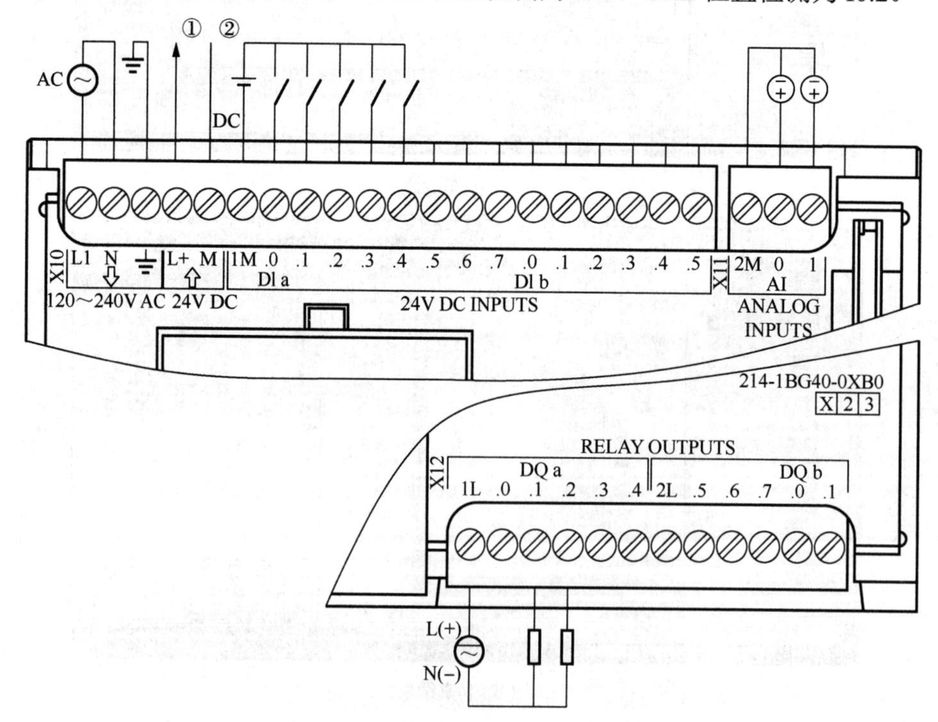

图2-20 CPU 1214C AC/DC/Relay的外部接线示意图

二、梯形图

方法一：用简单的启停按钮控制小车左右行，参考梯形图如图 2-21 所示。

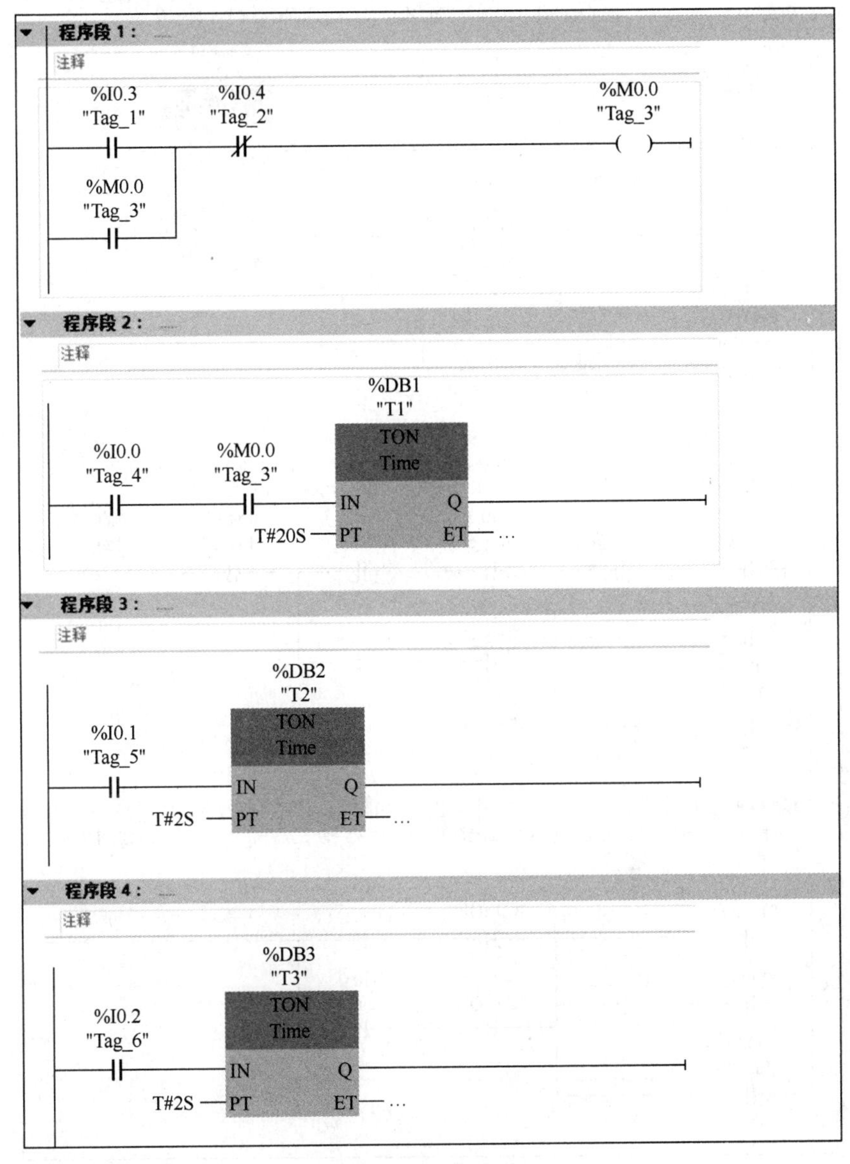

图 2-21　参考梯形图一

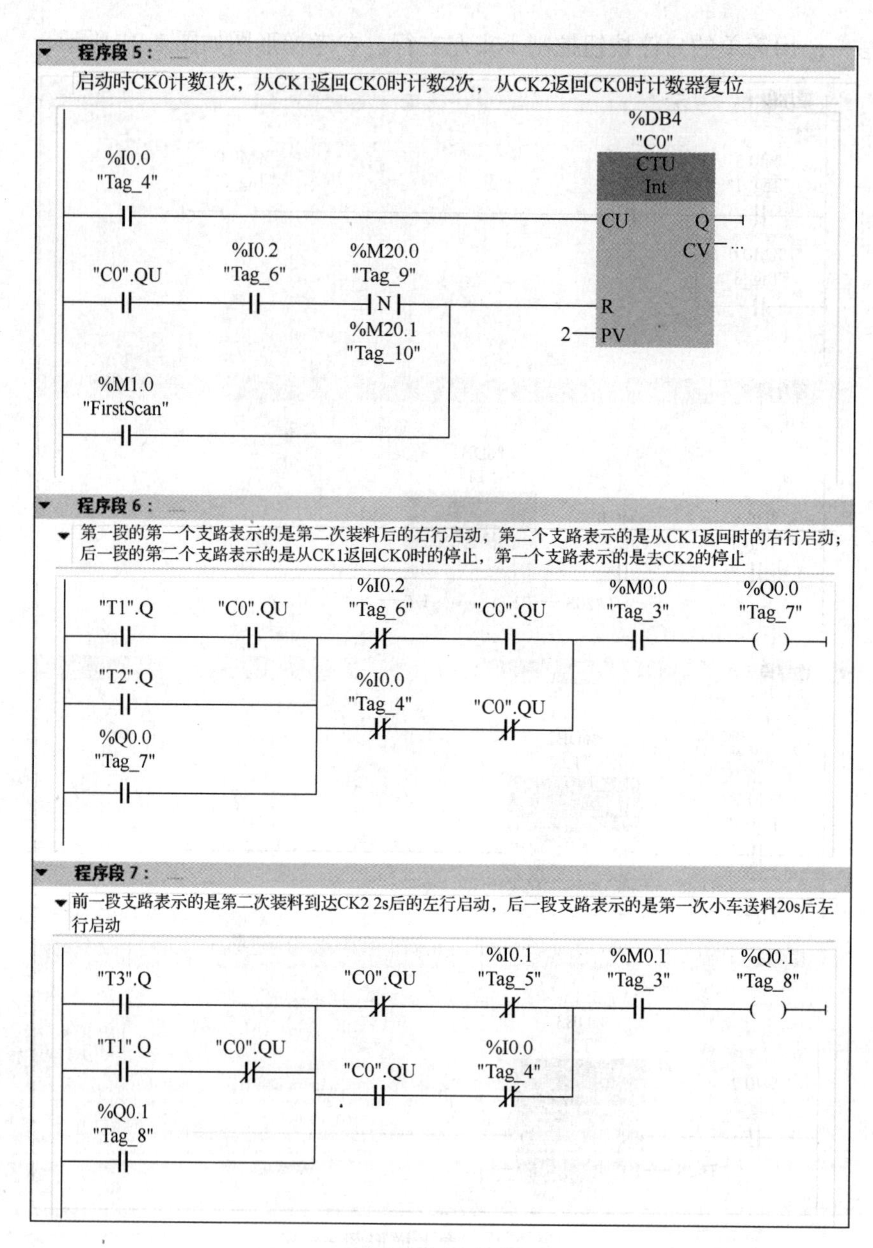

图 2-21（续）

方法二：参考梯形图如图 2-22 所示。

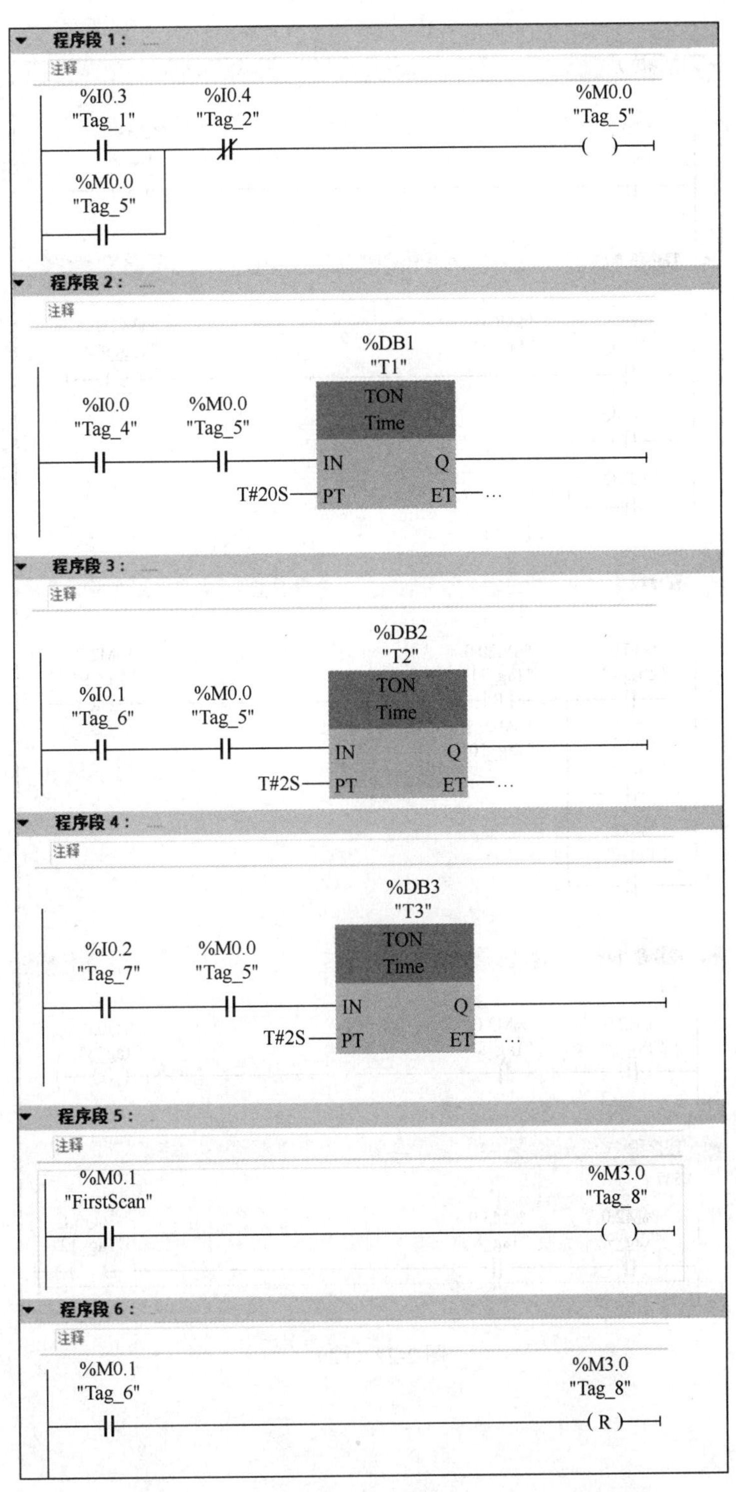
程序段 1：
注释
%I0.3
"Tag_1"
%I0.4
"Tag_2"
%M0.0
"Tag_5"
%M0.0
"Tag_5"
程序段 2：
注释
%DB1
"T1"
TON
Time
%I0.0
"Tag_4"
%M0.0
"Tag_5"
IN
Q
T#20S
PT
ET
程序段 3：
注释
%DB2
"T2"
TON
Time
%I0.1
"Tag_6"
%M0.0
"Tag_5"
IN
Q
T#2S
PT
ET
程序段 4：
注释
%DB3
"T3"
TON
Time
%I0.2
"Tag_7"
%M0.0
"Tag_5"
IN
Q
T#2S
PT
ET
程序段 5：
注释
%M0.1
"FirstScan"
%M3.0
"Tag_8"
程序段 6：
注释
%M0.1
"Tag_6"
%M3.0
"Tag_8"
R

图 2-22 参考梯形图二

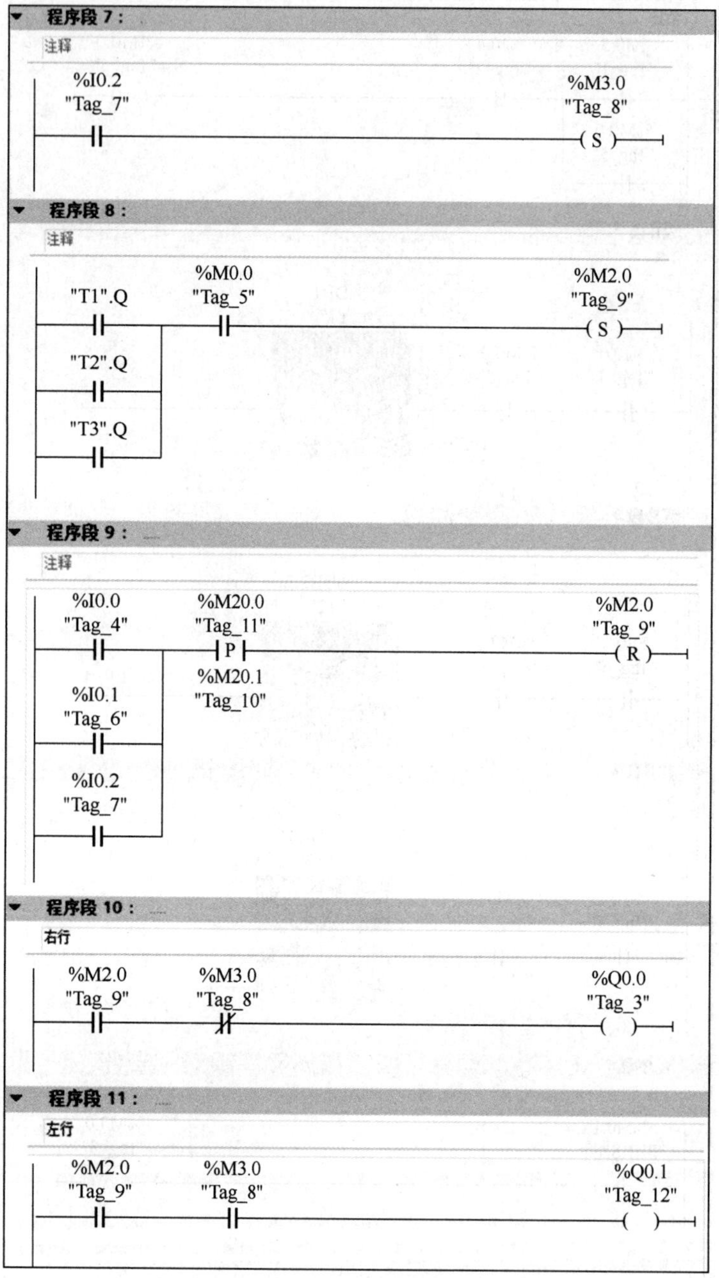

程序段 7：

注释

%I0.2 "Tag_7" —| |— … —(S)— %M3.0 "Tag_8"

程序段 8：

注释

"T1".Q —| |— (OR "T2".Q —| |—, OR "T3".Q —| |—) —— %M0.0 "Tag_5" —| |— … —(S)— %M2.0 "Tag_9"

程序段 9：

注释

%I0.0 "Tag_4" —| |— (OR %I0.1 "Tag_6" —| |—, OR %I0.2 "Tag_7" —| |—) —— %M20.0 "Tag_11" —|P|— %M20.1 "Tag_10" … —(R)— %M2.0 "Tag_9"

程序段 10：

右行

%M2.0 "Tag_9" —| |— %M3.0 "Tag_8" —|/|— … —( )— %Q0.0 "Tag_3"

程序段 11：

左行

%M2.0 "Tag_9" —| |— %M3.0 "Tag_8" —| |— … —( )— %Q0.1 "Tag_12"

图 2-22（续）

任务三 触摸屏与现场硬件联合的小车送料控制

任务简介

微课 2.3 编程操作与调试

在任务二现场硬件实现控制要求的基础上，还要求用触摸屏也能独立实现对小车的启停控制，且触摸屏上用 3 个指示灯显示小车左行、右行和停止 3 种状态。

教学目标

➢ 进一步掌握触摸屏的基本应用（开关量的输入/输出）。
➢ 掌握子程序设计的基本方法。

思政目标

2.3 课件

团队成员的大局观念、集体观念是一个团队形成合力的基础，我们要在课程学习实训中，朝着一个目标，分工协作、互相帮助、共同提高，从而提高团队的水平与效率，并逐步习惯将个人的发展进步融入社会大团体的发展进步中，立志为“中国制造2025”做出应有的贡献。

准备知识

一、触摸屏简介

触摸屏（touch screen）又称为触控屏、触控面板，是一种可接收触头等输入信号的感应式液晶显示装置，当接触了屏幕上的图形按钮时，屏幕上的触觉反馈系统可根据预先编程的程序驱动各种连接装置，可用以取代机械式的按钮面板，并借由液晶显示画面制造出生动的影音效果。触摸屏作为一种最新的计算机输入设备，是目前最简单、方便、自然的一种人机交互方式。它赋予了多媒体以崭新的面貌，是极富吸引力的全新多媒体交互设备，主要应用于公共信息的查询、办公、工业控制、军事指挥、电子游戏、点歌点菜、多媒体教学等。

1）西门子 HMI 触摸屏包括精简系列、精智系列、按键系列等，通信支持 PROFIBUS、PROFINET 等总线协议，广泛应用于工业领域。HMI 触摸屏可以通过博途软件进行项目组态，满足用户功能需求。

2）打开博途 V15 软件，双击“添加新设备”，博途软件会弹出添加新设备向导对话框，如图 2-23～图 2-25 所示。

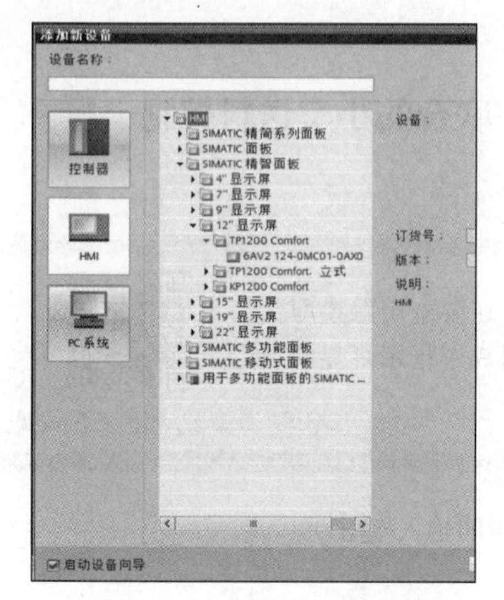

图 2-23　添加新设备对话框一

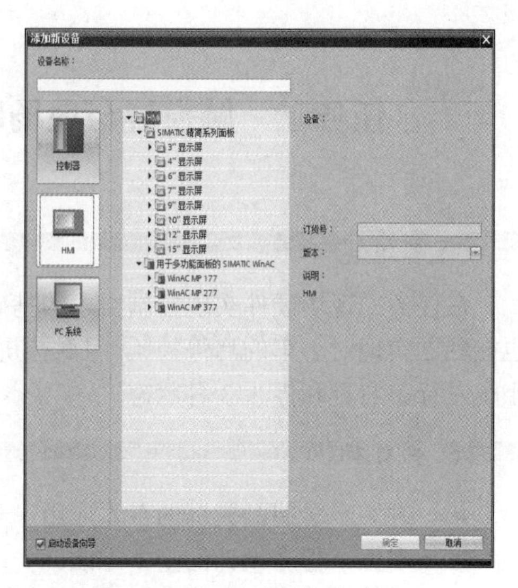

图 2-24　添加新设备对话框二

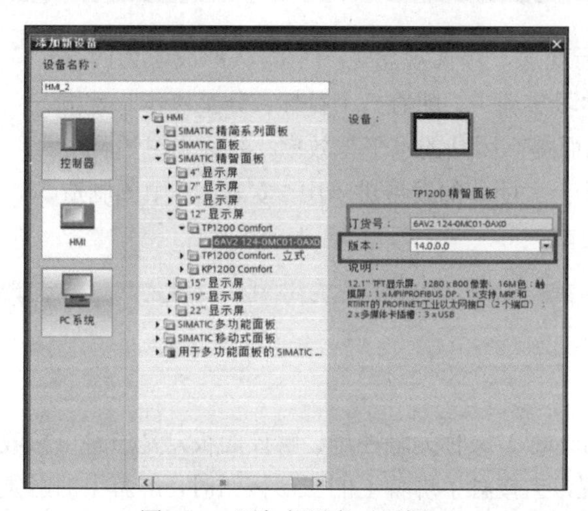

图 2-25　添加新设备对话框三

3）在图 2-23 的左侧选项中单击“HMI”图标，则右侧出现 HMI 设备选型列表，可以从列表中选择精简系列、精智系列等。这里假设需要选择的是 TP1200，TP1200 属于精智面板，12in。在下方选中“启动设备向导”复选框，当选型结束后自动进入设备组态向导。

4）在图 2-23 中选择“SIMATIC 精智面板”选项，展开精智面板系列，可以选择触摸屏尺寸。这里需要的是 12in 的 HMI 屏，所以单击“12″显示屏”，展开后可以看到，此选项下有三款，分别是 TP1200 Comfort、TP1200 Comfort 立式和 KP1200 Comfort。TP 表示触摸，KP 表示按键，立式表示竖立，这里选择 TP1200 Comfort。

5）如图 2-25 所示，展开 TP1200 Comfort 后可以看到其订货号，单击其订货号后，右侧会预览触摸屏外观，还可以复查其订货号和选择版本号，以及查看此触摸屏的产品参数信息。

6）以上触摸屏的型号选择根据实际而定，选好 HMI 以后按图 2-26 所示步骤把 PLC 与触摸屏连接起来。

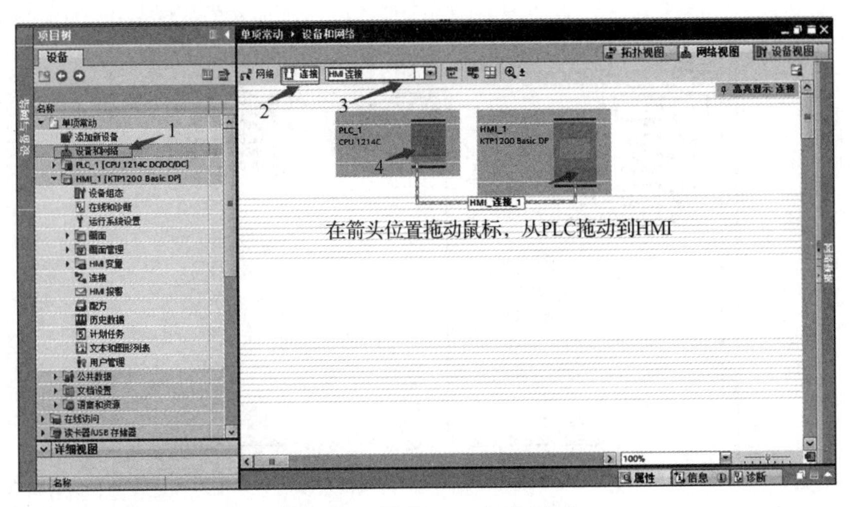

图 2-26　连接 PLC 与触摸屏

二、MCGS 触摸屏的应用

工业控制中常常也会用到非西门子的触摸屏，对于这类屏，S7-1200 PLC 与之通信时，是将触摸屏当作网络通信设备处理的，处理过程中，需要新建子网、指定 IP 地址，并选中 PUTGET 复选框。

任务实施

1）将 MCGS 触摸屏与 PLC 都接到 Hub 上。

2）在 MCGS 嵌入式组态软件中新建工程，添加设备窗口，打开设备工具箱，选择“设备管理”选项，添加西门子 Siemens_1200 PLC，如图 2-27～图 2-31 所示。

图 2-27　新建工程

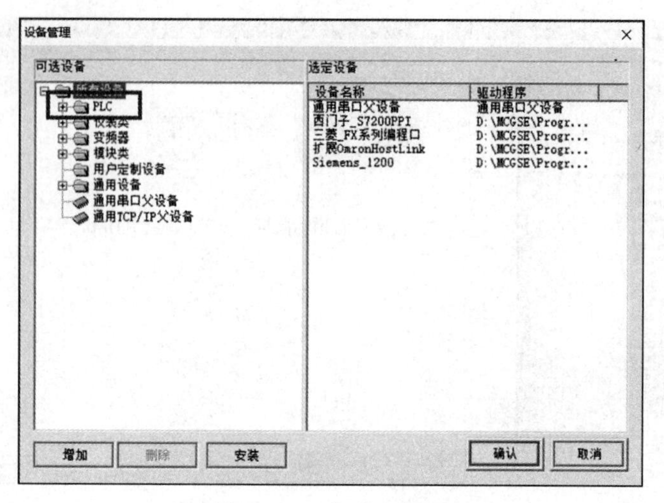

图 2-28　添加设备管理

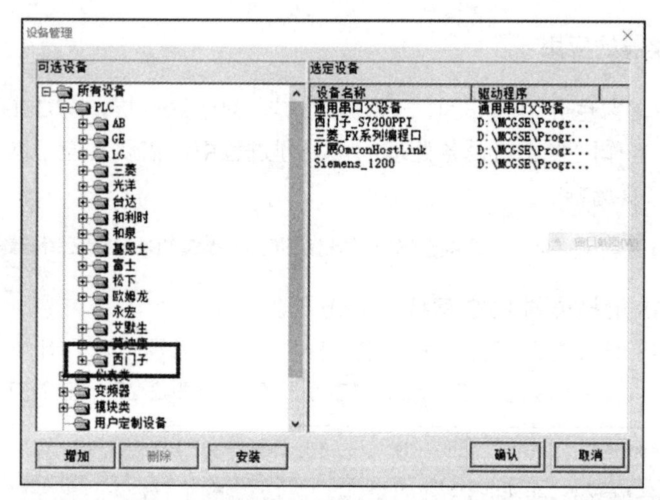

图 2-29　设备工具箱一

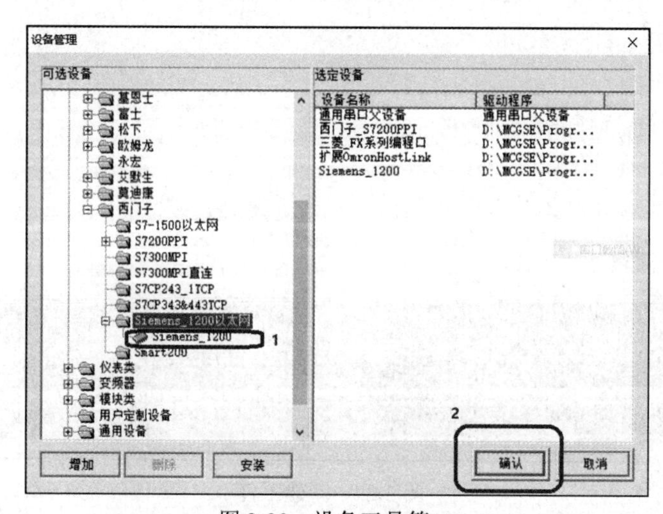

图 2-30　设备工具箱二

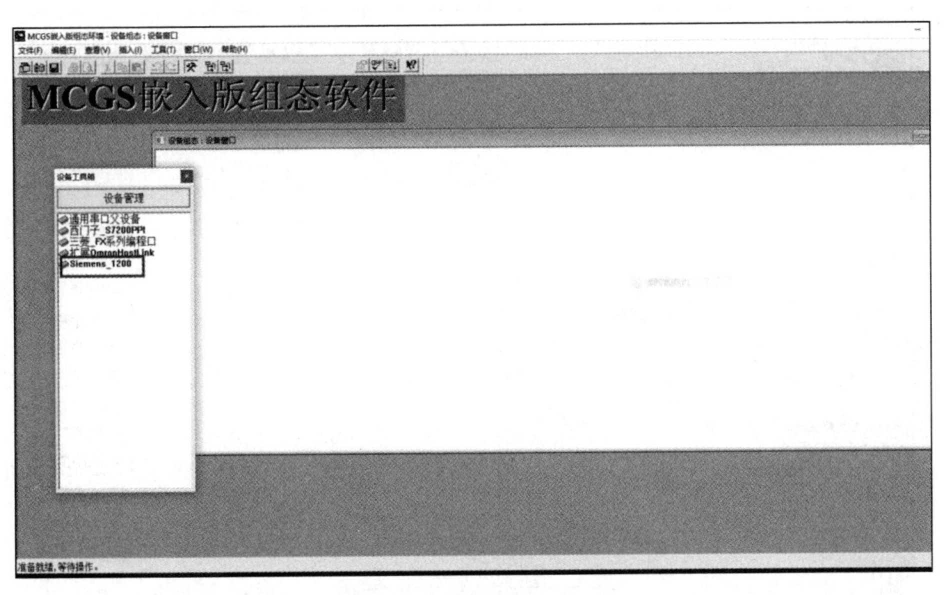

图 2-31　添加 Siemens_1200

3）双击 Siemens_1200 PLC，打开“设备编辑窗口”，单击“删除全部通道”按钮，并更改本地 IP 地址和远端 IP 地址（本书选择的昆仑通态触摸屏的本地 IP 地址为 192.168.0.4，因此需将本地 IP 地址更改为此地址；选择的 1200 PLC 的 IP 地址为 192.168.0.10，因此远端 IP 地址应改为此地址），再单击“确认”按钮，如图 2-32～图 2-34 所示。

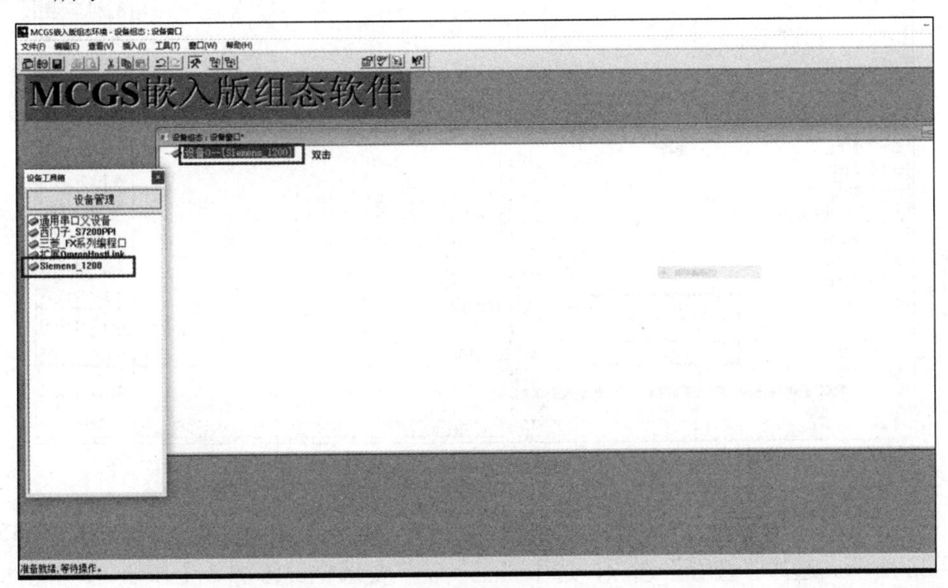

图 2-32　双击“Siemens_1200”

图 2-33 打开“设备编辑窗口”

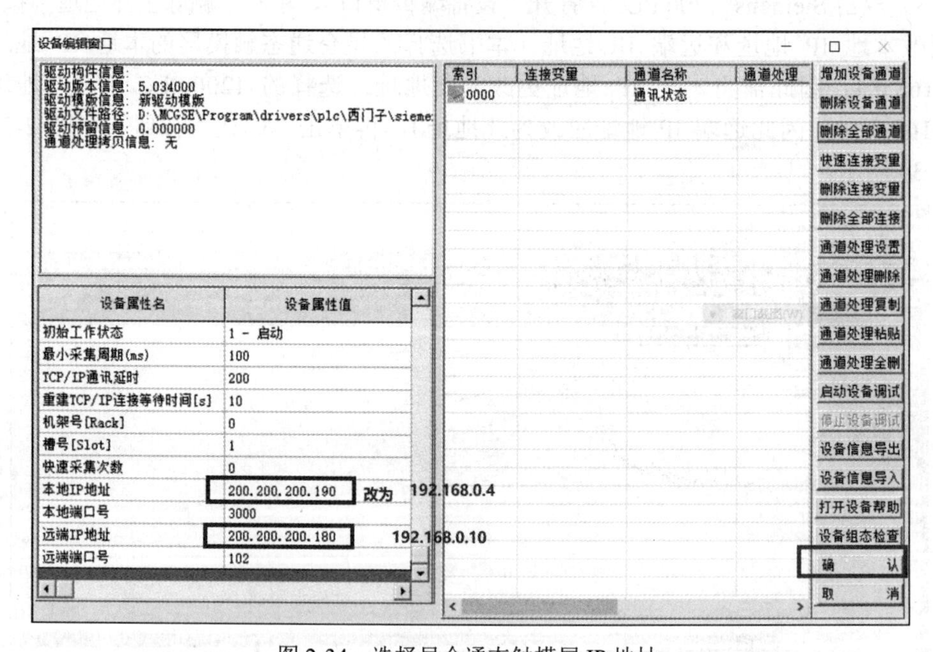

图 2-34 选择昆仑通态触摸屏 IP 地址

4）打开“用户窗口”，新增窗口，双击“窗口 0”进入动画组态窗口，如图 2-35 和图 2-36 所示。选择“查看”选项，选中“工具箱”复选框。添加 2 个按钮、3 个指示灯和 3 个指示灯的名称，如图 2-37 所示。双击按钮和指示灯进行设置。

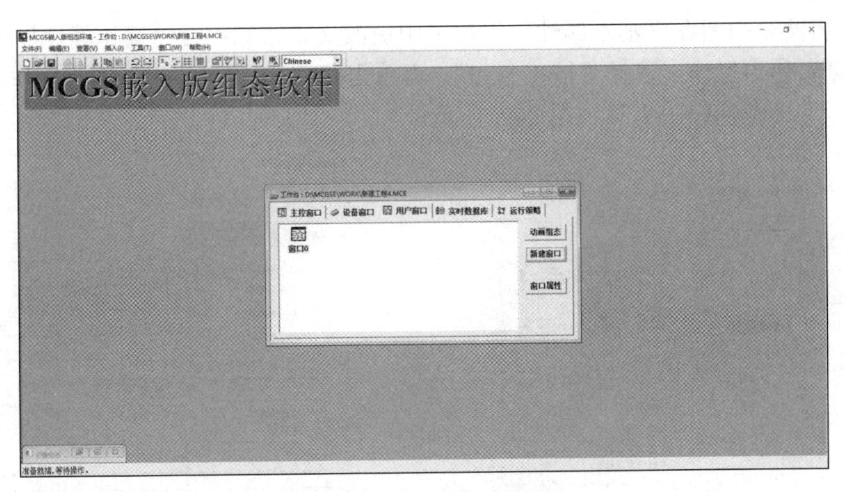

图 2-35 昆仑通态主界面

图 2-36 动画组态窗口

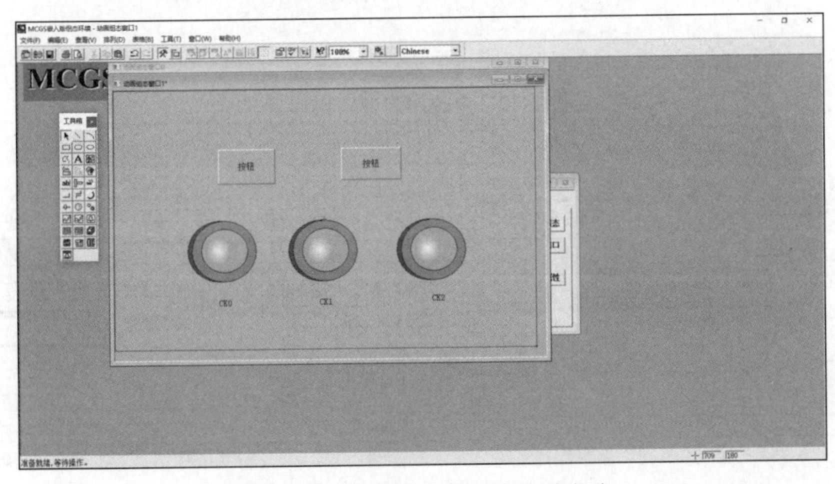

图 2-37 添加按钮、指示灯及其名称

5）将两个按钮在“基本属性”选项卡中更改文本名称；在“操作属性”选项卡中进行数据对象值操作，选择“按 1 松 0”，再单击“?”按钮进行变量选择操作，设置 3 个指示灯的变量，如图 2-38～图 2-49 所示。

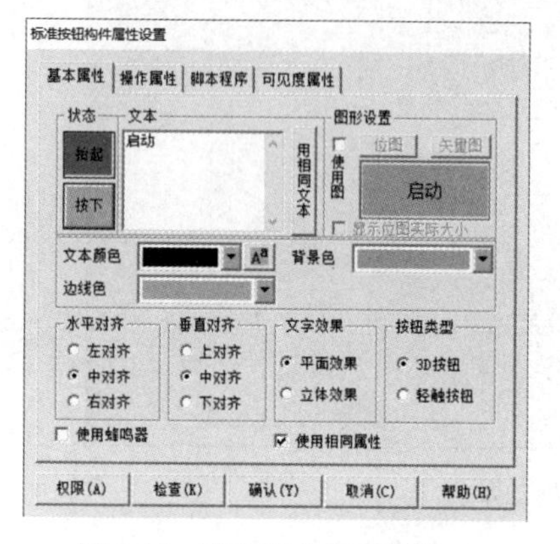

图 2-38　更改用户窗口属性一

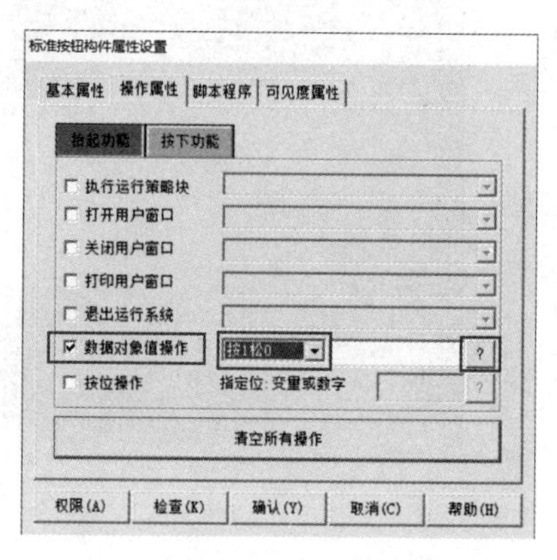

图 2-39　更改用户窗口属性二

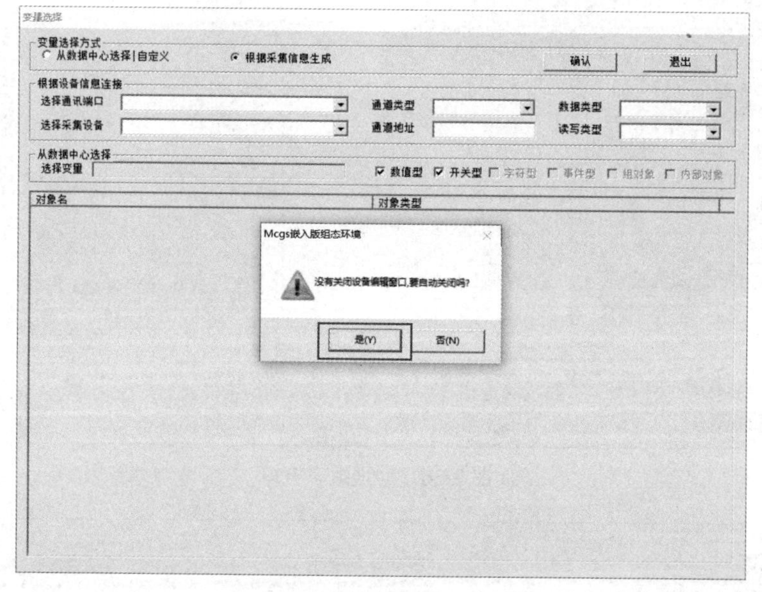

图 2-40　更改用户窗口属性三

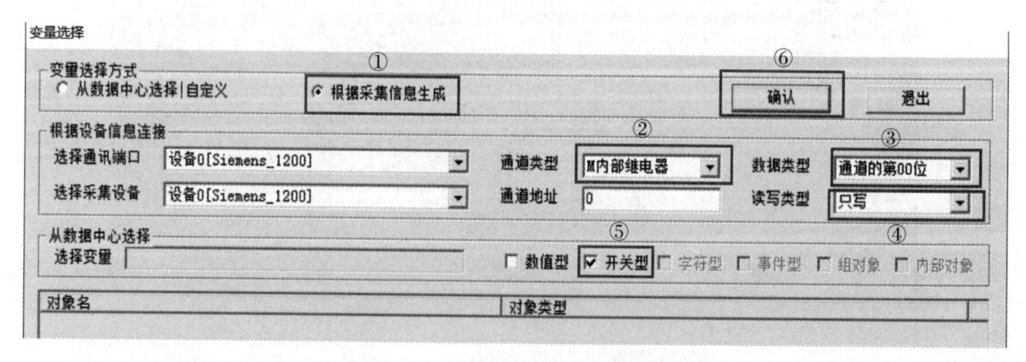

图 2-41　更改用户窗口属性四

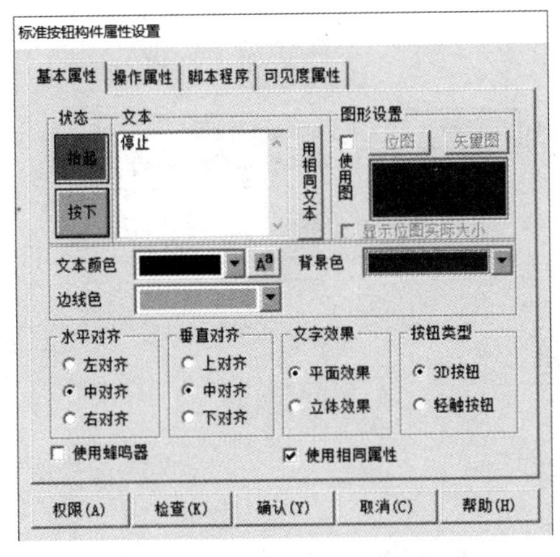

图 2-42　更改用户窗口属性五

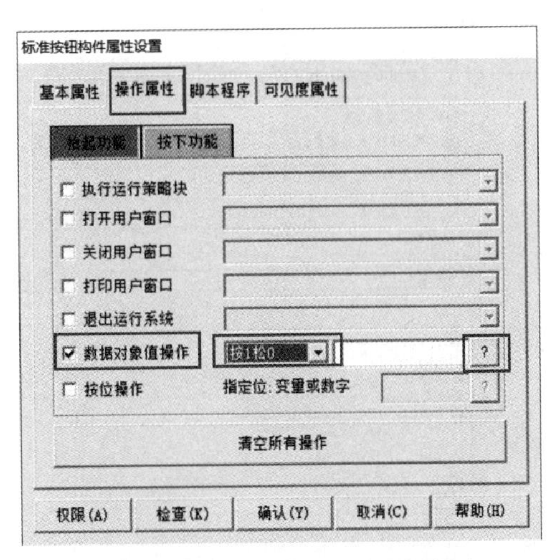

图 2-43　更改用户窗口属性六

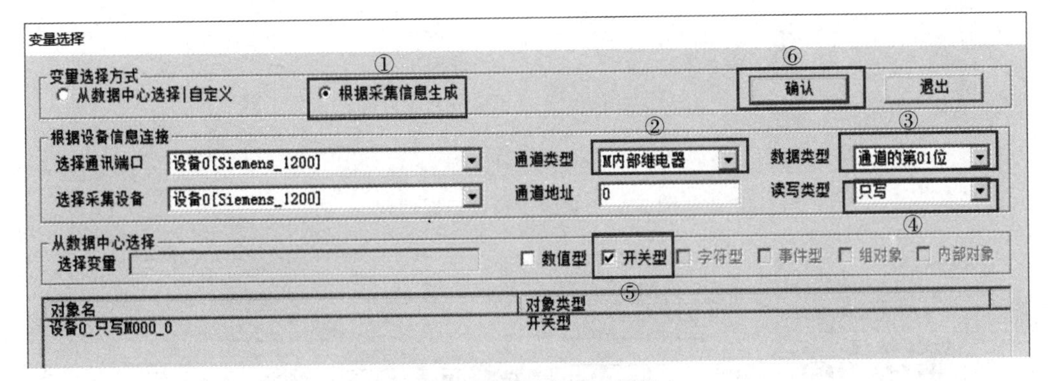

图 2-44　更改用户窗口属性七

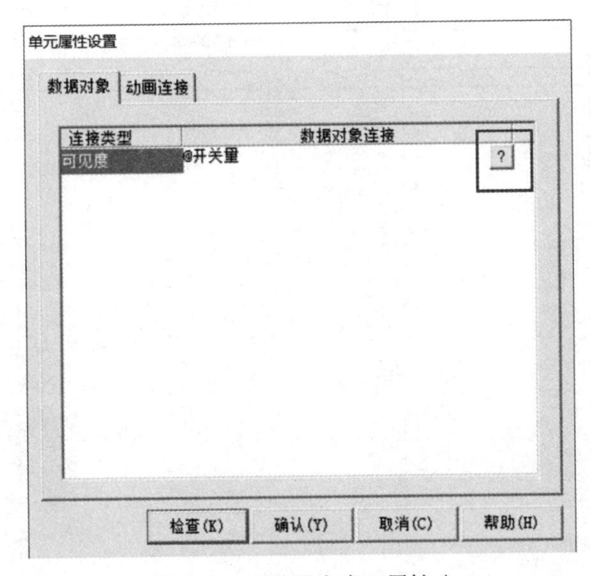

图 2-45　更改用户窗口属性八

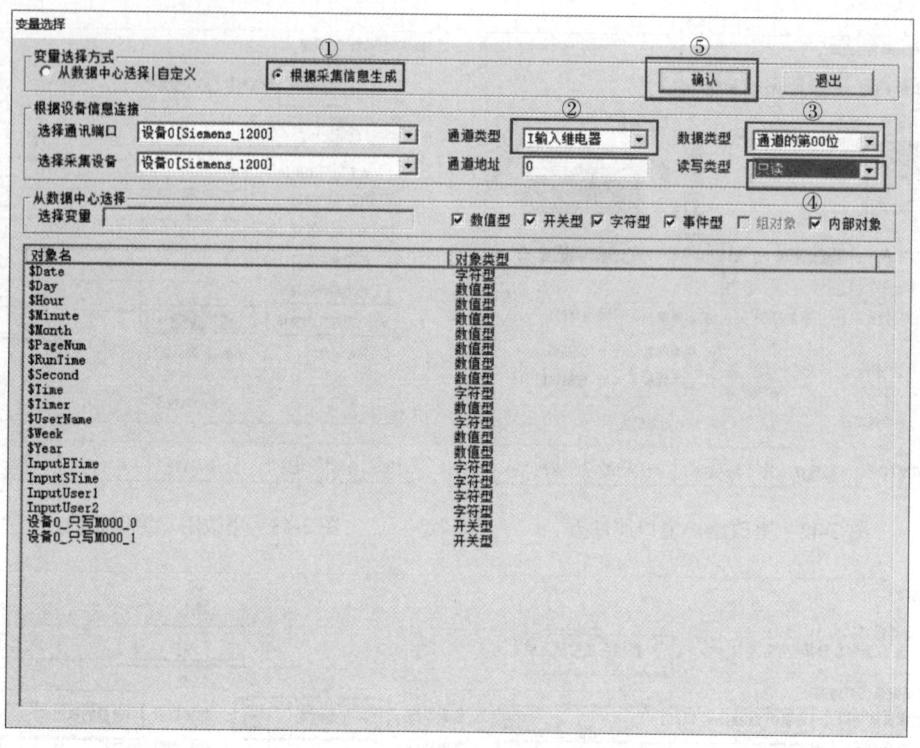

图 2-46 更改用户窗口属性九

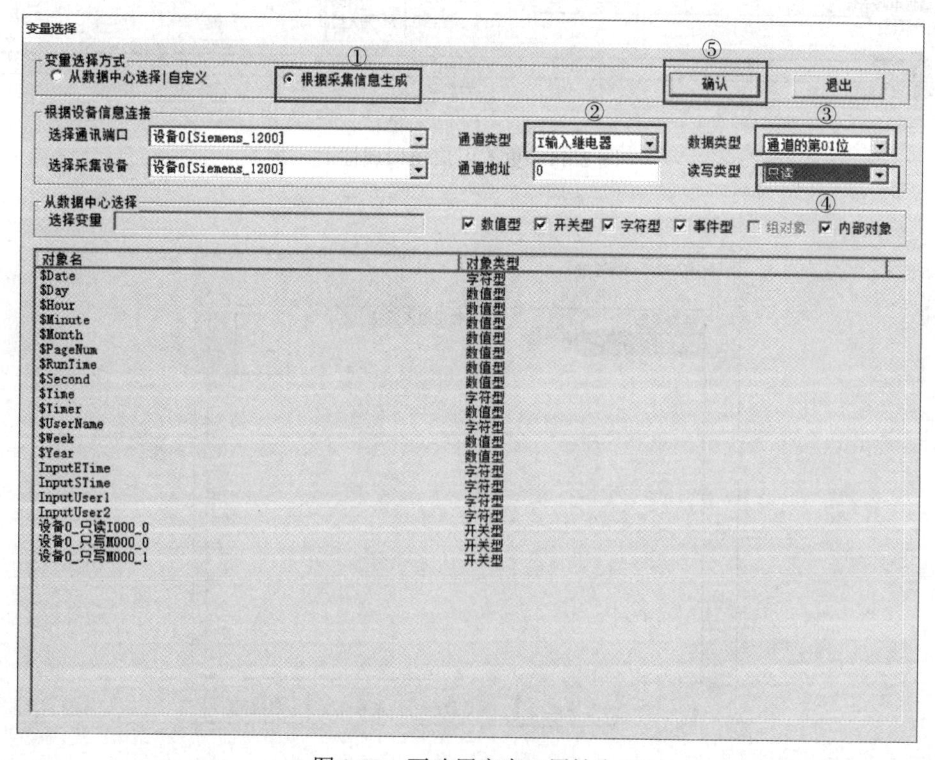

图 2-47 更改用户窗口属性十

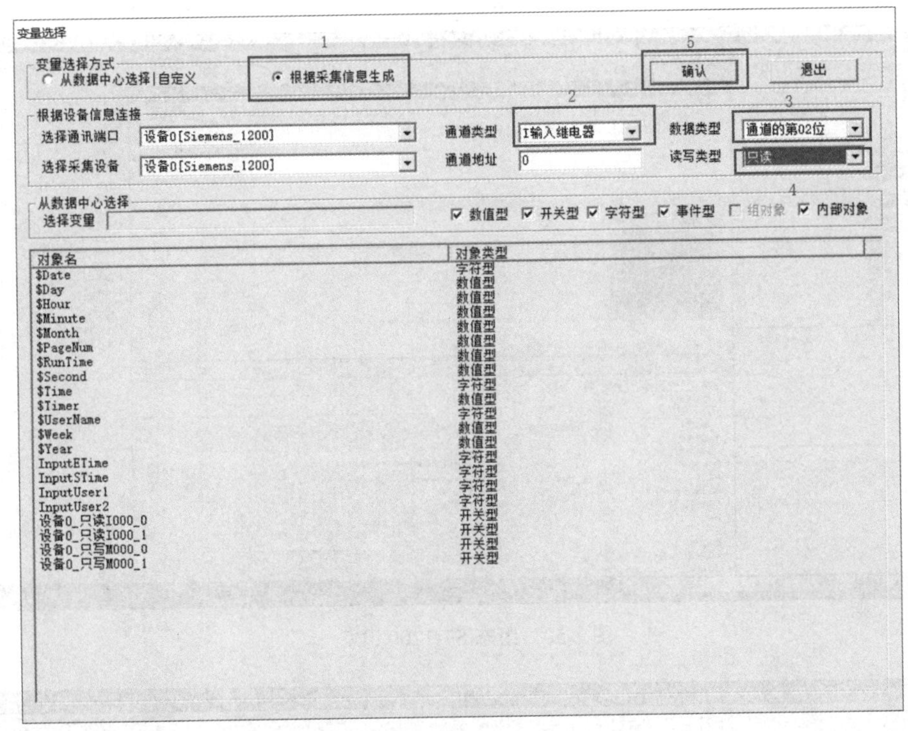

图 2-48　更改用户窗口属性十一

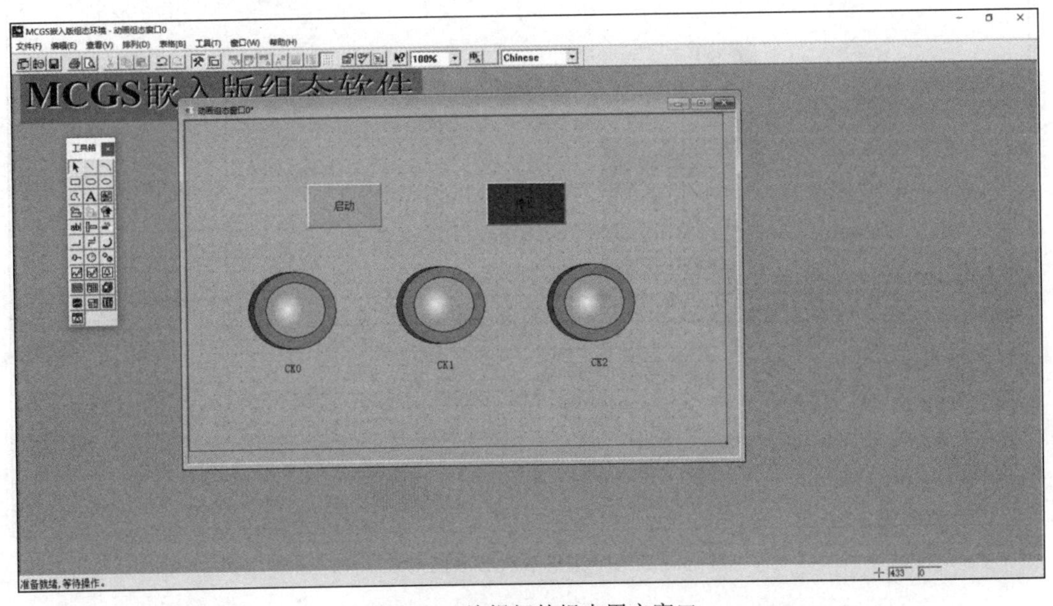

图 2-49　编辑好的组态用户窗口

6）按 F5 键，进行程序下载。

7）进入博途软件，对 S7-1200 PLC 进行设备组态，如图 2-50～图 2-52 所示。

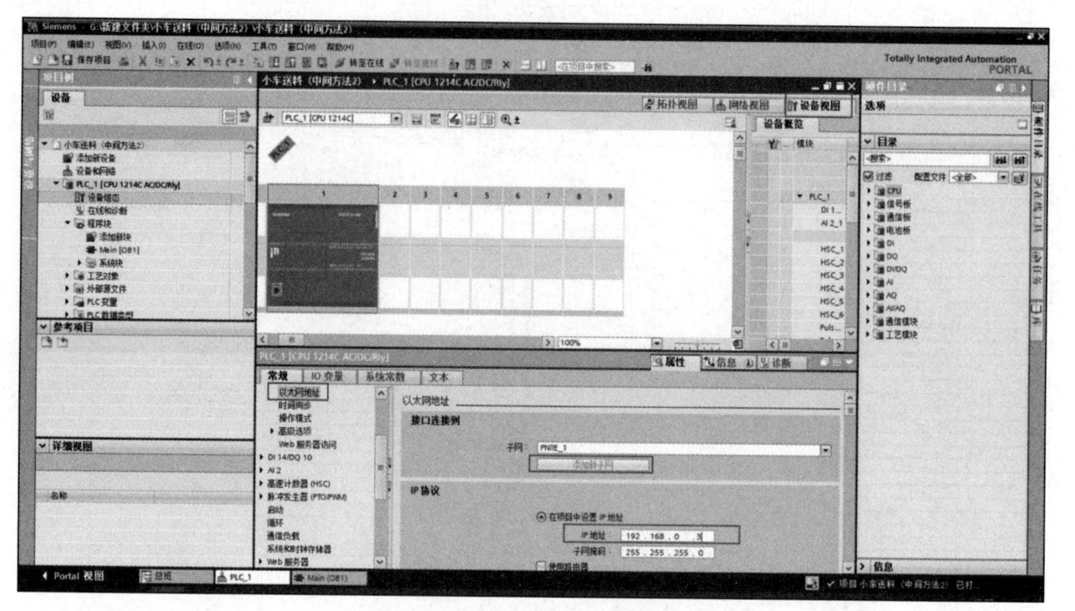

图 2-50 组态 S7-1200 PLC 一

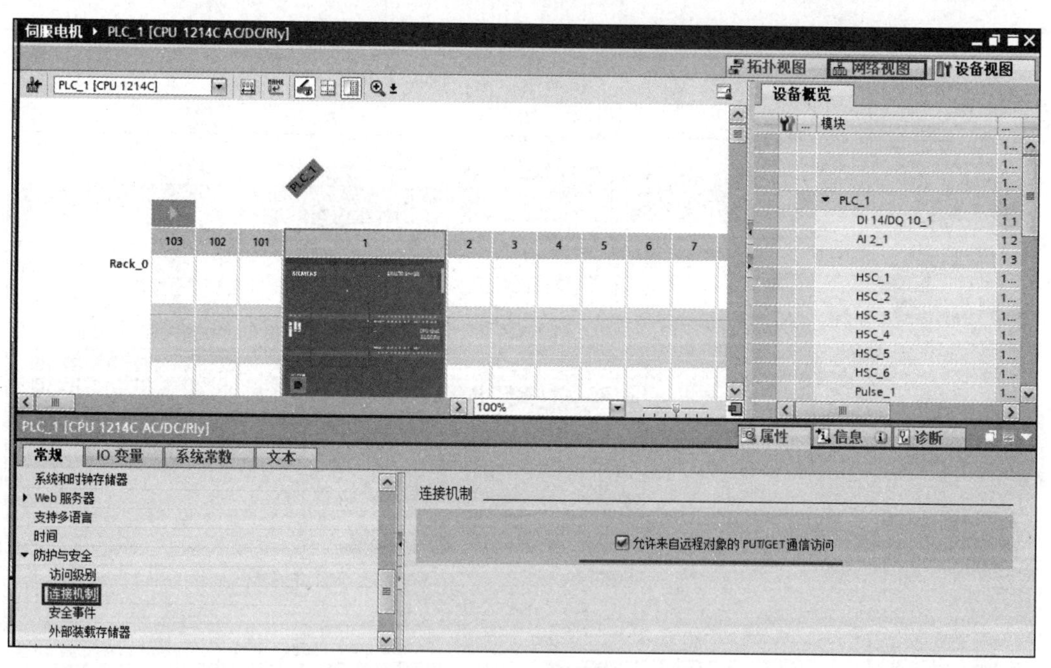

图 2-51 组态 S7-1200 PLC 二

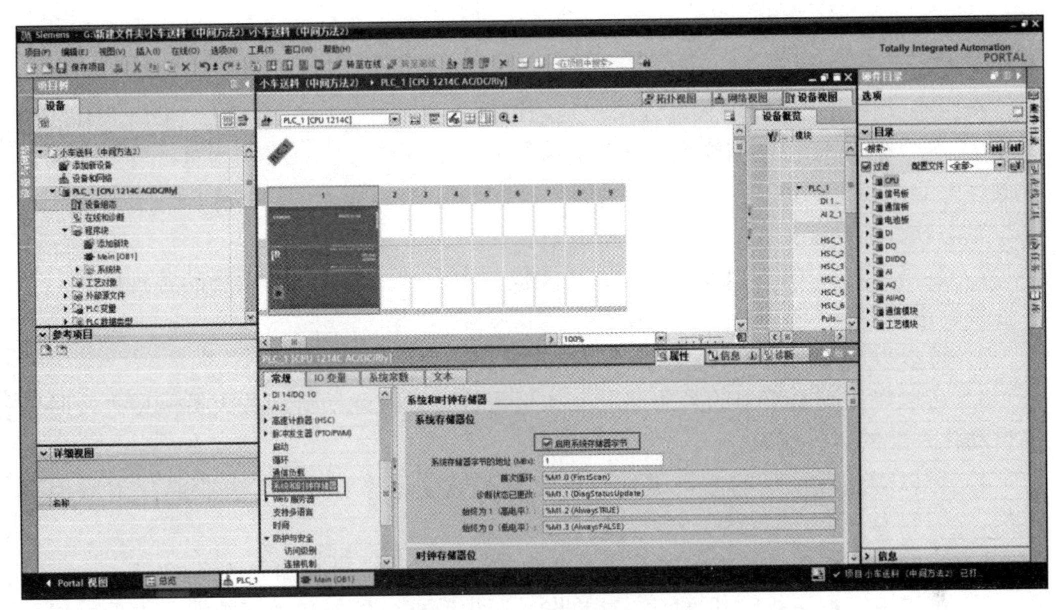

图 2-52 组态 S7-1200 PLC 三

8）在程序块 Main 函数中编写程序，编写完成后下载。图 2-53 为程序段 1 的参考程序，其余程序参考任务二参考梯形图一的程序段 2～7 或参考梯形图二的程序段 2～11。

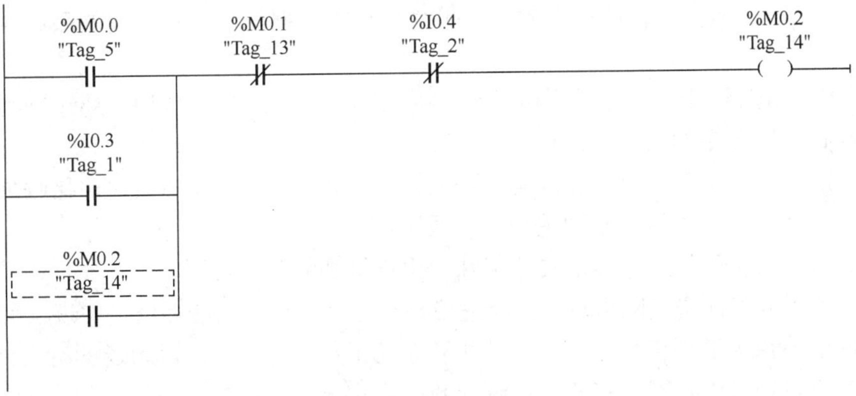

%M0.0 "Tag_5"
%M0.1 "Tag_13"
%I0.4 "Tag_2"
%M0.2 "Tag_14"
%I0.3 "Tag_1"
%M0.2 "Tag_14"

图 2-53 参考程序

拓展阅读

组 态 软 件

组态软件是一种面向工业自动化的通用数据采集和监控软件，即 SCADA（supervisory control and data acquisition）软件，亦称人机界面或 HMIMMI（human machine interface/man machine interface）软件。组态软件是一个约定俗成的概念，指用户通过类似“搭积木”的简单方式来完成自己所需要的软件功能，而不需要编写计算机程序。它有时候也称为“二次开发”，组态软件就是一种“二次开发平台”。

组态软件的应用领域很广，可以应用于电力系统、给水系统、石油、化工等领域的数据采集与监视控制，以及过程控制等诸多领域。在电力系统及电气化铁道上又称远动系统［RTU（remote terminal unit）system］。

在组态软件出现之前，大部分用户是通过第三方软件（如VB、VC、DELPHI、PB甚至C等）编写HMI，这样做存在着开发周期长、工作量大、维护困难、容易出错、扩展性差等缺点。

组态软件的功能如下：

1）读写不同类型的PLC、仪表、智能模块和板卡，采集工业现场的各种信号，对工业现场进行监视和控制。

2）可以以图形和动画等直观形象的方式呈现工业现场信息。

3）可以将控制系统中的紧急工况（如报警等）及时通知给相关人员，使之及时掌控自动化系统的运行状况。

4）可以对工业现场的数据进行逻辑运算和数字运算等处理，并将结果返回控制系统。

5）可以对从控制系统得到的及自身产生的数据进行记录存储。

6）可以将工程运行的状况、实时数据、历史数据、警告和外部数据库中的数据及统计运算结果制作成报表，供运行和管理人员参考。

7）可以提供多种手段让用户编写自己需要的特定功能，并与组态软件集成为一个整体运行。大部分组态软件提供通过C脚本、VBS脚本或C#等来完成此功能。

8）可以为其他应用软件提供数据，也可以接收数据，从而将不同的系统关联和整合在一起。

9）多个组态软件之间可以互相联系，提供客户端和服务器架构，通过网络实现分布式监控，实现复杂的大系统监控。

10）可以将控制系统中的实时信息送入管理信息系统，也可以反之，接收来自管理系统的管理数据，根据需要干预生产现场或过程。

11）可以对工程的运行实现安全级别、用户级别的管理设置。

12）可以开发面向国际市场的，能适应多种语言界面的监控系统，实现工程在不同语言之间的自由灵活切换，是机电自动化和系统工程服务走向国际市场的有力武器。

13）可以通过因特网发布监控系统的数据，实现远程监控。

国外常见的组态软件有InTouch、iFIX、Citect、WinCC、RSView32、TraceMode。

InTouch是世界上第一款组态软件，在20世纪80年代中期由美国的Wonderware公司开发。

WinCC集成了SCADA、组态、脚本（Script）语言和OPC等先进技术，为用户提供了Windows操作系统（Windows 2000或XP）环境下使用各种通用软件的功能，它继承了西门子公司的全集成自动化（TIA）产品的技术先进和无缝集成的特点。

WinCC运行于个人计算机（personal computer，PC）环境，可以与多种自动化设备及控制软件集成，具有丰富的设置项目、可视窗口和菜单选项，使用方式灵活，功能齐全。用户在其友好的界面下进行组态、编程和数据管理，可形成所需的操作画面、监视画面、控制画面、报警画面、实时趋势曲线、历史趋势曲线和打印报表等。它为操作者提供了图文并茂、形象直观的操作环境，不仅缩短了软件设计周期，而且提高了工作效率。WinCC 的另一个特点在于其整体开放性，它可以方便地与各种软件和用户程序组合在一起，建立友好的人机界面，满足实际需要。用户也可将 WinCC 作为系统扩展的基础，通过开放式接口，开发其自身需要的应用系统。

WinCC 体系结构如图 2-54 所示。

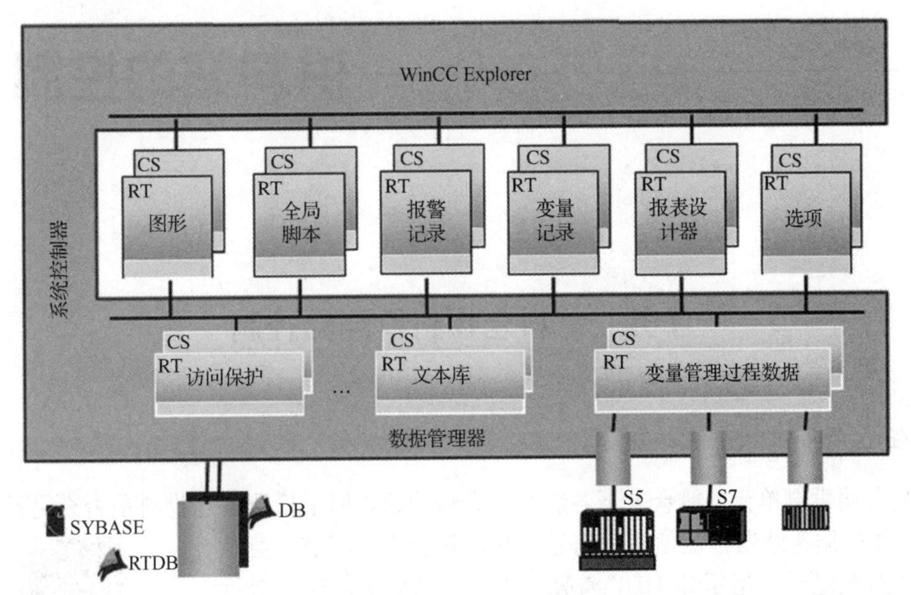

图 2-54　WinCC 体系结构

作　业

一、填空题

1．MCGS 触摸屏与 S7-1200 PLC 通信，在设备窗口中，远程 IP 是指________的 IP。

2．MCGS 与 S7-1200 PLC 通信时可以在________窗口的设备管理添加 Siemens_1200 以态网，实现组态。

二、简答题

1．S7-1200 PLC 提供的 4 种边沿检测指令有什么异同？

2．简述 S7-1200 PLC 中计数器指令有哪些？计数规律有什么异同？

三、设计题

设计一楼梯灯控程序，要求：按一下开关则灯亮 30s 后自动熄灭；如间隔 10s 内连按两下灯转为长亮，长亮状态连续按下开关 5s 则灯熄灭。请画出接线图与梯形图。

项目三　供料站的控制

任务一　料仓物料检测的控制

任务简介

某自动供料单元，料仓上下各装有一个传感器，用于检测料仓物料是否充足及是否缺料，并根据传感器检测信号用信号灯显示料仓物料状态。当料仓中物料充足时，指示灯 HL1 常亮；当料仓物料不足时，指示灯 HL1 以 1Hz 的频率闪烁；当料仓缺料时，指示灯 HL1 以 2Hz 的频率闪烁。要求根据控制流程，设计 PLC 控制硬件电路，并编写控制程序。

微课 3.1 编程操作与调试

教学目标

- 掌握传感器的安装与调试方法。
- 掌握特殊辅助继电器的应用。
- 强化指令使用和程序设计能力。
- 强化硬件电路故障诊断与程序调试能力。

3.1 课件

思政目标

传感器的微型化、智能化发展促进了控制行业的巨大变革，提高了生产质量与效率，之所以有这样的变革，离不开那些能工巧匠的默默付出，我们要学习他们专注、精益求精和勇于创新的精神。

准备知识

一、传感器简介

传感器（transducer/sensor）是一种检测装置，能感受到被测量的信息，并能将感受到的信息按一定规律转换成电信号或其他所需形式的信息输出，以满足信息的传输、处理、存储、显示、记录和控制等要求。

传感器具有微型化、数字化、智能化、多功能化、系统化、网络化等特点。它是实现自动检测和自动控制的首要环节。传感器的存在和发展让物体有了触觉、味觉和嗅觉等感官，让物体慢慢变得活了起来。传感器通常根据其基本感知功能分为热敏元件、光敏元件、气敏元件、力敏元件、磁敏元件、湿敏元件、声敏元件、放射线敏感元件、色敏元件和味敏元件等十大类。

PNP 与 NPN 型传感器其实就是利用晶体管的饱和与截止输出两种状态，属于开关型传感器。但输出信号是截然相反的，即高电平和低电平。NPN 输出是低电平 0，PNP 输出的是高电平 1。

PNP 与 NPN 型传感器（开关型）分为 6 类：NPN-NO（常开型）、NPN-NC（常闭型）、NPN-NC+NO（常开、常闭共有型）、PNP-NO（常开型）、PNP-NC（常闭型）、PNP-NC+NO（常开、常闭共有型）。PNP 与 NPN 型传感器一般有 3 条引出线，即电源线 V_{CC}、0V 线和 out 信号输出线。NPN 型是低电平输出，PNP 型是高电平输出。如果传感器的电源是 24V，那么 NPN 型输出就是 0V，PNP 型输出就是 24V。接入 PLC 的输入，如果是 NPN 型输出，那么 PLC 输入的 COM 端就应该是 24V；同理，如果是 PNP 型输出，PLC 输入的 COM 端应该接 0V。

1. 磁性开关

磁性开关是一种非接触式位置检测开关，这种非接触式位置检测不会磨损和损伤检测对象，响应速度快。磁性开关用于检测磁性物质的存在，安装方式有导线引出型、接插件型、接插件中继型。YL-335B 中使用的磁性开关全部安装在双作用气缸上，这种气缸的活塞（或活塞杆）上安装有磁性物质，在气缸缸筒外面的两端位置各安装一个磁性开关，就可以用这两个磁性开关标识气缸运动的两个极限位置。磁性开关上设置了 LED，用于显示其信号状态，其磁性开关实物及结构原理图如图 3-1 所示。

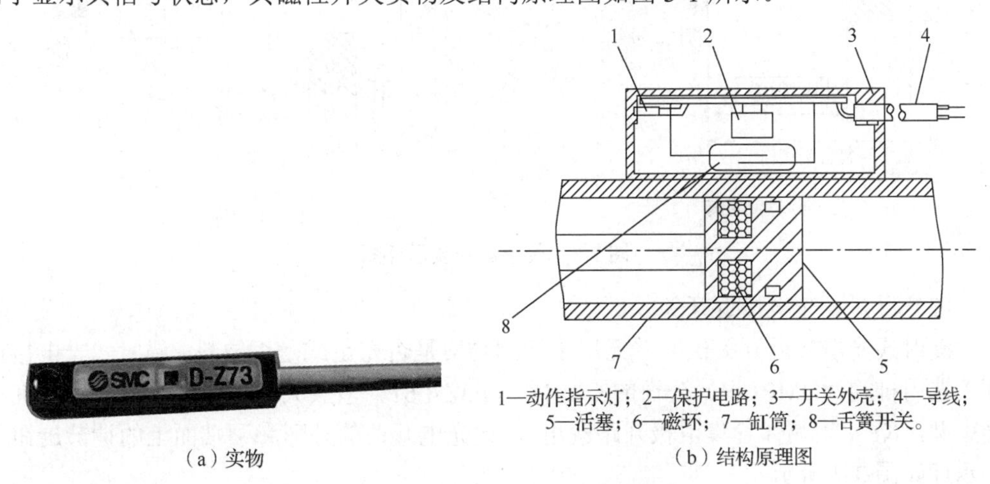

1—动作指示灯；2—保护电路；3—开关外壳；4—导线；5—活塞；6—磁环；7—缸筒；8—舌簧开关。

（a）实物　　（b）结构原理图

图 3-1　磁性开关实物及结构原理图

2. 接近开关

（1）电感式接近开关

电感式接近开关是利用电涡流效应制成的有开关量输出的位置传感器。接通电源后，以高频振荡器（LC 振荡器）中的电感线圈作为检测元件的电感式接近开关，向外界发出交变的磁场。当没有金属接近时，此磁场不发生变化，即没有输出信号；当有金属接近时，磁场会在金属上形成电涡流效应（此时金属就像多个层叠的线圈），由此感应出新的磁场，两个磁场相互作用，使合成磁场的幅值和频率都发生变化，这一变化被电感式接近开关的内部电路所识别，经过整形和放大对外输出开关量信号，从而达到检测的目的。电感式接近开关实物及工作原理如图 3-2 所示。

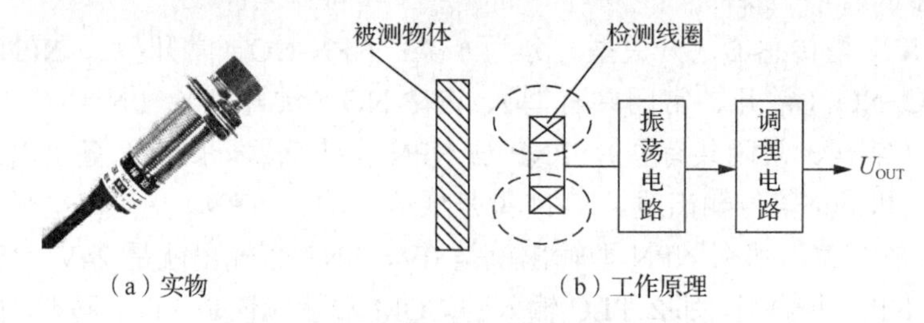

（a）实物　（b）工作原理

图 3-2　电感式接近开关实物及工作原理

在接近开关的选用和安装中，必须认真阅读相关产品的技术说明书，明确其额定检测距离、复位距离等技术参数，以保证所选择的产品的技术要求符合实际生产要求，同时在安装过程中还要注意传感器的检测距离、设定距离要相适应，这样才能保证生产线上安装的传感器能够正常工作，具体说明如图 3-3 所示。

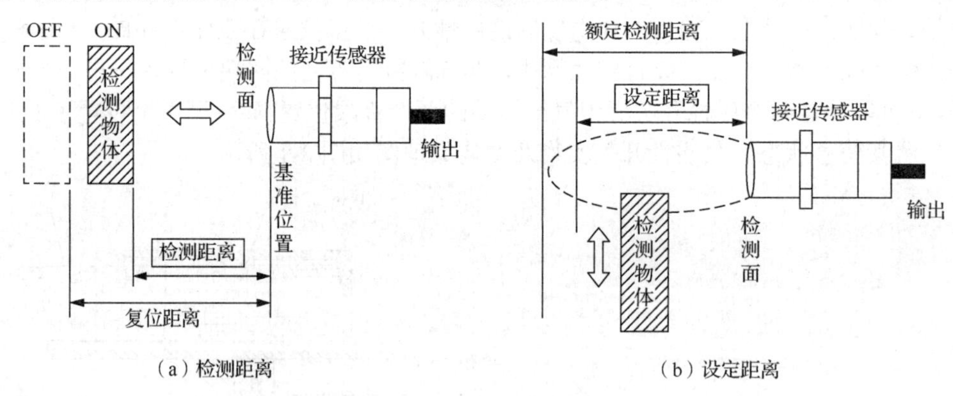

（a）检测距离　（b）设定距离

图 3-3　传感器安装示意图

（2）漫射式光电接近开关

漫射式光电接近开关供料单元用来检测物料是否充足或是否缺料。漫射式光电接近开关选用神视（OMRON）公司的 CX-441（E3Z-L61）型放大器内置型光电开关（细小光束型，NPN 型晶体管集电极开路输出）。该光电开关的外形和顶端面上的调节旋钮与显示灯如图 3-4 所示。

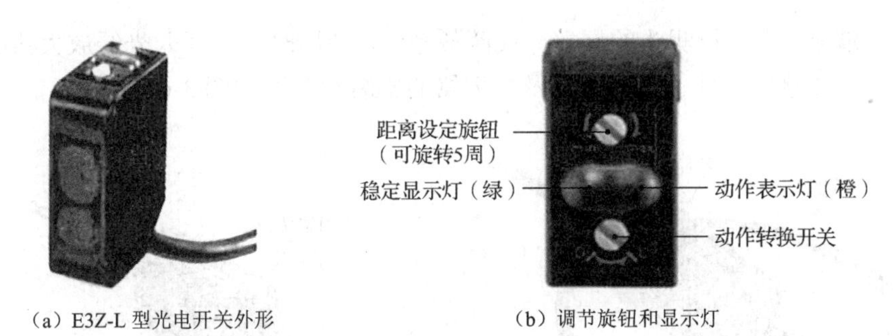

（a）E3Z-L 型光电开关外形　　（b）调节旋钮和显示灯

图 3-4　漫射式光电接近开关

3. 光电开关

光电开关即光电式传感器，是利用光的各种性质检测物体的有无和表面状态变化等的传感器。输出开关量的光电开关主要由光发射器和光接收器构成。当光发射器发射的光线因检测物体不同而被遮挡或反射时，到达光接收器的光量将会发生变化。光接收器的敏感元件将检测出这种变化，并转换为电气信号后进行输出。光电开关大多使用红外光。按照光接收器接收光的方式不同，光电开关可分为对射式、反射式和漫射式 3 种。

漫射式光电开关是利用光照射到被测物体上后反射回来的光线进行工作的，由于物体反射的光线为漫射光，故称为漫射式光电开关，如图 3-5 所示。它的光发射器与光接收器处于同一侧位置，且为一体化结构。在工作时，光发射器始终发射检测光，若前方一定距离内没有物体，则没有光被反射到接收器，光电开关处于常态而不动作；反之，若光电开关的前方一定距离内出现物体，只要反射回来的光的强度足够，则接收器接收到足够的漫射光，就会使光电开关动作而改变输出的状态。

图 3-5　漫射式光电开关实物

4. 光纤传感器

光纤传感器也称光纤式接近开关，是光电传感器的一种。光纤传感器具有抗电磁干扰、可工作于恶劣环境、传输距离远、使用寿命长等特点。此外，由于光纤检测头具有较小的体积，所以可以安装在空间很小的地方，且光纤可以实现多空间位置的光线检测，所以在自动生产线中得到了广泛应用。光纤传感器可实现对不同颜色物体的检测，这主要取决于放大器灵敏度的调节范围。当光纤传感器灵敏度调得较小时，对于反射性较差的黑色物体，光纤检测头无法接收到反射信号；而对于反射性较好的白色物体，光纤检测头可以接收到反射信号。若调高光纤传感器的灵敏度，则即使对反射性较差的黑色物体，光纤检测头也可以接收到反射信号。

调节其中部的灵敏度高速旋钮就能进行放大器灵敏度的调节（顺时针旋转时灵敏度增大）。调节时，会看到“入光量显示灯”发光的变化。当探测器检测到物料时，“动作显示灯”点亮，提示检测到物料。

光纤传感器由光纤检测头和光纤放大器两部分组成。光纤放大器和光纤检测头是分离的两个部分，光纤检测头的尾端分成两条光纤，使用时分别插入光纤放大器的两个光纤孔。光纤传感器组件、图形符号及放大器的安装示意图如图 3-6 所示。

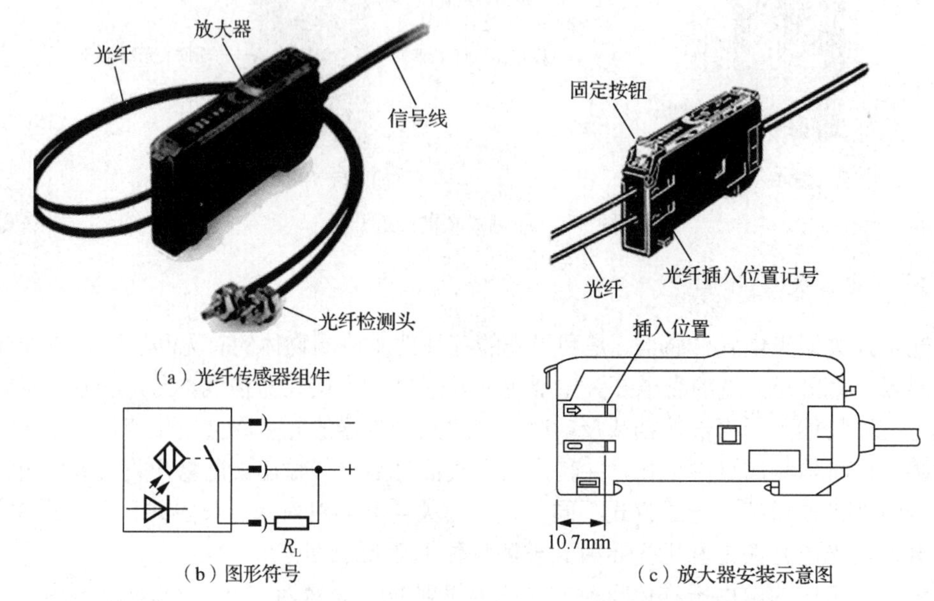

（a）光纤传感器组件

（b）图形符号

（c）放大器安装示意图

图 3-6　光纤传感器组件、图形符号及放大器安装示意图

二、供料单元相关传感器引脚的接法

1. 光电传感器——MHT15-N2317 NP1120

该传感器用于供料单元出料口物料检测和分拣单元入料口物料检测。该传感器有以下 3 个引脚：

棕色——V_{CC}（电源）。

蓝色——0V。

黑色——输入信号。

2. 电感式传感器（金属检测）——OBM-DO4NK

该传感器用于供料单元的金属检测和分拣单元的金属检测。该传感器有以下 3 个引脚：

棕色——V_{CC}。

蓝色——0V。

黑色——输入信号。

3. 光电传感器——OMRON

该传感器用于供料单元的仓料是否充足与仓内是否有料检测；冲压单元的工件夹上是否有工件检测；装配单元的零件不足检测；零件有无检测；左料盘零件检测；右料盘

零件检测。该传感器有以下 4 个引脚：

棕色——V_{CC}。

蓝色——0V。

粉色——未用。

黑色——输入信号。

4. 电磁传感器（舌簧片）——D-C37 MAPE IN

该传感器用于供料单元的顶料缸伸出和缩回到位与推料缸的伸出和缩回到位检测。该传感器有以下 2 个引脚：

棕色——输入信号。

蓝色——0V。

三、电路故障检测常见方法

如果把有故障的电气设备比作病人，维修电工就好比医生。我国中医诊断学有一套经典做法：四诊（望、闻、问、切）。电气故障诊断可参考中医诊断手法，结合设备故障的特殊性和诊断电气故障的成功经验，总结归纳为“六诊”要诀，另外引申出电气设备诊断特殊性的“九法”“三先后”要诀。“六诊”“九法”“三先后”是一套行之有效的电气设备诊断的思想方法和工作方法。

1.“六诊”

“六诊”——口问、眼看、耳听、鼻闻、手摸、表测 6 种诊断方法，简单地讲就是通过“问、看、听、闻、摸、测”来发现电气设备的异常情况，从而找出故障原因和故障所在的部位。前“五诊”是凭借人的感官对电气设备故障进行有的放矢的诊断，称为感官诊断，又称直观检查法。由于个人的技术经验差异，诊断结果也有所不同，可以采用“多人会诊法”求得正确结论。而“测”即应用电气仪表测量某些电气参数的大小，经过与正常数值对比，来确定故障原因和部位。

（1）口问

当一台设备的电气系统发生故障后，检修人员应和医生看病一样，首先要了解详细的“病情”，即向设备操作人员或用户了解设备使用情况、设备的病历和故障发生的全过程。

如果故障发生在有关操作期间或之后，还应询问当时的操作内容及方法、步骤。总地来讲，了解情况要尽可能详细和真实，这些往往是快速找出故障原因和部位的关键。

（2）眼看

1）看现场。根据所问到的情况，仔细查看设备外部状况或运行工况。例如，设备的外形、颜色有无异常，熔丝有无熔断，电气回路有无烧伤、烧焦、开路、短路，机械部分有无损坏及开关、刀开关、按钮插接线所处位置是否正确，改过的接线有无错误，更换的元件是否相符等，还要观察信号显示和仪表指示等。

2）看图纸和资料。必须认真查阅与产生故障有关的电气原理图和安装接线图，应先看懂原理图，再看接线图，以“理论”指导“实践”。

（3）耳听

细听电气设备运行中的声响。电气设备在运行中会有一定噪声，但其噪声一般较均匀且有一定规律，噪声强度也较低。带“病”运行的电气设备，其噪声通常也会发生变化，用耳细听往往可以区别它和正常设备运行时的噪声差异。利用听觉判断故障虽说是一件比较复杂的工作，但只要本着“实事求是”的科学态度，从实际出发，善于摸索规律，予以科学的分析，就能诊断出电气设备故障的原因和部位。

（4）鼻闻

利用人的嗅觉，根据电气设备的气味判断故障。例如，过热、短路、击穿故障，则有可能闻到烧焦味、火烟味和塑料、橡胶、油漆、润滑油等受热挥发的气味。对于注油设备，内部短路、过热、进水受潮后汽油样的气味也会发生变化，如出现酸味、臭味等。

（5）手摸

用手触摸设备的有关部位，根据温度和振动判断故障。若设备过载，则其整体温度会上升；若局部短路或有机械摩擦，则可能出现局部过热；若机械卡阻或平衡性不好，其振幅就会加大。

另外，实际操作中还应注意遵守有关安全规程和掌握设备特点，掌握摸（触）的方法和技巧，该摸的摸，不能摸的切不能乱摸。手摸用力要适当，以免危及人身安全和损坏设备。

（6）表测

用仪表仪器对电气设备进行检查。根据仪表测量某些电参数的大小，经与正常数据对比后，来确定故障原因和部位。

2. “九法”

（1）分析法

根据电气设备的工作原理、控制原理和控制电路，结合初步感官诊断故障现象和特征。弄清故障所属系统，分析故障原因，确定故障范围。分析时，先从主电路入手，再依次分析各个控制回路，然后分析信号电路及其余辅助回路，分析时要善用逻辑推理法。

例如，新买的一台交流弧焊机和 50m 电焊线，由于焊接工作地点就在电焊机附近，没有把整盘电焊线打开，只抽出一个线头接在电焊机二次侧上。试车试验，电流很小，不能起弧。经检查电焊线，接头处都正常完好，电焊机的二次侧电压表指示空载电压为 70V。经反复查找，仍不知道问题出在哪里。最后整盘电焊线打开拉直，再试车，一切正常。其实道理很简单，按照电工原理，整盘的电焊线不打开，就相当于一个空心电感线圈，必然引起很大的感抗，使电焊机的输出电压减小，不能起弧。

（2）短路法

短路法是把电气通道的某处短路或某一中间环节用导线跨接。采用短路法时需要注意不要影响电路的工况，如短路交流信号通常利用电容器，而不随便使用导线短接。另外，在电气及仪表等设备调试中，经常需要使用短路连接线。短路法是一种很简捷的检修方法。

例如，在以行程开关、限位开关、光电开关等为控制组件的自动线路中，遇到多个开关安装，不容易检查、分辨的情况下，可采用此类方法进行实际操作。例如小车控制系统，利用短路法检查就可快速排除故障。

注意：在采用短路法查找故障时必须使用“试验按钮”，不能使用导线代替。短接导线用手拿时，带电操作不安全，同时短接线所触及的接线端子易被火花烧出疤痕。另外，切记采用短路法查找故障时，只能短接控制电路中压降极小的导线和触点，绝不允许短接控制电路中压降较大的电阻和线圈，否则会发生短路或触电事故。

（3）开路法

开路法也称断路法，即甩开与故障疑点连接的后级负载（机械或电气负载），使其空载或临时接上假负载。对于多级连接的电路，可逐级甩开或有选择地甩开后级。甩开负载后可先检查本级，如电路工作正常，则说明故障可能出在后级；如电路仍不正常，则说明故障在开路点之前。此法主要用于检查过载、低压故障，对于电子电路中的工作点漂移、频率特性改变也同样适用。

判断大型设备故障时，为了分清是电气原因还是机械原因时，常采用此法。例如，锅炉引风机就可以脱开联轴器，分别盘车，同时检查故障原因。

（4）切割法

切割法是把电气上相连的有关部分进行切割分区，以逐步缩小可疑范围。查找某条线路的具体接地点，或者查找故障设备的具体故障点，也可采用切割法。查找馈线的接地点，通常在装有分支开关或便于分割的分支点做进一步分割，或根据运行经验重点检查薄弱环节。查找电气设备内部的故障点，通常是根据电气设备的结构特点，将便于分割处作为切割点。

（5）替代法

替代法也就是替换法，即对有怀疑的电气元件或零部件用正常完好的电气元件或零部件替换，以确定故障原因和故障部位。电气元件（如插件、嵌入式继电器等）用替代法查找故障简便易行。电子元件（如晶体管、晶闸管等）用一般检查手段很难判断好坏，可以用替代法。

采用替代法时，一定要注意用于替代的电器应与原电器规格、型号一致，导线连接正确、牢固，以免发生新的故障。

（6）菜单法

菜单法是依据故障现象和特征，将可能引起这种故障的各种原因顺序罗列出来，然后一个个地查找和验证，直到找出真正的故障原因和故障部位。

以三相感应电机发热冒烟为例，列举以下原因和现象：

1）轴承部分发热。

2）定子和转子摩擦。

3）负荷过大或电压过低或三相电压相差过大。

4）电源断线。

5）绕组断线。

6）定子同相线圈局部短路。

7）定子相与相间短路。

8）转子断线。

9）定子绕组接地。

10）无故障，不影响运行。

（7）对比法

对比法是把故障设备的有关参数或运行工况和正常设备进行比较。某些设备的有关参数往往不能从技术资料中查到，设备中有些电气零部件的性能参数在现场也难于判断其好坏，当有多台电气设备时，可采用互相对比的办法，参照正常的进行调整或更换。此法多在“六诊”中的“表测”中运用。

例如，测量电力变压器的绝缘电阻值，可以初步判断变压器的绝缘状态。

（8）扰动法

扰动法是对运行中的电气设备人为地加以扰动，观察设备运行工况的变化，捕捉故障发生的现象。电气设备的某些故障并不是永久性的，而是短时区内偶然出现的随机性故障，诊断起来比较困难。为了观察故障发生的瞬间现象，通常采用人为因素对运行中的电气设备加以扰动，如突然升压或降压、增加或减少负荷、外加干扰信号等。

（9）再现故障法

再现故障法是接通电源，按下启动按钮，让故障现象再次出现，以找出故障所在。再现故障时，主要观察有关继电器和接触器是否按控制顺序进行工作，若发现某一个电器的工作不对，则说明该电器所在回路或相关回路有故障，再对此回路做进一步检查，便可发现故障原因和故障点。此法实施时，必须确认不会发生事故，或在做好安全措施的情况下进行。

3.“三先后”

（1）先易后难

先易后难，也可理解为“先简单后复杂”。根据客观条件，容易实施的手段优先采用，不易实施或较难实施的手段必要时采用。即检修故障要先用最简单易行、自己最拿手的方法处理，再用复杂、精确的方法；排除故障时，先排除直观、显而易见、简单常见的故障，后排除难度较高、没有处理过的疑难故障。

电气设备经常容易出现相同类型的故障，也就是“通病”。由于“通病”比较常见，如果检修者积累的经验较丰富，那么可以快速排除“通病”，这样就可以集中精力和时间排除比较少见、难度高、古怪的“疑难杂症”。简化步骤，缩小范围，有的放矢，提高检修速度。

（2）先动后静

先动后静，即着手检查时首先考虑电气设备的活动部分，其次才是静止部分。电气设备的活动部分比静止部分在使用中故障概率要高得多，所以诊断时首先要怀疑的对象往往是经常动作的零部件或可动部分，如开关、熔丝、刀开关、插接件、机械运动部分。在具体检测操作时，却要“先静态测试，后动态测试”。静态测试，是指发生故障后，在不通电的情况下，对电气设备进行的检测；动态测试，是指通电后对电气设备的检测。

（3）先电源后负载

先电源后负载，即检查的先后次序从电路的角度来说，是先检查电源部分，后检查负载部分。因为电源侧故障势必会影响负载，而负载侧故障则未必会影响电源。例如，电源电压过高、过低、波形畸变、三相不对称等都会影响电气设备的正常工作。对于用电设备，通常先检查电源的电压、电流、电路中的开关、触点、熔丝、接头等，故障排除后才根据需要检查负载。

掌握“诊断要诀”，一要有的放矢，二要机动灵活。“六诊”要有的放矢，“九法”要机动灵活，“三先后”也并非一成不变，还要做到“先想后做、先检查后操作、先通知后停送”。只有善于独立思考和不断总结、积累，在实际中充分得到锻炼，才能成为诊断电气设备故障的行家里手。

四、系统与时钟存储器

西门子 S7-1200 PLC 没有固定的特殊辅助寄存器，但是在系统和时钟存储器里可以设置一些常用的有特殊功能的辅助寄存器。在博途软件中调入 PLC CPU 模块后，单击 CPU，在“常规”选项卡中，选择“系统和时钟存储器”选项，然后在右侧找到时钟存储器位，选中“启用时钟存储器字节”复选框，软件会出现默认的不同频率的时钟存储器地址，如图 3-7 所示。

图 3-7 时钟存储器的设置

任务实施

一、任务分析

根据任务描述，实现料仓物料是否充足及物料有无的检测，主要靠上、下两个传感器的检测信号判断，但同时还要受顶料气缸和推料气缸的状态影响。因此，料仓物料充足的判定条件为顶料气缸和推料气缸处于后限位，上传感器无信号输出，下传感器无信号输出，此时指示灯常亮；料仓物料不足的判定条件为顶料气缸和推料气缸处于后限位，上传感器有信号输出，下传感器无信号输出，此时，指示灯以 1Hz 的频率闪烁；料仓缺料的判定条件为顶料气缸和推料气缸处于后限位，上传感器有信号输出，下传感器有信号输出，此时，指示灯以 1Hz 的频率闪烁。

二、硬件接线图

因为料仓物料检测条件涉及推料气缸和顶料气缸的状态，所以此处给出的是整个供料单元的硬件接线图，如图 3-8 所示。其中，物料有无为 I0.5，物料不足为 I0.6，物料指示灯 HL1 为 Q0.7。

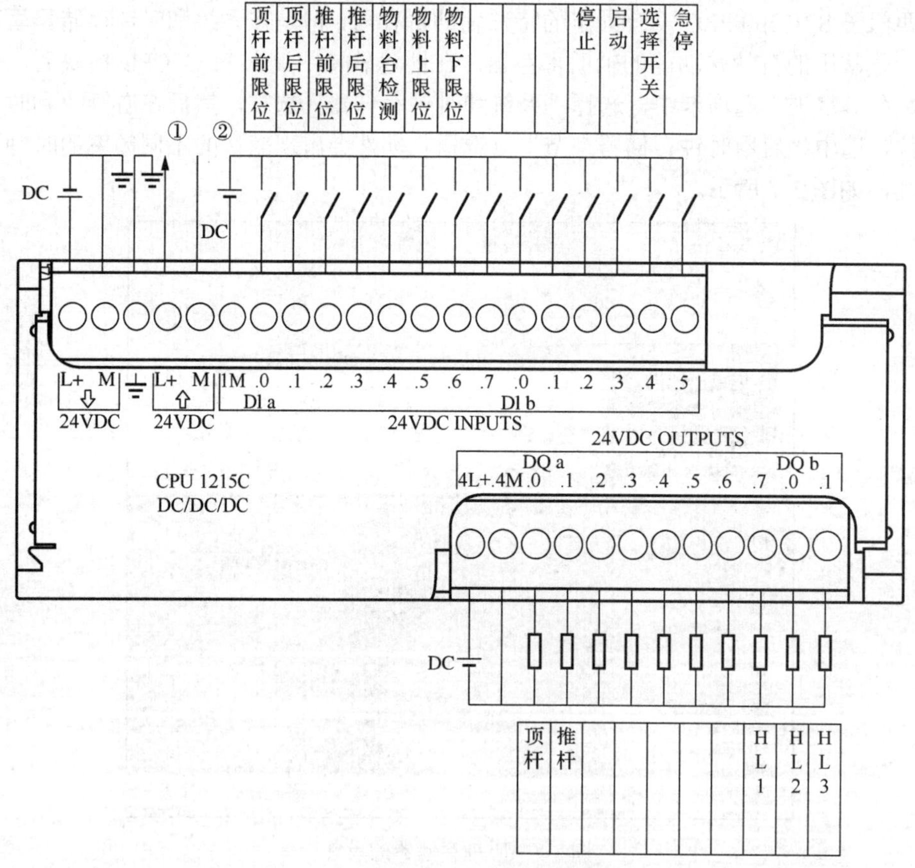

图 3-8 供料单元硬件接线图

三、设备安装中部分工艺要求

1）主要元器件要求贴上标签，方便识别。

2）强、弱电必须分开走线，避免干扰。

3）接线端子要求采用冷压端子，一般一个接线孔只能接两根导线。

4）每根导线端子上要求编上编号，且字体、方向、大小必须统一。

5）电线颜色的使用根据图纸或者客户要求确定。如果没有要求，则使用公司标准：

380V 电源 A 黄 B 绿 C 红 N 蓝 PE 黄绿。

220V 相线黑色，中性线浅蓝色。

+24V 棕色，0V 深蓝色。

6）走线时尽量将线理顺，不要交叉，穿洞的需要安装保护套，有线槽的地方走线槽，没线槽的套波纹管或者缠绕带。

7）接线完毕后及时将工具归还到指定地方，并清理现场垃圾及杂物，保持台面整洁。

四、控制程序设计

根据任务分析中各个状态的判定条件和硬件接线图中的I/O地址分配情况，编制料仓物料检测控制程序，如图3-9所示。

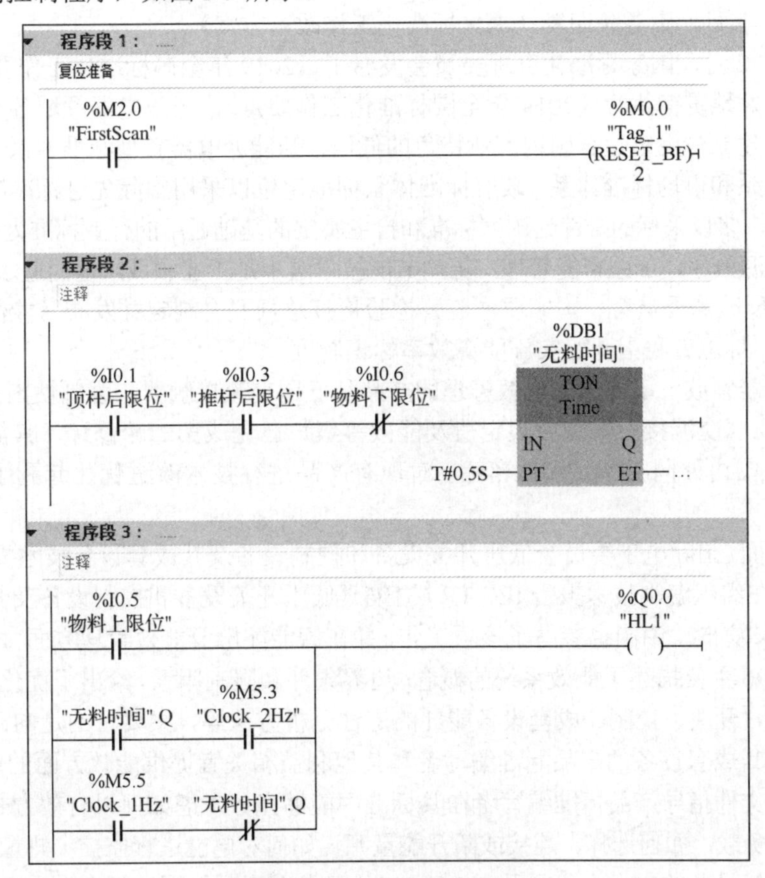

图 3-9　料仓物料检测控制程序

拓展阅读

低压电器设备施工与验收相关国家标准与行业规范

1. 贯彻国家标准与行业规范的重要意义

随着国家产业政策的调整，乘借新能源发展、智能电网建设、智能制造、绿色制造的东风，各行各业对低压电器的需求不断攀升，低压电器领域新产品、新材料、新技术不断涌现，传统行业迸发出新的生机和活力。随着产业转型升级，各行各业对标准化的要求也不断变化，强化标准的实施与监督，更好地发挥标准化在推进国家治理体系和治理能力现代化中的基础性、战略性作用，促进经济持续健康发展和社会全面进步。

为了加强监督和规范低压电器行业的发展，提高设备质量与水平，需要建设更加科学合理、先进适用、更高效能、开放兼容、保障有力的新型标准体系，并推进国际标准化。

2. 国家低压电器行业标准化体系的建立和行业规范的发展

2012 年以来，我国标准化法制建设在改革推动下取得重大进步：《中华人民共和国标准化法》修改工作取得实质性成果。

2015 年 3 月，国务院印发《深化标准化工作改革方案》。

2019 年 2 月，国家标准化管理委员会发布了《2019 年全国标准化工作要点》。

为了更好地贯彻执行《2019 年全国标准化工作要点》，低压电器领域各专业标准化委员会正在建立与完善适合国内产业特色的低压（智能）电器新型标准体系，其中包括政府标准体系和市场标准体系。政府标准体系标准定位以采用国际先进标准制定基础共性标准为主，多以采标的推荐性国家标准和自主制定的基础通用的行业标准为体现形式。

提高能源效率，加强节能管理，推动节能技术进步是工业领域永恒的追求。2004 年 8 月国家发展改革委员会、国家质量监督检验检疫总局联合制定并发布《能源效率标识管理办法)，标志着我国开始实施能源效率标识制度。

低压电器领域，率先进入能效管理的产品是低压交流接触器，强制性国家标准 GB 21518—2008《交流接触器能效限定值及能效等级》已完成第二轮修订，其能效限值等指标对促进国内外同类产品淘汰落后、对现有产品进行技术改进优化起到了积极推动作用。

国际层面，国际电工委员会低压开关设备和控制设备及其成套设备技术委员会（IEC TC121）正在组织编制技术报告 IEC TR 63196《低压开关设备和控制设备及其成套设备能效》（尚未发布），中国也参与了该项工作，并在智能配电及能效管理方面做出了贡献。IEC TR 63196 主要描述了能效系统的概念、边界条件和限制因素，给出了优化整体能耗，能效的测量，开关、控制、成套设备能耗的定性分析方法等，主要目的是向开关设备和控制设备及其成套设备的产品标准编写者和其他利益相关者提供能效方面的编写指南，旨在通过该文件指导产品标准编写者在其标准中能够充分考虑如何以有效方式控制使用电能的电气负载，如何选择、连接或断开能量源，如何对电能进行监控、测量和分析等。

关于电气设备的安全，我国早在 2004 年就已发布强制性国家标准 GB 19517—2004

《国家电气设备安全技术规范》，已于 2009 年修订为 GB 19517—2009。其目的是预期在人、环境和产品之间的安全总水平得到最佳平衡，使电气设备在设计、制造、销售和使用时最大限度地减少对生命、健康和财产损害的风险，并达到可接受的水平。技术规范中主要规定了电气设备的共性安全要求，各类电气产品的专业安全标准必须符合 GB 19517—2009，并应将技术规范中的必备安全要素结合各类电气产品的特性补充相应数据、规定和专用要求。

2016 年 9 月，工业和信息化部、国家标准化管理委员会联合发布了《绿色制造标准体系建设指南》，为进一步发挥标准的规范和引领作用，推进绿色制造标准化工作奠定基础。标准体系分为综合基础、绿色产品、绿色工厂、绿色企业、绿色园区、绿色供应链和绿色评价与服务 7 个子体系。在低压电器领域产品绿色设计是以绿色制造实现供给侧结构性改革的最终体现，侧重于产品全生命周期的绿色化。积极开展绿色设计，按照全生命周期的理念，在产品设计开发阶段系统考虑原材料选用、生产、销售使用、回收、处理等各个环节对资源环境造成的影响，有助于实现产品对能源资源消耗最低化、生态环境影响最小化、再生率最大化。

基于绿色设计理念，上海电器科学研究院选取了具有行业典型产品代表的塑料外壳式断路器和小型断路器组织行业企业进行认真研究和讨论，并于 2018 年牵头制定了中国电器工业协会标准 T/CEEIA 335—2018《绿色设计产品评价技术规范 塑料外壳式断路器》和 T/CEEIA 334—2018《绿色设计产品评价技术规范 家用及类似场所用过电流保护断路器》两项标准，目前已发布。两项标准中分别规定了塑料外壳式断路器和家用及类似场所用过电流保护断路器的绿色设计产品的评价原则和方法，对组织的要求、评价指标及产品生命周期评价方法与报告格式要求，主要明确了产品中限用有害物质的种类与含量、产品可再生利用率的计算方式及指标、产品使用寿命及功耗等指标，并对比现行国家标准，要求有所提升。通过该系列标准的制定，各有关方面能针对断路器绿色设计产品，提高各生产企业的环保意识。为产品的能源资源、生态环境影响、可再生率提供可评价依据。

依据国家标准化总体改革思路，基本建成新型标准化体系，即政府主导的标准与市场自主制定的标准配合使用的体系。在低压电器领域，各专业技术标准委员会将根据政府标准体系整体规划，梳理现有推荐性国家标准和行业标准从属关系，做好国家标准和行业标准的制定、修订工作，加速制定市场急需的基础性、通用性、公益类标准，而对于不符合新型政府标准体系范畴的标准，调整至市场标准体系。2019～2020 年度主要以建立健全的由团体标准（协会、学会、商会、联盟等）和企业标准组成的市场标准体系为重点工作，引导行业企业制定高于国家标准、行业标准的团体标准和企业标准；支持企业制定多方协商的用户急需的技术标准。

2019～2020 年进一步完善与优化新型低压电器政府标准体系和市场标准体系，在两个体系之间建立协调与互补机制。随着技术的发展、市场的推动，不断将与之息息相关的先进传感技术、电力电子技术、新一代通信技术、大数据处理技术、工业互联网技术及人工智能技术等新知识进行标准化，并不断将智能制造标准体系、绿色制造标准体系、低压直流标准体系融合到新型低压电器标准体系中去。

低压电器企业为了跟紧智能化、信息化的趋势，不断将传统低压电器（包括关键部件、附件）进行改进升级，使传统低压电器获得数字化、智能化的功能。例如，集成负载监测、能效管理等功能的数字化传感器模块；专用集成芯片技术的应用、功能集成（漏电保护、电弧检测、量测及控制等）、小型化改进、可靠性提升；适应智能制造的关键零部件可制造性改进等。从上述发展趋势可以看到：配电电器小型化、智能化、数字化的发展趋势明显；控制电器通用化设计、节能增效技术不断发展应用；终端电器线路保护短板补齐电弧故障断路器发展迅速；产品升级的同时大力推进智能制造提高制造水平。上述趋势都需要按标准进行优化和落地。

3. 常见标准名称

GB/T 13869—2017《用电安全导则》

GB 19517—2009《国家电气设备安全技术规范》

GB/T 25295—2010《电气设备安全设计导则》

GB 50254—2014《电气装置安装工程 低压电器施工及验收规范》

GB 50150—2016《电气装置安装工程 电气设备交接试验标准》

任务二 推料过程控制

任务简介

如图 3-10 所示，工件垂直叠放在料仓中，推料缸处于料仓的底层，并且其活塞杆可从料仓的底部通过。当推料气缸的活塞杆在退回位置时，它与最下层工件处于同一水平位置，而顶料气缸则与次下层工件处于同一水平位置。在需要将工件推出到物料台上时，首先使顶料气缸的活塞杆推出，压住次下层工件，然后使推料气缸活塞杆推出，从而把最下层工件推到物料台上。在推料气缸返回退回位置后，顶料气缸返回，松开次下层工件，料仓中的工件在重力的作用下，就自动向下移动一个工件，为下一次推出工件做好准备。在底座和管形料仓第 4 层工件位置，分别安装一个漫射式光电开关。它们的功能是检测料仓中有无储料或储料是否足够。若该部分机构内没有工件，则处于底层和第 4 层位置的两个漫射式光电接近开关均处于常态；若仅从底层起有 3 个工件，则底层处光电接近开关动作而第 4 层处光电接近开关处于常态，表明工件已经快用完了。这样，料仓中有无储料或储料是否足够，就可用这两个光电接近开关的信号状态反映出来。

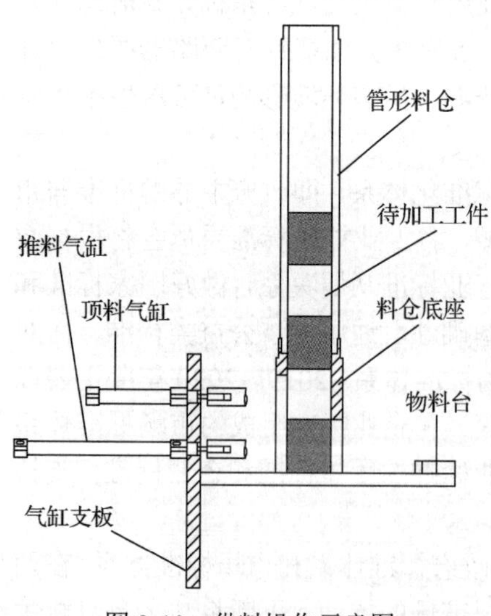

图 3-10 供料操作示意图

推料缸把工件推出到物料台上。物料台面开有小孔，物料台下面设有一个圆柱形漫射式光电接近开关，工作时向上发出光线，从而透过小孔检测是否有工件存在，以便向系统提供本单元物料台有无工件的信号。在输送单元的控制程序中，就可以利用该信号状态来判断是否需要驱动机械手装置来抓取此工件。

微课 3.2 编程操作与调试

教学目标

- 掌握常用气动元件的使用方法。
- 掌握气动回路的安装与调试。
- 掌握顺序功能图程序设计方法。

3.2 课件

思政目标

对复杂控制问题按流程阶段或类型等进行合理分割，分割后各个突破解决，最后汇总联调，形成总体控制方案。这也是我们生活与工作中需要养成的一种思维方法。

准备知识

一、气动部分

1. 空气压缩机

空气压缩机是一种用以压缩气体的设备，使用前要检查气路是否连接好，电源电压是否正常。空气压缩机通常在无载荷状态下启动，待空载运转情况正常后，再逐步使空气压缩机进入负荷运转。空气压缩机正常工作以后，应经常注意各种仪表读数，并随时予以调整。检查电动机温度是否正常，各机件运行声音是否正常，吸气阀盖是否发热，吸气阀的声音是否正常。

空气压缩机的选用原则是依据气动系统所需要的工作压力和流量两个主要参数来确定空气压缩机。目前一般的气动系统的工作压力为 0.5～0.8MPa，因此，选用额定排气压力为 0.7～1MPa 的低压空气压缩机。

2. 气动元件与回路

（1）气缸

气缸是以压缩空气为工作介质，输出一定的力和运动的执行元件。气缸的种类非常多，分类方法多种多样，按照运动形式可以分为直线往复式气缸和摆转式气缸；按照功能用途可分为普通气缸和特殊气缸等；按照气压的作用形式又可分为单作用气缸和双作用气缸。

普通双作用气缸，通过改变压缩空气的进气方式可以实现活塞及活塞杆的往复运动。其结构如图 3-11 所示。图中气缸的两个端盖上都设有进排气通口，从无杆侧端盖气口进气时，推动活塞向前运动；反之，从杆侧端盖气

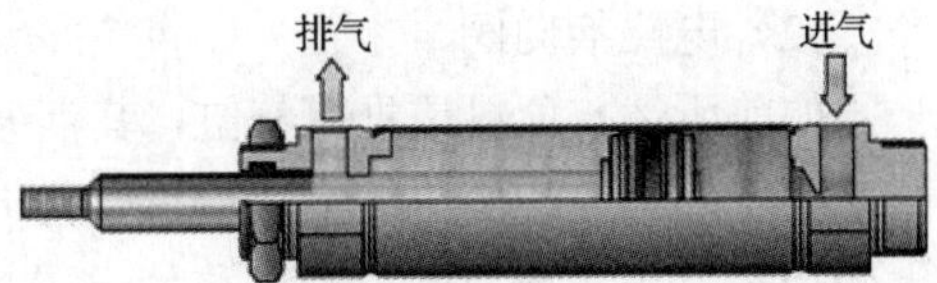

图 3-11 普通双作用气缸

口进气时，推动活塞向后运动。此外，还可以在活塞上安装磁环配合外部的磁性开关来检测活塞的运动位置。

为了使气缸的动作平稳可靠，应对气缸的运动速度加以控制，常用的方法是使用单向节流阀来实现。

单向节流阀是由单向阀和节流阀并联而成的流量控制阀，常用于控制气缸的运动速度，所以也称为速度控制阀。

图 3-12 所示为在双作用气缸装上两个单向节流阀的连接示意图，这种连接方式称为排气节流方式。即当压缩空气从 A 端进气、从 B 端排气时，单向节流阀 A 的单向阀开启，向气缸无杆腔快速充气，由于单向节流阀 B 的单向阀关闭，有杆腔的气体只能经节流阀排气，调节节流阀 B 的开度，便可改变气缸伸出时的运动速度。反之，调节节流阀 A 的开度则可改变气缸缩回时的运动速度。这种控制方式，活塞运行稳定，是最常用的方式。

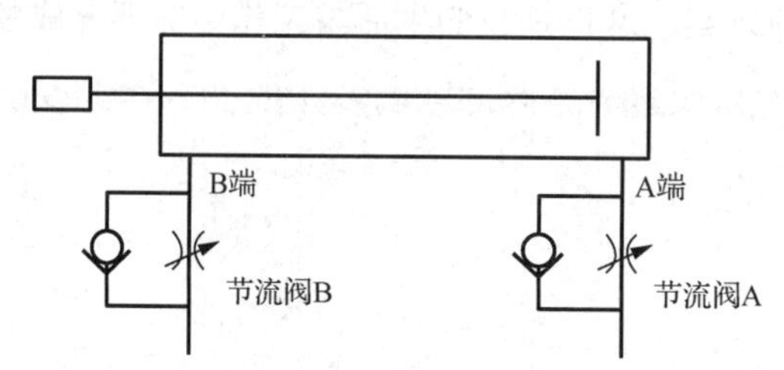

图 3-12　节流阀连接和调整原理示意图

对节流阀上带有气管的快速接头，只要将合适外径的气管往快速接头上一插就可以将管连接好了，使用时十分方便。图 3-13 所示是安装了带快速接头的限出型气缸节流阀的气缸外观。

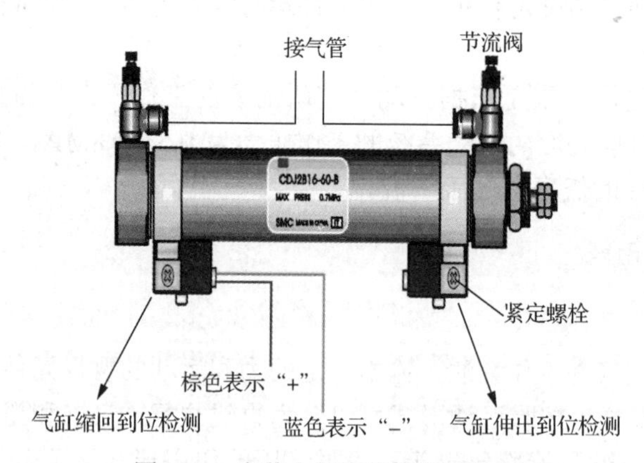

图 3-13　安装上气缸节流阀的气缸

（2）电磁换向阀

如前所述，顶料或推料气缸，其活塞的运动是依靠向气缸一端进气，并从另一端排气来实现的。要改变压缩空气的进气方向就需要换向阀。在自动控制中，换向阀常采用电磁控制方式实现方向控制，称为电磁换向阀。

电磁换向阀是利用其电磁线圈通电时，静铁心对动铁心产生电磁吸力使阀芯切换，达到改变气流方向的目的。图 3-14 所示是一个单电控二位三通电磁换向阀的工作原理示意图。

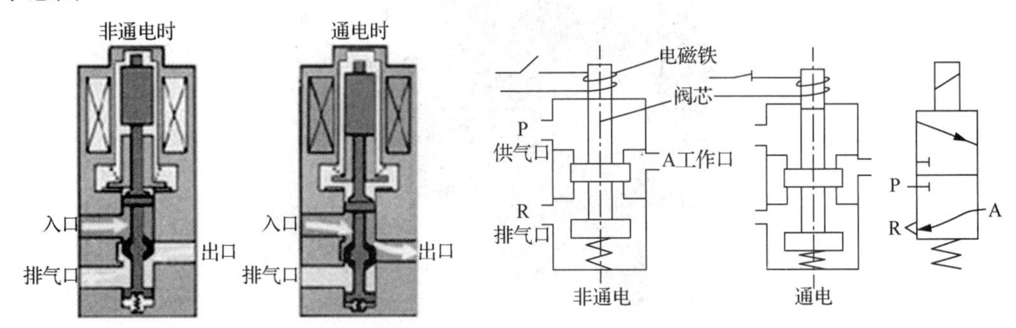

图 3-14 单电控二位三通电磁换向阀的工作原理示意图

如图 3-14 所示，当电磁铁断电时，电磁换向阀的阀芯在弹簧的作用下处于初始位置（上端），进气口 P 不通，工作口 A 与排气口 R 接通；当电磁铁通电时，阀芯在电磁力的作用下克服弹簧的弹力向下运动，则进气口 P 和工作口 A 接通，排气口 R 不通。

所谓“位”指的是为了改变气体方向，阀芯相对于阀体所具有的不同的工作位置。“通”的含义则指换向阀与系统相连的通口，有几个通口即为几通。图 3-14 中，只有两个工作位置，具有供气口 P、工作口 A 和排气口 R，故为二位三通阀。

如图 3-15 所示，分别给出二位三通、二位四通和二位五通单控电磁换向阀的图形符号，图形中有几个方格就是几位，方格中的“┬”和“┴”符号表示各接口互不相通。

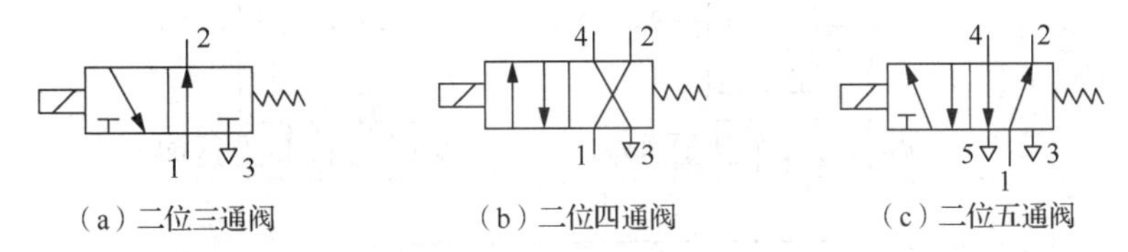

图 3-15 部分单控电磁换向阀的图形符号

YL-335B 所有工作单元的执行气缸都是双作用气缸，因此控制它们工作的电磁阀需要有两个工作口、两个排气口及一个供气口，故使用的电磁阀均为二位五通电磁阀。

供料单元用了两个二位五通单控电磁阀。这两个电磁阀带有手动换向加锁钮，它有锁定（LOCK）和开启（PUSH）两个位置。用小螺钉旋具把加锁钮旋到 LOCK 位置时，手控开关向下凹进去，不能进行手控操作。只有加锁钮在 PUSH 位置，才可用工具向下按，这时信号为“1”，等同于该侧的电磁信号为“1”；常态时，手控开关的信号为“0”。在进行设备调试时，可以使用手控开关对阀进行控制，从而实现对相应气路的控制，以改变推料缸等执行机构的控制，达到调试的目的。

电磁阀一般集中安装在汇流板上，也可根据需要分散安装。汇流板中两个排气口末端均连接了消声器，消声器的作用是减少压缩空气向大气排放时的噪声。这种将多个阀与消声器、汇流板等集中在一起构成的一组控制阀的集成称为阀组，而每个阀的功能是彼此独立的。电磁阀组的结构如图 3-16 所示。

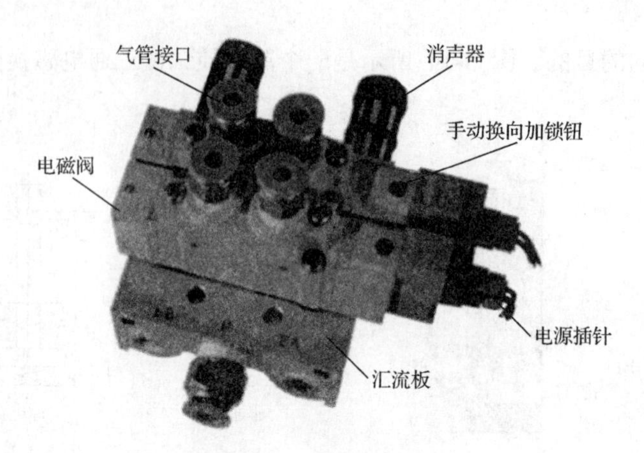

图3-16　电磁阀组的结构

（3）气动控制回路

气动控制回路是本工作单元的执行机构，该执行机构的控制逻辑与控制功能是由PLC实现的。供料单元气动控制回路的工作原理如图3-17所示。图中1A和2A分别为推料气缸和顶料气缸。1B1和1B2为安装在推料气缸的两个极限工作位置的磁感应接近开关，2B1和2B2为安装在顶料气缸的两个极限工作位置的磁感应接近开关。

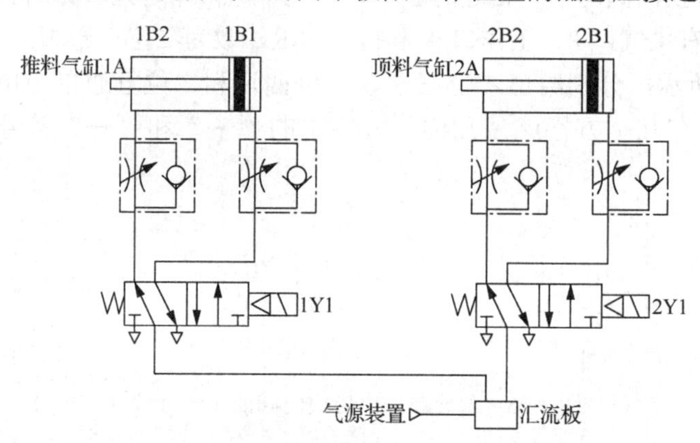

图3-17　供料单元气动控制回路工作原理

该气动控制回路的工作原理如下：初始状态下（电磁铁断电），两个电磁换向阀在弹簧作用下处于左位，当气源装置接通后，压缩空气经过两个电磁换向阀进入两个气缸的有杆腔，使两个气缸都处于缩回状态，当电磁铁1Y1通电时，推料气缸伸出；当电磁铁2Y1通电时，顶料气缸伸出。

二、顺序功能图

顺序控制，就是按照生产工艺预先规定的顺序，在各输入信号的作用下，根据内部状态和时间的顺序，在生产过程中各执行机构自动有秩序地进行操作。使用顺序控制设计法时首先根据系统的工艺过程，画出顺序功能图，然后根据顺序功能图编写梯形图程序。有的PLC提供了顺序功能图编程语言，用户在编程软件中生成顺序功能图后便完成了编程工作，如西门子S7-300/400/1500 PLC中的S7 GRAPH编程语言。目前还有很多PLC没有配备顺序功能图语言，但是也可以用顺序功能图来描述系统的功能，然后根据它来转换成梯形图程序。顺序控制设计法是一种先进的设计方法，很容易被初学者接受，对于有经验的工程师，也会提高其设计效率，程序的调试、修改和阅读也很方便。

1. 顺序功能图的基本元件

（1）步

顺序控制的基本思想是将系统的一个工作周期划分为若干个顺序相连的阶段，这些阶段称为步（step），并用编程元件（如 M 寄存器）来表示各步。步的划分主要是根据系统输出状态的改变，即将系统输出的每一个不同状态划分为一步。在任意一步之内，系统各输出量的状态是不变的，但是相邻两步输出量的状态是不同的。顺序控制设计法用转换条件控制代表各步的编程元件，让它们的状态按一定的顺序变化，然后用代表各步的编程元件去控制 PLC 的各输出位。

此处用一个简单的例子来说明顺序功能图的画法。图 3-18 所示为组合机床动力头系统的进给运动控制示意图，动力头初始位置在左边，由限位开关 I0.3 指示，按下启动按钮 10.0，动力头由 Q0.0 和 Q0.1 均置 1 共同控制向右快速运动，到达限位开关 I0.1 后，动力头由 Q0.1 控制转入工作进给，到达限位开关 I0.2 后，动力头由 Q0.2 控制快速返回至初始位置（I0.3）停下。再按一次启动按钮，动作过程重复。根据 Q0.0、Q0.1、Q0.2 的状态变化，上述工作过程可以分为 3 步，即快进、工进、快退，分别用 M4.1～M4.3 表示，另外，还设置了一个等待启动的初始步。图 3-19 是描述该系统的顺序功能图，图中用矩形方框表示步。为了便于将顺序功能图转换为梯形图，用代表各步的编程元件的地址作为步的代号，并用编程元件的地址来表示转换条件和各部的动作或命令。

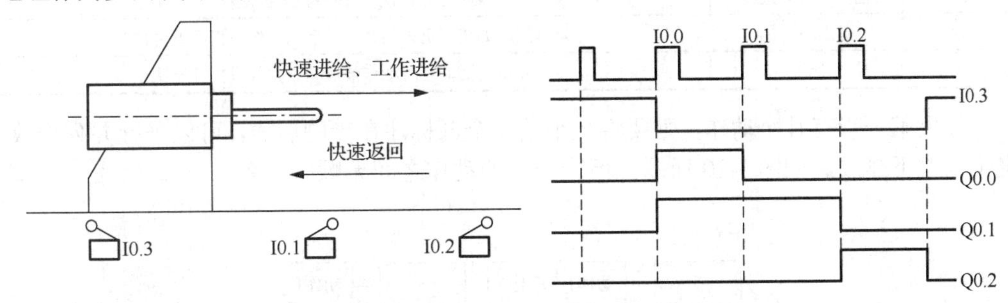

图 3-18 系统示意图及波形图

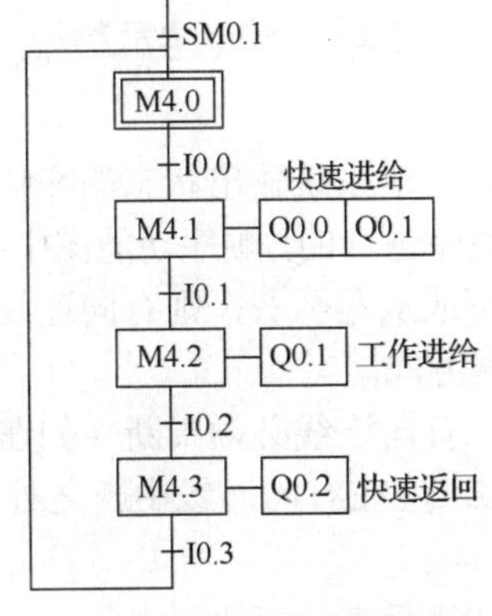

图 3-19 顺序功能图

与系统的初始状态相对应的步称为初始步，初始状态一般是系统等待启动命令的相对静止的状态。初始步用双线矩形框表示，可以看出图3-19中的M4.0为初始步，每一个顺序功能图至少应该有一个初始步。当系统正处于某一步所在的阶段时，称该步处于活动状态，即该步为“活动步”。步处于活动状态时，执行相应的非存储型动作；处于不活动状态时，停止执行相应的非存储型动作。

（2）与步对应的动作或命令

系统每一步中输出的状态或者执行的操作标注为步对应的动作或命令，用矩形框中的文字或符号表示。根据需要，指令与对象的动作响应之间可能有多种情况，如有的动作仅在指令存续的时间内有响应，指令结束后动作终止（如常见的点动控制），而有的一旦发出指令，动作就将一直继续，除非再发出停止或撤销指令（如开车、急停、左转、右转等），这就需要不同的符号来进行区别。表3-1列出了各种动作或命令的表示方法。

表3-1 各种动作或命令的表示方法

符号	动作类型	说明
N	非记忆	步结束，动作即结束
S	记忆	步结束，动作继续，直至被复位
R	复位	终止被S、SD、SL及DS启动的动作
L	时间限制	步开始，动作启动，直至步结束或定时到
SL	记忆与时间限制	步开始，动作启动，直至定时到或复位
D	时间延迟	步开始，先延时，延时到，如果步仍为活动步，动作启动，直至步结束
SD	记忆与时间延迟	延时到后启动动作，直至被复位
DS	延迟与记忆	延时到，如果步仍为活动步，启动动作，直至被复位
P	脉冲	当步变为活动步时动作被启动，并且只执行一次

如果某一步有几个动作，则要将几个动作全部标注在步的后面，可以平行并列排放，也可以上下排放，如图3-20所示，但同一步的动作之间无顺序关系。

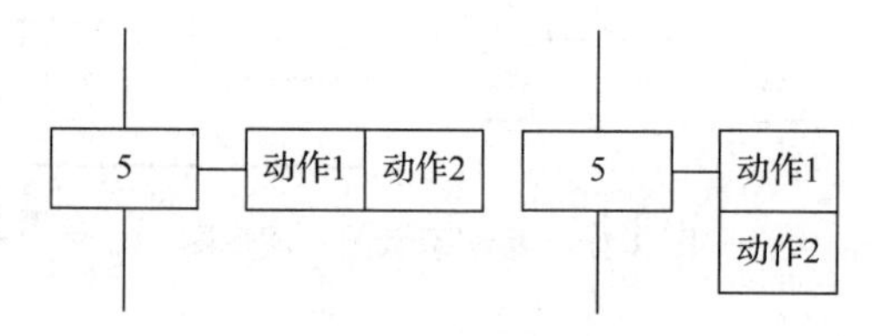

图3-20 动作的表示方法

（3）有向连线与转换条件

有向连线表明步的转换过程，即系统输出状态的变化过程。顺序控制中，系统输出状态的变化过程是按照规定的程序进行的，顺序功能图中的有向连线就是该顺序的体现。如果有向连线的方向是从上到下或从左至右，则有向连线上的箭头可以省略；否则应在有向连线上用箭头注明步的进展方向。

如果在绘制顺序功能图时，有向连线必须中断（如在复杂的顺序功能图中，或用几个图来表示一个顺序功能图时），应在有向连线中断之处标明下一步的标号和所在的页数，如步21、20页等。

转换用有向连线上与有向连线垂直的短线来表示，转换将相邻两步分隔开，用于表示不同的步或系统不同的状态。步的活动状态的进展是由转换的实现来完成的，并与控制过程的发展相对应。转换条件是实现步的转换的条件，即系统从一个状态进展到下一个状态的条件。转换条件可以是外部的输入信号，如按钮、指令开关、限位开关的接通/断开等，也可以是PC内部产生的信号，如定时器、计数器常开触点的接通等。转换条件还可能是若干个信号的与、或、非逻辑组合。可以用文字语言、布尔代数表达式或图形符号标注表示转换条件。

2. 顺序功能图的基本结构

（1）单序列

单序列由一系列相继激活的步组成，每一步的后面只有一个转换，每一个转换的后面只有一个步，如图3-21（a）所示。单序列的特点是没有分支与合并。

（2）选择序列

选择序列的开始称为分支，如图3-21（b）所示，转换符号只能标在水平连线之下。如果步4是活动步，并且转换条件h为1状态，则发生由步4到步5的进展。如果步4是活动步，并且k为1状态，则发生由步4到步7的进展。如果k和h同时为1状态，则存在一个优先级的问题，一般只允许选择一个序列。

选择序列的结束称为合并。几个选择序列合并到一个公共序列时，用与需要重新组合的序列相同数量的转换符号和水平连线来表示，转换符号只允许标在水平连线之上。如果步6是活动步，并且转换条件j为“1”状态，则发生由步6到步9的进展。如果步8是活动步，并且n为“1”状态，则发生由步8到步9的进展。

（3）并行序列

并行序列用来表示系统的几个独立部分同时工作的情况。并行序列的开始称为分支，如图3-21（c）所示，当转换的实现导致几个序列同时激活时，这些序列称为并行序列。当步3是活动步，并且转换条件e为“1”状态，步4和步6同时变为活动步，同时步3变为不活动步。为了强调转换的同步实现，水平连线用双线表示。步4和步6被同时激活后，每个序列中活动步的进展将是独立的。在表示同步的水平双线之上，只允许有一个转换符号。并行序列的结束称为合并，在表示同步的水平双线之下，只允许有一个转换符号。当直接连在双线上的所有前级步（步5和步7）都处于活动状态，并且转换条件i为“1”状态时，才会发生步5和步7到步8的进展，即步5和步7同时变为不活动步，而步8变为活动步。

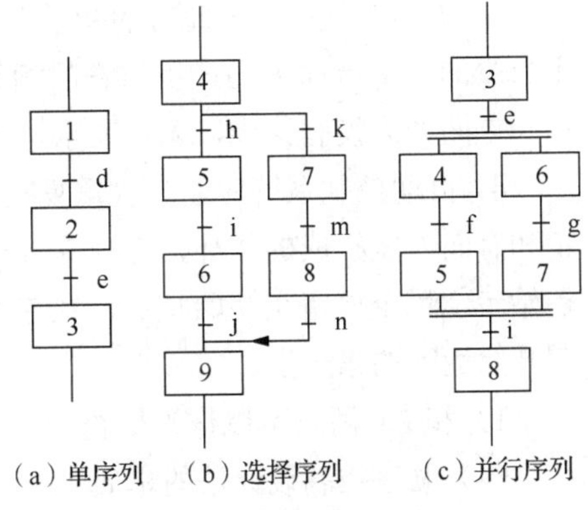

图3-21 顺序功能图的结构

3. 顺序功能图中实现转换的基本规则

（1）转换实现的条件

在顺序功能图中，步的活动状态的进展是由转换的实现来完成的。转换实现必须同时满足两个条件：

1）该转换所有的前级步都是活动步。

2）相应的转换条件得到满足。

这两个条件是缺一不可的，如果取消了第一个条件，假设因为误操作按了启动按钮，在任何情况下都将使以启动按钮作为转换条件的后续步变为活动步，造成设备的误动作，甚至会出现重大的事故。

（2）转换实现应完成的操作

转换实现时应完成以下两个操作：

1）使所有由有向连线与相应转换符号相连的后续步都变为活动步。

2）使所有由有向连线与相应转换符号相连的前级步都变为不活动步。

以上规则可以用于任意结构中的转换，其区别如下：在单序列和选择序列中，一个转换仅有一个前级步和一个后续步。在并行序列的分支处，转换有几个后续步[图 3-21（c）]，在转换实现时应同时将它们对应的编程元件置位。在并行序列的合并处，转换有几个前级步，它们均为活动步时才有可能实现转换，在转换实现时应将它们对应的编程元件全部复位。

转换实现的基本规则是根据顺序功能图设计梯形图的基础，它适用于顺序功能图中的各种基本结构。

（3）绘制顺序功能图时的注意事项

下面是针对绘制顺序功能图时常见的错误提出的注意事项：

1）两个步绝对不能直接相连，必须用一个转换将它们分隔开。

2）两个转换也不能直接相连，必须用一个步将它们分隔开。

3）顺序功能图中的初始步一般对应于系统等待启动的初始状态，这一步可能没有什么输出为“1”状态，因此有的初学者在画顺序功能图时很容易遗漏这一步。初始步是必不可少的，一方面因为该步与它的相邻步相比，从总体上说输出变量的状态各不相同；另一方面如果没有该步，无法表示初始状态，系统也无法返回等待启动的停止状态。

4）自动控制系统应能多次重复执行同一工艺过程，因此在顺序功能图中一般应有由步和有向连线组成的闭环，即在完成一次工艺过程的全部操作之后，应从最后一步返回初始步，系统停留在初始状态，在连续循环工作方式时，应从最后一步返回下一工作周期开始运行的第一步。

1）和 2）两条可以作为检查顺序功能图是否正确的判据。

（4）顺序控制设计法的本质

经验设计法实际上是试图用输入信号 I 直接控制输出信号 Q [图 3-22（a）]，如果无法直接控制，或者为了实现记忆和互锁等功能，只好被动地增加一些辅助元件和辅助触点。由于不同系统的输出量 Q 与输入量 I 之间的关系各不相同，以及它们对联锁、互锁的要求千变万化，因而不可能找出一种简单通用的设计方法。

顺序控制设计法则是用输入量I控制代表各步的编程元件（如内部位存储器M），再用它们控制输出量Q［图3-22（b）］。步是根据输出量Q的状态划分的，M与Q之间具有很简单的“或”或者相等的逻辑关系，输出电路的设计极为简单。任何复杂系统的代表步的存储器位M的控制电路，其设计方法都是通用的，并且很容易掌握，所以顺序控制设计法具有简单、规范、通用的优点。由于代表步的M是依次变为“1”“0”状态的，实际上已经基本上解决了经验设计法中的记忆和联锁等问题。

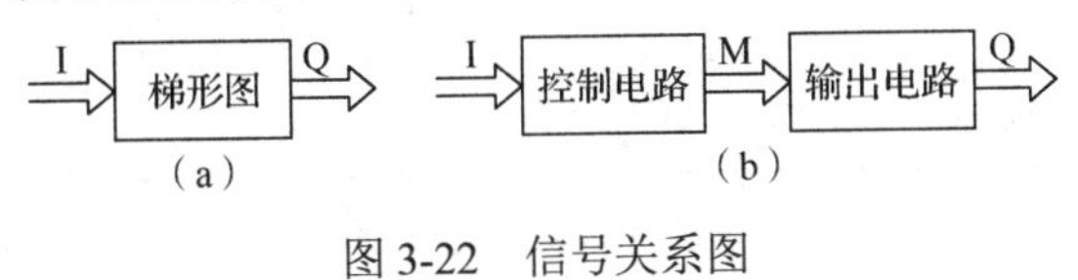

图3-22 信号关系图

4. 使用置位、复位指令的顺序控制梯形图设计方法

前面学过的置位、复位指令具有记忆功能，每步正常的维持时间不受转换条件信号持续时间长短的影响，因此不需要自锁。另外，采用置位、复位指令在步序的传递过程中能避免两个及以上的标志同时有效，因此也不用考虑步序间的互锁。

（1）单序列

对于图3-23所示的单序列顺序功能图，采用置位、复位法实现的梯形图程序如图3-24所示。图3-24中的“程序段1”的作用是初始化所有将要用到的步序标志。在实际工程中程序初始化是非常重要的。

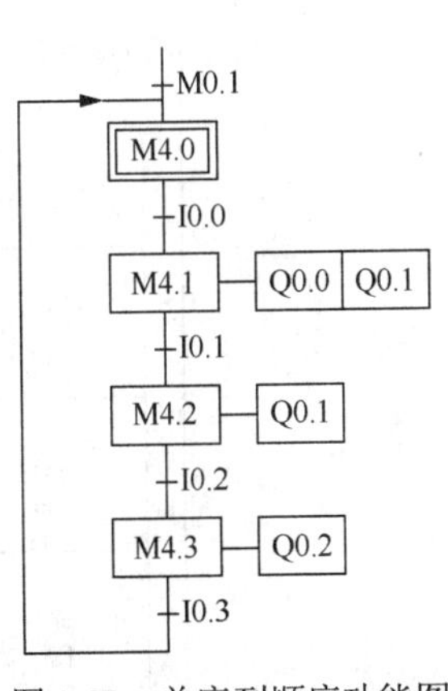

图3-23 单序列顺序功能图

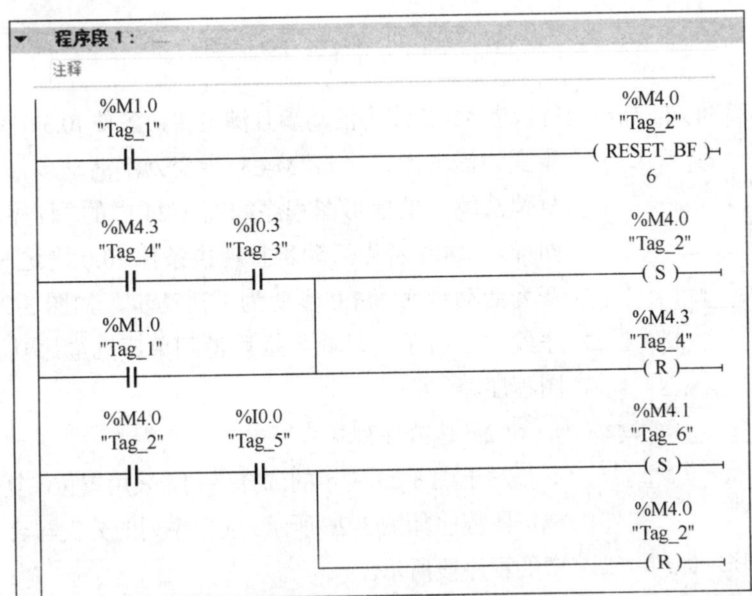

图3-24 单序列顺序功能图的梯形图程序

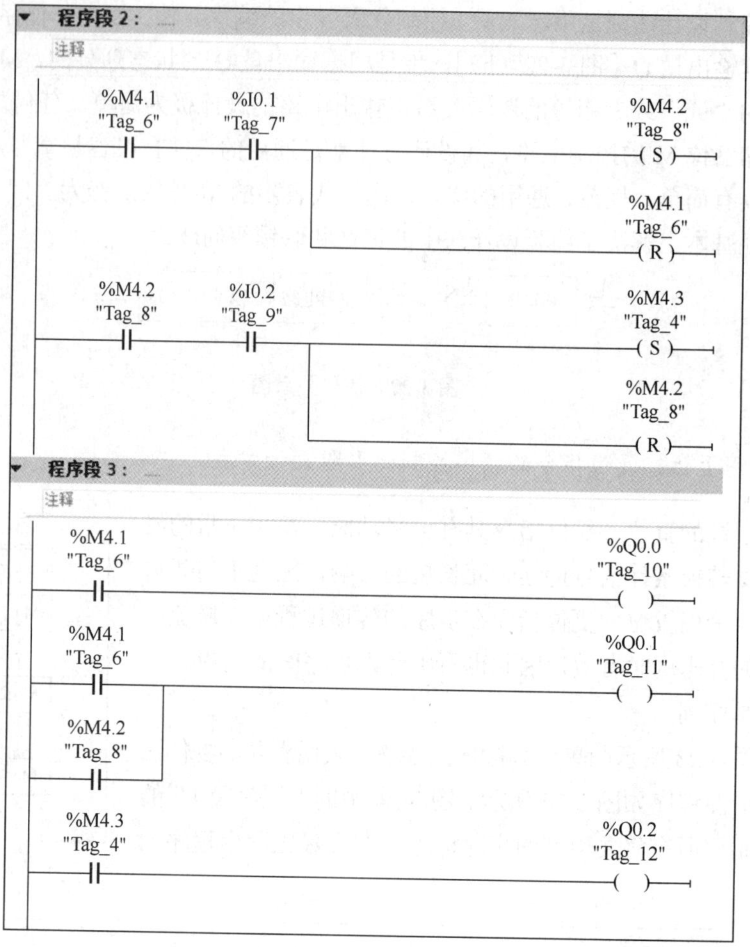

程序段 2：

注释

%M4.1 "Tag_6"　%I0.1 "Tag_7"　%M4.2 "Tag_8" (S)

%M4.1 "Tag_6" (R)

%M4.2 "Tag_8"　%I0.2 "Tag_9"　%M4.3 "Tag_4" (S)

%M4.2 "Tag_8" (R)

程序段 3：

注释

%M4.1 "Tag_6"　%Q0.0 "Tag_10" ( )

%M4.1 "Tag_6"　%Q0.1 "Tag_11" ( )

%M4.2 "Tag_8"

%M4.3 "Tag_4"　%Q0.2 "Tag_12" ( )

图 3-24（续）

由图 3-23 可知，加电运行或者 M4.3 步为活动步且满足转换条件 I0.3 时都将使 M4.0 步变为活动步，且将 M4.3 步变为不活动步，采用置位、复位法编写的梯形图程序如图 3-24 中的“程序段 2”所示。同样，M4.0 步为活动步且转换条件 I0.0 满足时，M4.1 步变为活动步而 M4.0 步变为不活动步，如图 3-24 中的“程序段 3”所示，以此类推可得到单序列顺序功能图的梯形图程序。

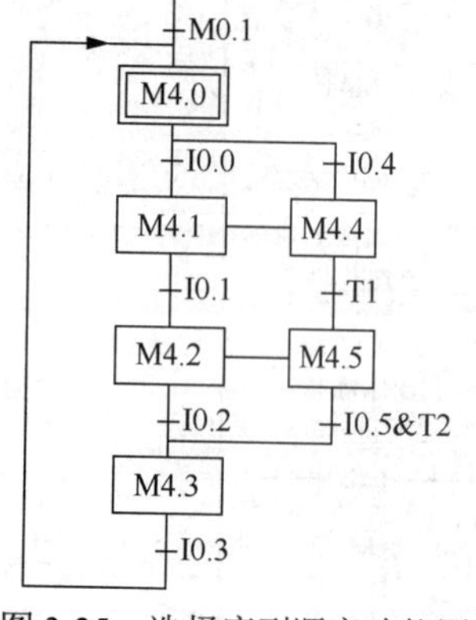

图 3-25　选择序列顺序功能图

（2）选择序列

对于图 3-25 所示的选择序列，采用置位、复位法实现的梯形图程序如图 3-26 所示。选择序列的分支与合并如图 3-26 中的程序段所示。

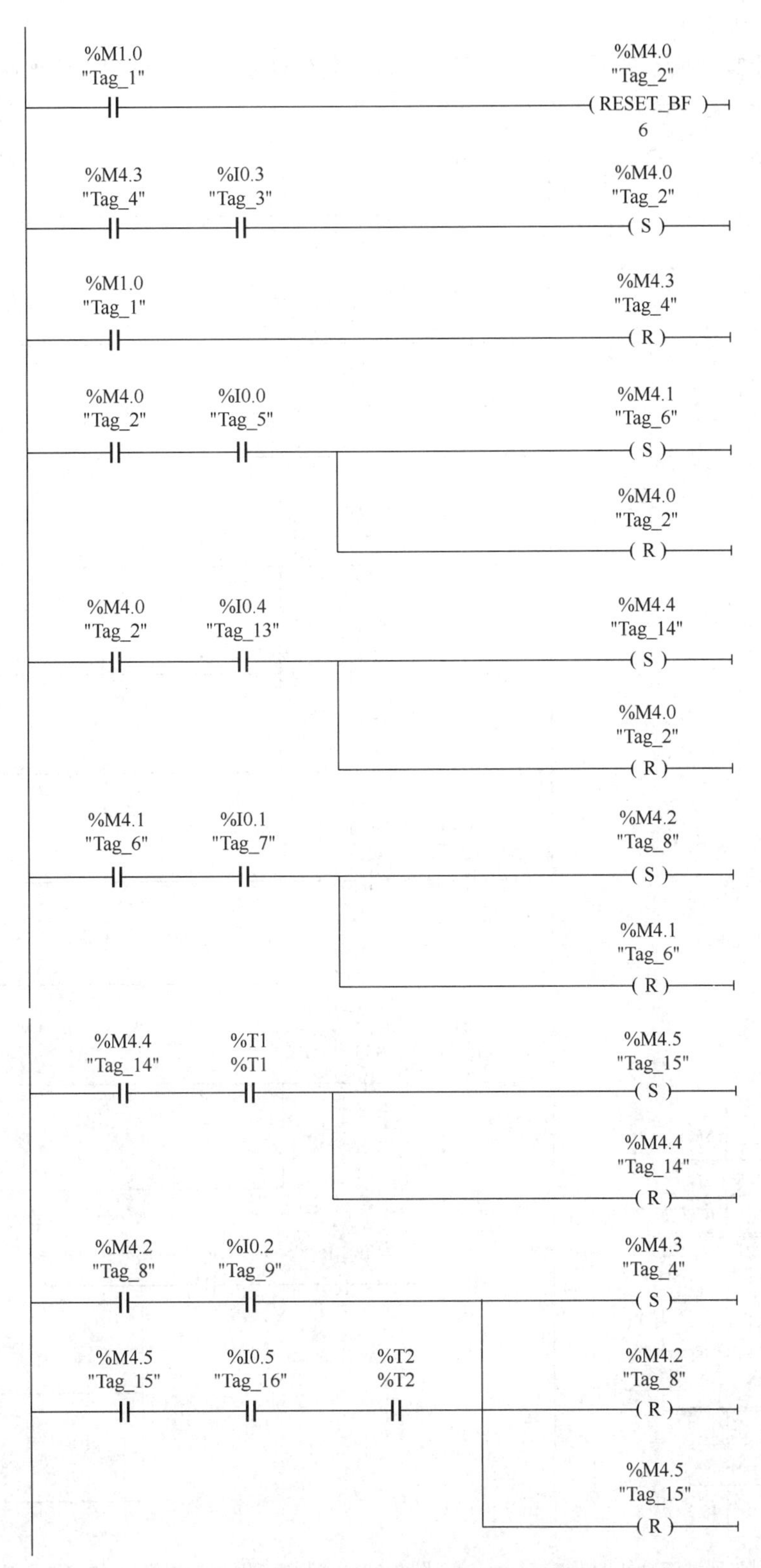

图 3-26 选择序列顺序功能图的梯形图程序

（3）并列序列

对于图 3-27 所示的并列序列，采用置位、复位法实现的梯形图程序如图 3-28 所示。并列序列的分支与合并如图 3-28 中的程序段所示。

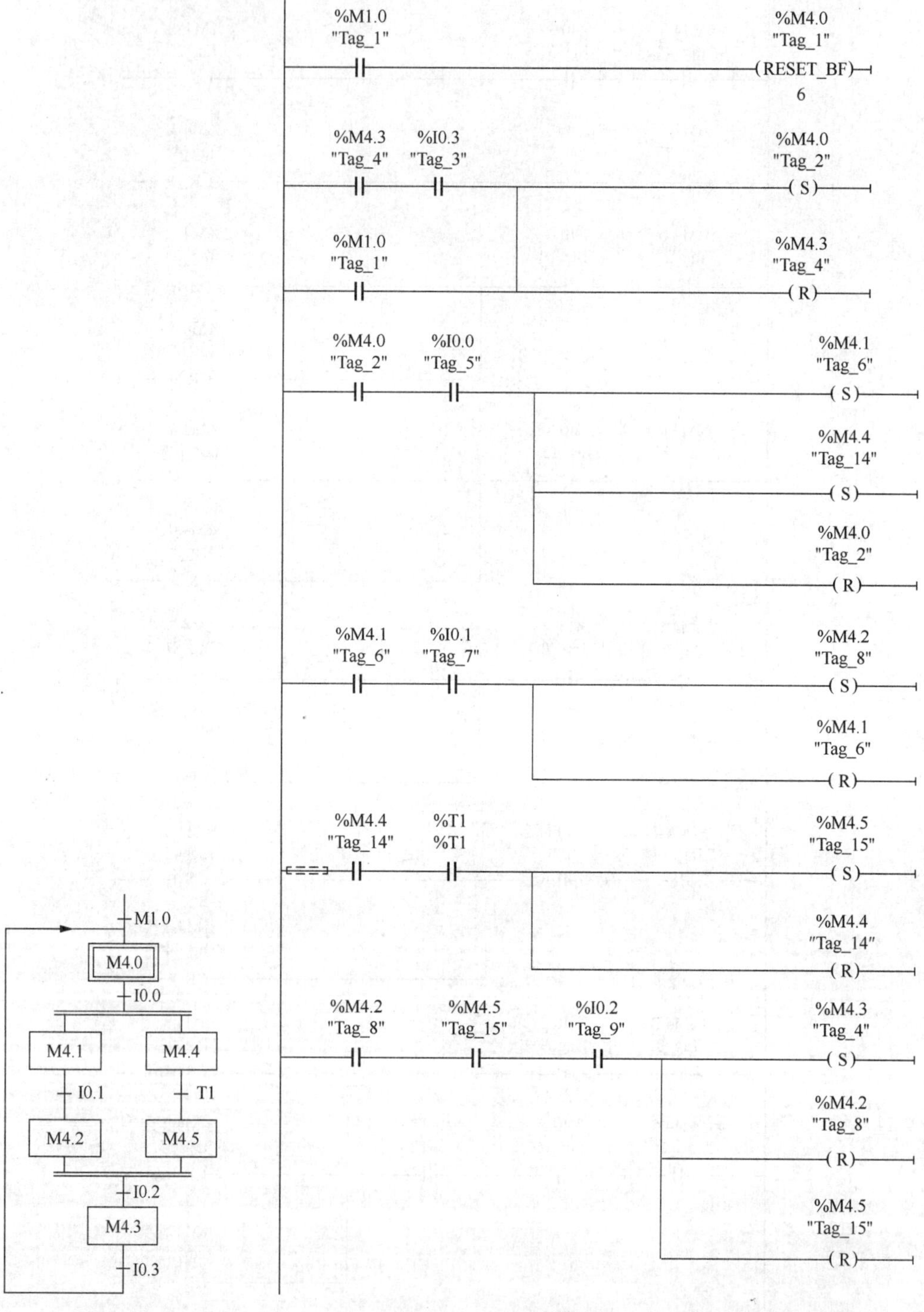

图 3-27　并列序列顺序功能图

图 3-28　并列序列顺序功能图的梯形图程序

任务实施

一、任务分析

根据任务描述，推料子程序是一个步进程序，可以采用置位、复位方法来编程。如果料仓有料且料台无料，则依次执行顶料、推料操作，再执行推料复位、顶料复位操作，然后返回子程序入口处，开始下一个周期的工作。

二、I/O 地址分配

I/O 地址分配表如表 3-2 所示。

表 3-2　I/O 地址分配表

输入信号		输出信号	
顶杆前限位	I0.0	顶杆	Q0.0
顶杆后限位	I0.1	推杆	Q0.1
推杆前限位	I0.2	HL1	Q0.7
推杆后限位	I0.3	HL2	Q1.0
物料台检测	I0.4		
物料上限位	I0.5		
物料下限位	I0.6		
启动	I1.3		
停止	I1.2		

三、控制程序设计

1. 顺序功能图编程

推料单元采用顺序控制编程，顺序控制功能图如图 3-29 所示。

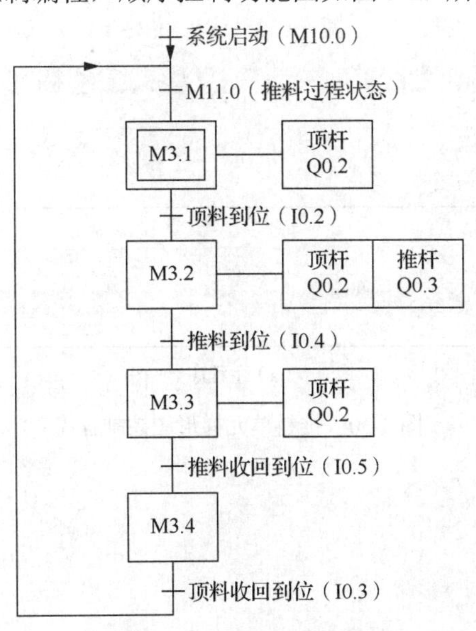

图 3-29　推料单元顺序功能图

2. 梯形图程序

根据顺序功能图采用置位、复位指令得到的梯形图程序如图 3-30 所示。

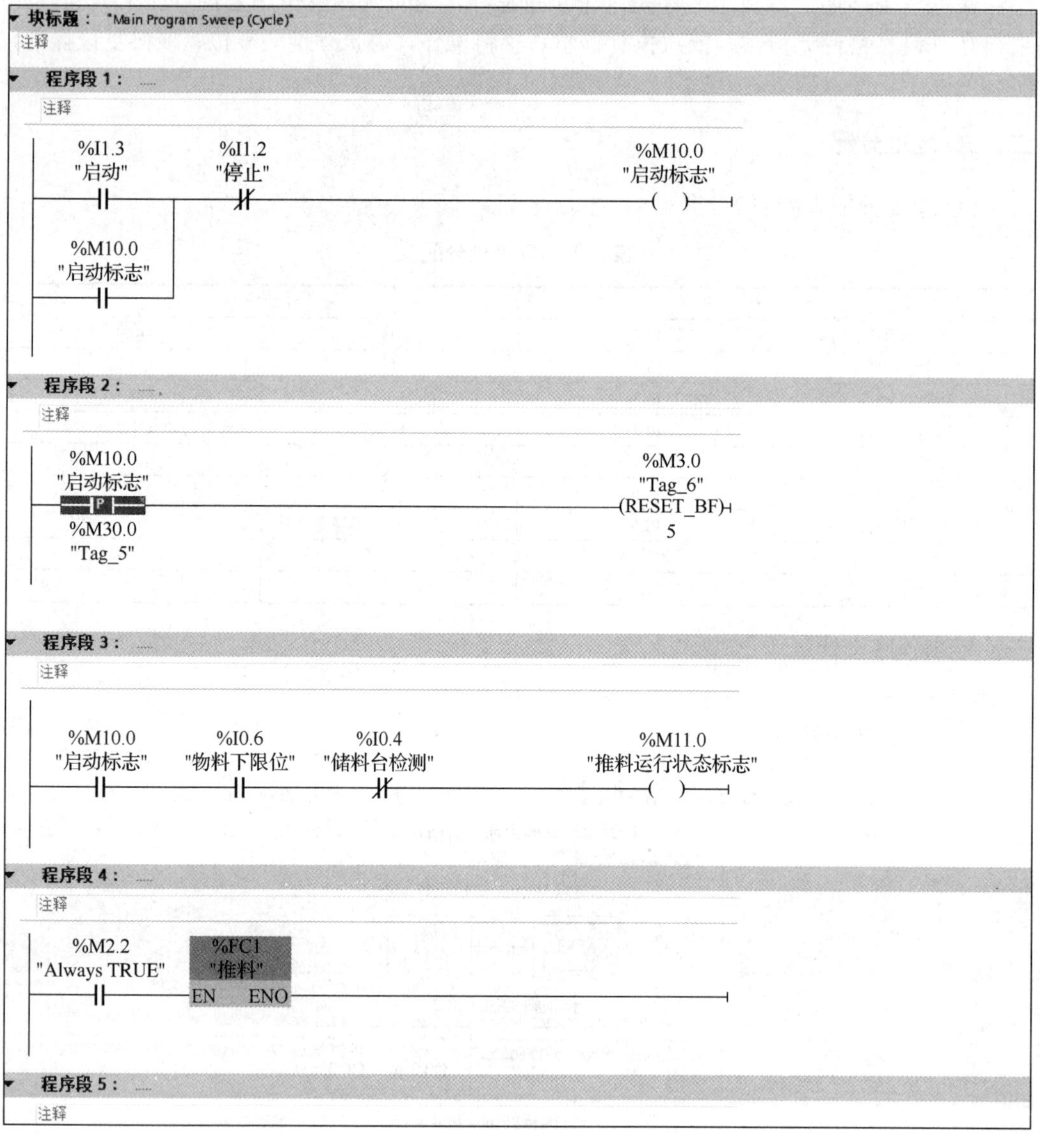

块标题： "Main Program Sweep (Cycle)"
注释

程序段 1： ……
注释
%I1.3 "启动"
%I1.2 "停止"
%M10.0 "启动标志"
%M10.0 "启动标志"

程序段 2： ……
注释
%M10.0 "启动标志"
P
%M30.0 "Tag_5"
%M3.0 "Tag_6"
RESET_BF
5

程序段 3： ……
注释
%M10.0 "启动标志"
%I0.6 "物料下限位"
%I0.4 "储料台检测"
%M11.0 "推料运行状态标志"

程序段 4： ……
注释
%M2.2 "Always TRUE"
%FC1 "推料"
EN ENO

程序段 5： ……
注释

（a）主程序

图 3-30　推料单元梯形图控制程序

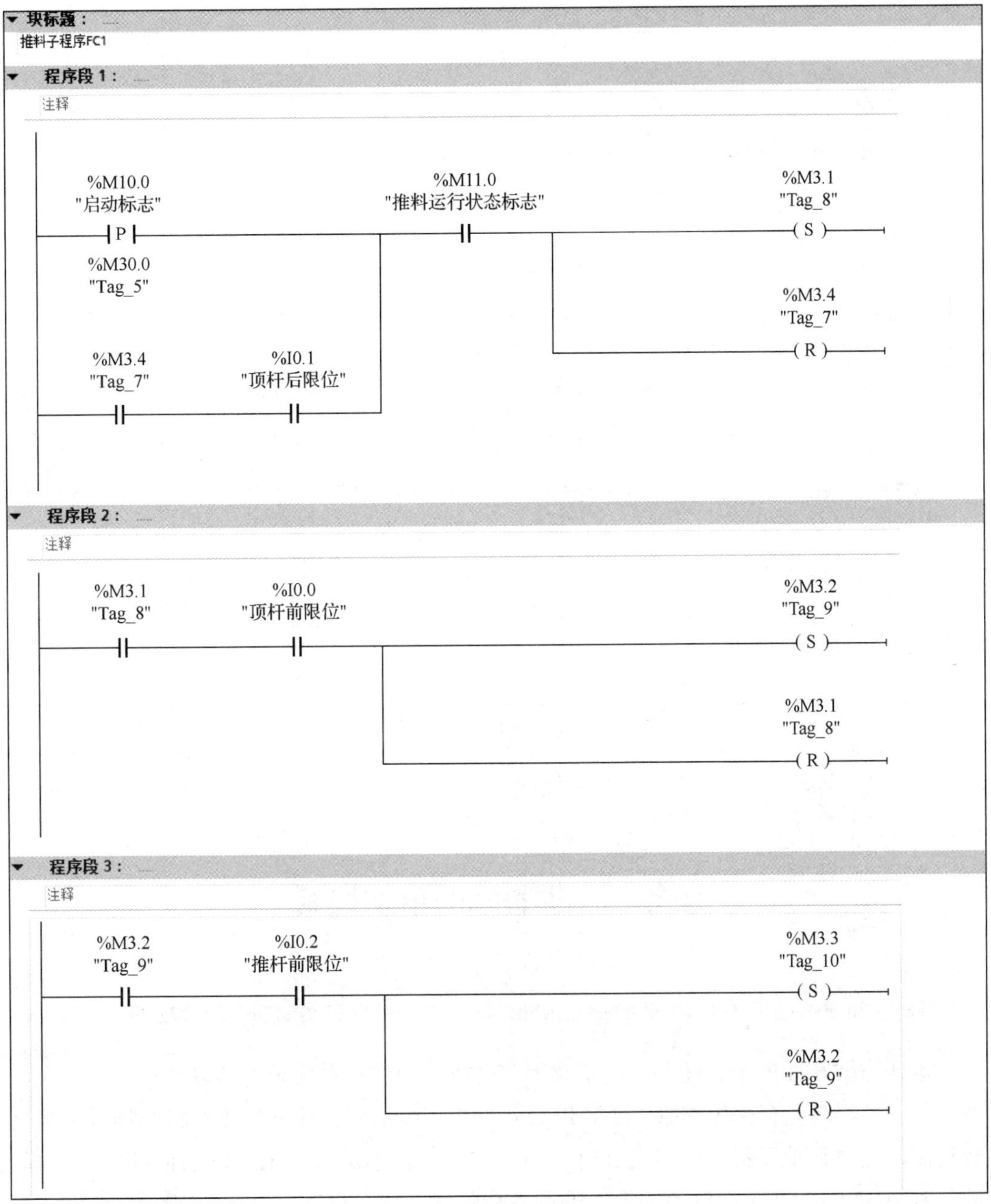
块标题：
推料子程序FC1
程序段 1：
注释
%M10.0
"启动标志"
P
%M30.0
"Tag_5"
%M11.0
"推料运行状态标志"
%M3.1
"Tag_8"
S
%M3.4
"Tag_7"
R
%M3.4
"Tag_7"
%I0.1
"顶杆后限位"
程序段 2：
注释
%M3.1
"Tag_8"
%I0.0
"顶杆前限位"
%M3.2
"Tag_9"
S
%M3.1
"Tag_8"
R
程序段 3：
注释
%M3.2
"Tag_9"
%I0.2
"推杆前限位"
%M3.3
"Tag_10"
S
%M3.2
"Tag_9"
R

图 3-30（续）

▼ 程序段 4：……

注释

%M3.1 "Tag_8"

%M3.2 "Tag_9"

%M3.3 "Tag_10"

%Q0.0 "顶杆"

▼ 程序段 5：……

注释

%M3.2 "Tag_9"

%Q0.1 "推杆"

（b）推料子程序

图 3-30（续）

任务三　供料站的单站控制

任务简介

本任务要在任务一和任务二的基础上，完成整个供料单元单站的联合控制。首先，通过装调供料单元有关传感器，绘制 PLC 接线图，编制相关控制程序对料仓物料情况进行检测，当物料单元料仓中料足够时，HL1 常亮；料不足时，HL1 以 1Hz 的频率闪烁；缺料时，HL1 以 2Hz 的频率闪烁。若设备准备好，按下启动按钮，工作单元启动，运行指示灯 HL2 常亮；若停止，则 HL2 熄灭。按下启动按钮，在料仓有料且物料台无料的情况下，循环启动推料；若料仓内无料，则停止推料，直至向料仓补充足够的料后再启动。

微课 3.3 编程操作与调试

教学目标

3.3 课件

- 掌握子程序的设计方法。
- 进一步提高程序设计的综合能力。
- 掌握供料站单站的控制系统设计与调试方法。

思政目标

在本任务的学习中，通过对不同程序块资料视频的查找与自学，逐步提高学习能力，特别是利用新媒体对新知识、新技术技能进行高效学习的能力，养成活到老学到老的学习意识。

准备知识

1. 功能（FC）

功能（FC）与子例程类似，FC 是通常对一组输入值执行特定运算的代码块。FC 将此运算结果存储在存储单元中。使用 FC 可执行以下任务：

1）执行标准和可重复使用的运算，如数学计算。

2）执行功能任务，如通过使用位逻辑运算进行单独控制。

也可以在程序中的不同位置多次调用 FC。此重复使用简化了对经常重复发生的任务的编程。与 FB 不同，FC 不具有相关的背景 DB。FC 使用其临时存储器（L）保存用于运算的数据，不保存临时数据。要存储数据以备 FC 执行完成后使用，可将输出值赋给全局存储单元，如 M 存储器或全局 DB。

2. 功能块（FB）

功能块（FB）与带存储器的子例程类似。FB 是可通过块参数以编程方式实现其调用的代码块。FB 将输入（IN）、输出（OUT）和输入/输出（IN/OUT）参数存储在 DB 或背景 DB 中的变量存储器内。

3. 背景 DB

背景 DB 提供与 FB 的实例（或调用）关联的一块存储区并在 FB 完成后存储数据。

要在程序中添加新的代码块，请按以下步骤操作：

1）打开“程序块”文件夹。

2）双击“添加新块”。

3）在“添加新块”对话框（图 3-31）中单击要添加的块的类型。例如，单击“函数”图标来添加 FC。

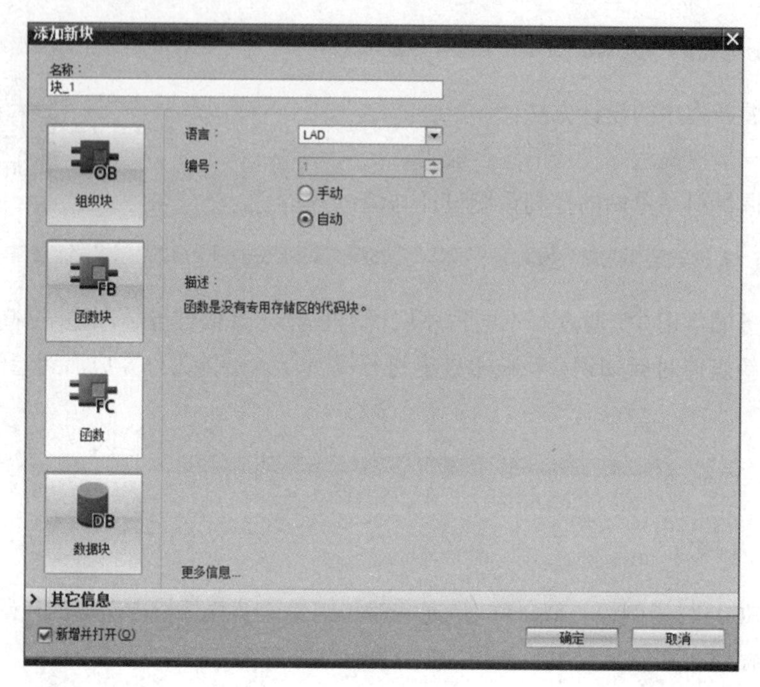

图3-31 功能块

4）从下拉菜单中为代码块选择编程语言。

5）单击“确定”按钮将块添加到项目中。

选择“添加新对象并打开”选项（默认），让STEP 7在编辑器中打开新创建的块。

任务实施

一、任务分析

整个程序的结构包括主程序、供料控制子程序和指示灯显示子程序。主程序是每个周期循环扫描的程序。通电后先进行初态检查，即检查顶料气缸、推料气缸是否处于复位状态，料仓内的工件是否充足。这3个条件中的任何一个条件不满足，初态均不能通过，也就是不能启动推料站使之运行。如果初态检查通过，则说明设备准备就绪，允许启动。启动后，系统就处于运行状态，此时主程序每个扫描周期调用供料控制子程序和指示灯显示子程序。

供料控制子程序是一个步进程序，可以采用置位、复位方法来编程，也可以用西门子特有的顺序继电器指令（SCR指令）来编程（本例用置位、复位法来编程）。如果料仓有料且料台无料，则依次执行顶料、推料操作，再执行推料复位、顶料复位操作，然后返回子程序入口处开始下一个周期的工作。

指示灯显示子程序相对比较简单，可以根据项目的任务描述用经验设计法来编写程序。图3-32所示为供料站程序设计流程图。

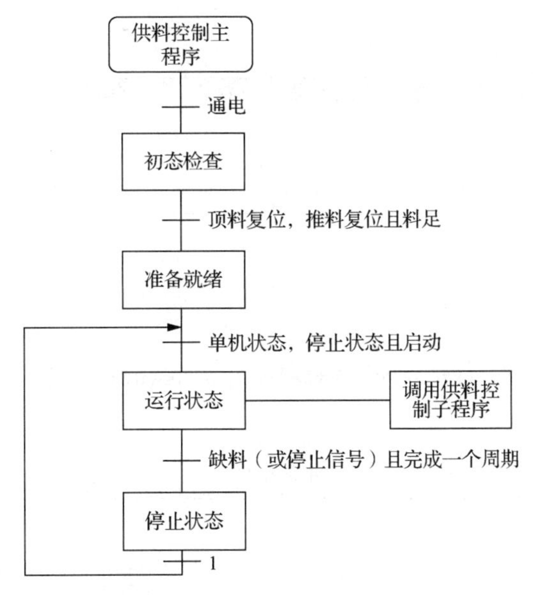

图 3-32 供料站程序设计流程图

二、I/O 地址分配

根据控制流程及相关输入/输出信号分配 PLC 的 I/O 地址，如表 3-2 所示。

三、控制程序设计

推料单元的控制程序可按照 3 个部分进行设计：主程序 OB1、指示灯子程序 FC1、供料子程序 FC2，如图 3-33 所示。根据控制要求编写控制程序，如图 3-34～图 3-36 所示。

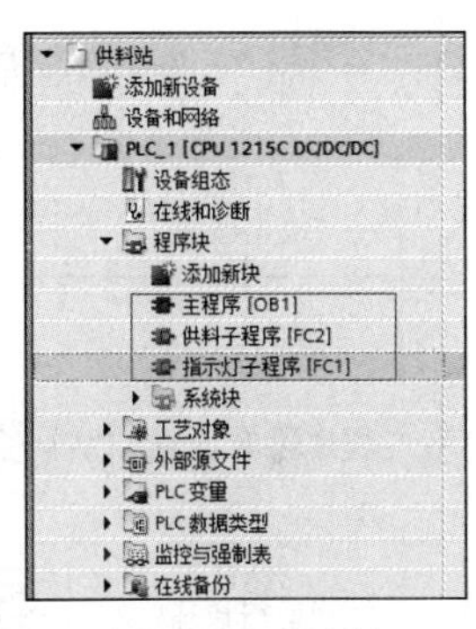

图 3-33 程序块

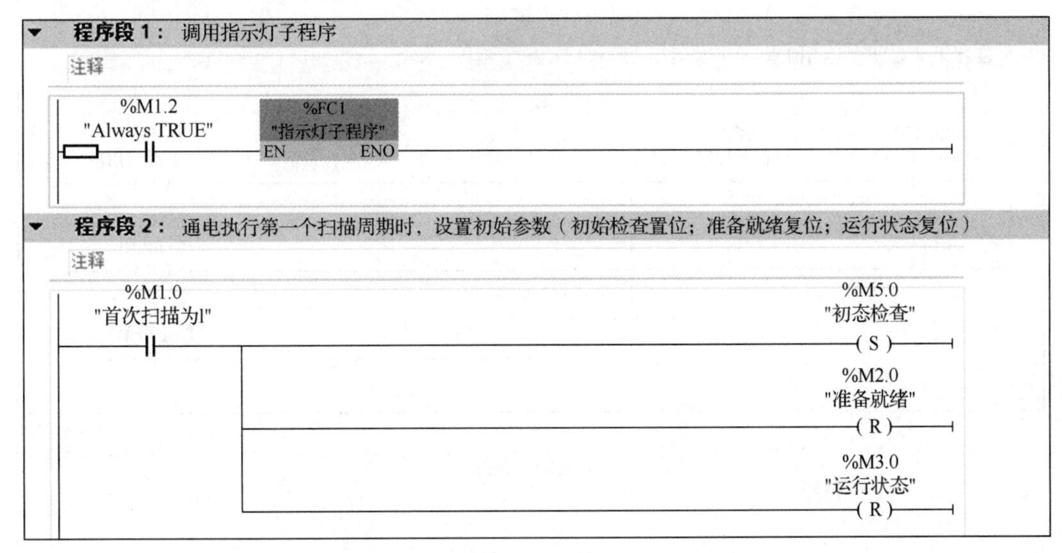

图 3-34 主程序

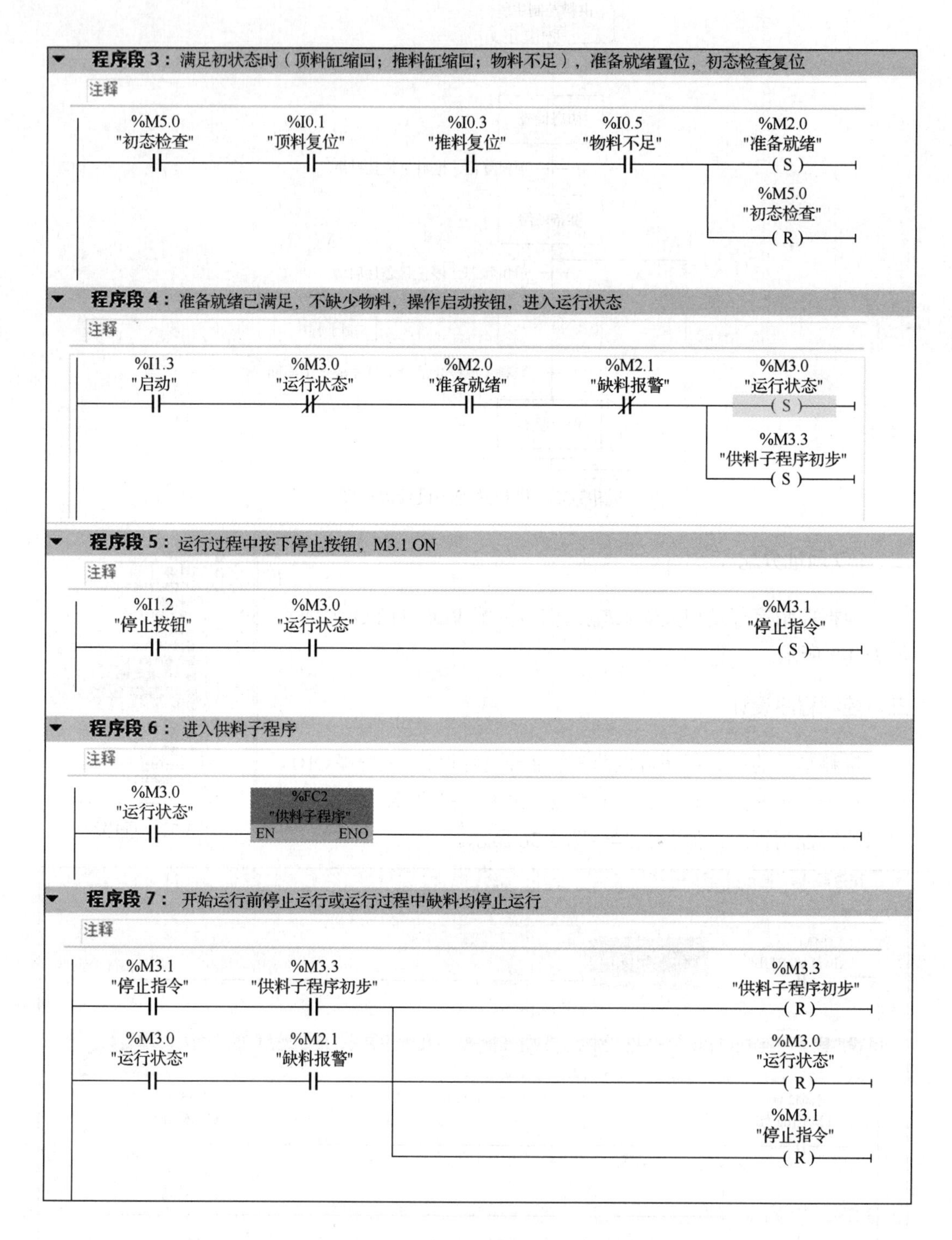

程序段 3：满足初状态时（顶料缸缩回；推料缸缩回；物料不足），准备就绪置位，初态检查复位
注释
%M5.0 "初态检查"
%I0.1 "顶料复位"
%I0.3 "推料复位"
%I0.5 "物料不足"
%M2.0 "准备就绪"
S
%M5.0 "初态检查"
R
程序段 4：准备就绪已满足，不缺少物料，操作启动按钮，进入运行状态
注释
%I1.3 "启动"
%M3.0 "运行状态"
%M2.0 "准备就绪"
%M2.1 "缺料报警"
%M3.0 "运行状态"
S
%M3.3 "供料子程序初步"
S
程序段 5：运行过程中按下停止按钮，M3.1 ON
注释
%I1.2 "停止按钮"
%M3.0 "运行状态"
%M3.1 "停止指令"
S
程序段 6：进入供料子程序
注释
%M3.0 "运行状态"
%FC2 "供料子程序"
EN
ENO
程序段 7：开始运行前停止运行或运行过程中缺料均停止运行
注释
%M3.1 "停止指令"
%M3.3 "供料子程序初步"
%M3.3 "供料子程序初步"
R
%M3.0 "运行状态"
%M2.1 "缺料报警"
%M3.0 "运行状态"
R
%M3.1 "停止指令"
R

图 3-34（续）

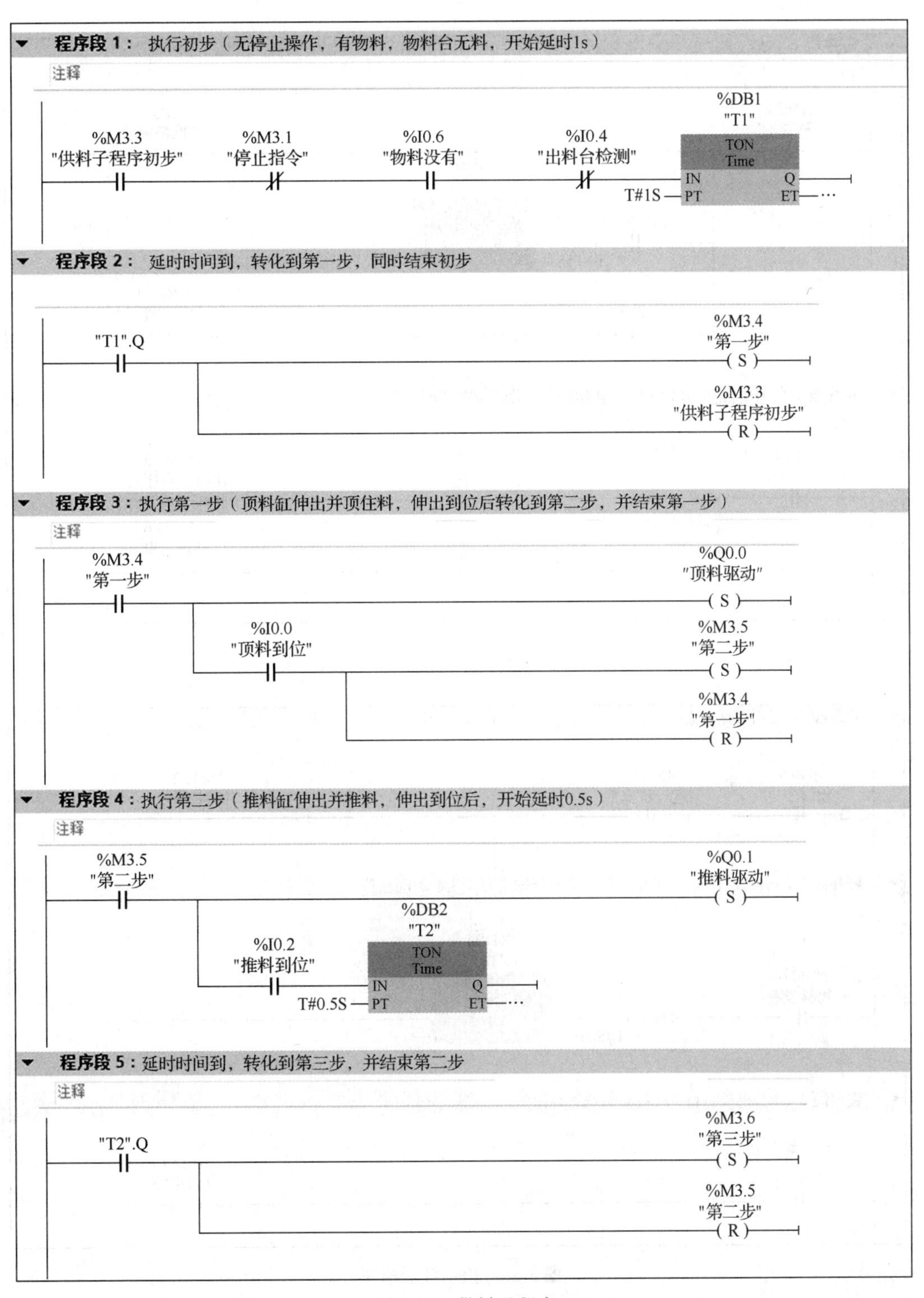
程序段1： 执行初步（无停止操作，有物料，物料台无料，开始延时1s）
注释
%M3.3
"供料子程序初步"
%M3.1
"停止指令"
%I0.6
"物料没有"
%I0.4
"出料台检测"
%DB1
"T1"
TON
Time
IN
PT
Q
ET
T#1S
程序段2： 延时时间到，转化到第一步，同时结束初步
"T1".Q
%M3.4
"第一步"
S
%M3.3
"供料子程序初步"
R
程序段3：执行第一步（顶料缸伸出并顶住料，伸出到位后转化到第二步，并结束第一步）
注释
%M3.4
"第一步"
%Q0.0
"顶料驱动"
S
%I0.0
"顶料到位"
%M3.5
"第二步"
S
%M3.4
"第一步"
R
程序段4：执行第二步（推料缸伸出并推料，伸出到位后，开始延时0.5s）
注释
%M3.5
"第二步"
%Q0.1
"推料驱动"
S
%DB2
"T2"
TON
Time
%I0.2
"推料到位"
IN
PT
Q
ET
T#0.5S
程序段5：延时时间到，转化到第三步，并结束第二步
注释
"T2".Q
%M3.6
"第三步"
S
%M3.5
"第二步"
R

图 3-35 供料子程序

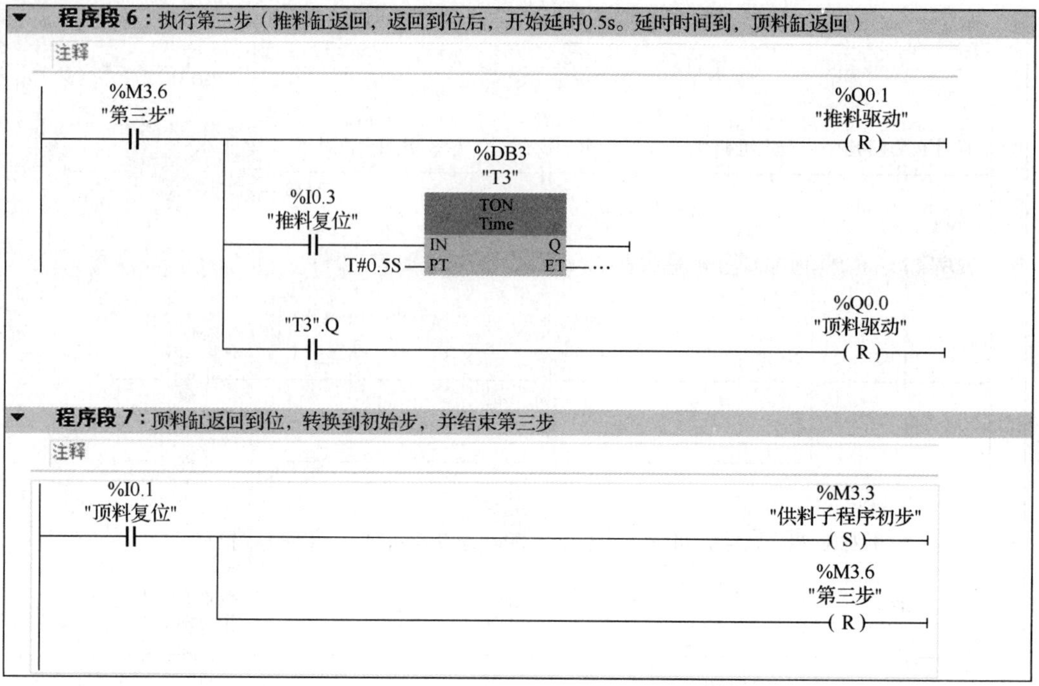

程序段 6：执行第三步（推料缸返回，返回到位后，开始延时0.5s。延时时间到，顶料缸返回）

注释

%M3.6
"第三步"

%Q0.1
"推料驱动"
(R)

%DB3
"T3"
TON
Time

%I0.3
"推料复位"
IN Q
T#0.5S — PT ET — …

"T3".Q

%Q0.0
"顶料驱动"
(R)

程序段 7：顶料缸返回到位，转换到初始步，并结束第三步

注释

%I0.1
"顶料复位"

%M3.3
"供料子程序初步"
(S)

%M3.6
"第三步"
(R)

图 3-35（续）

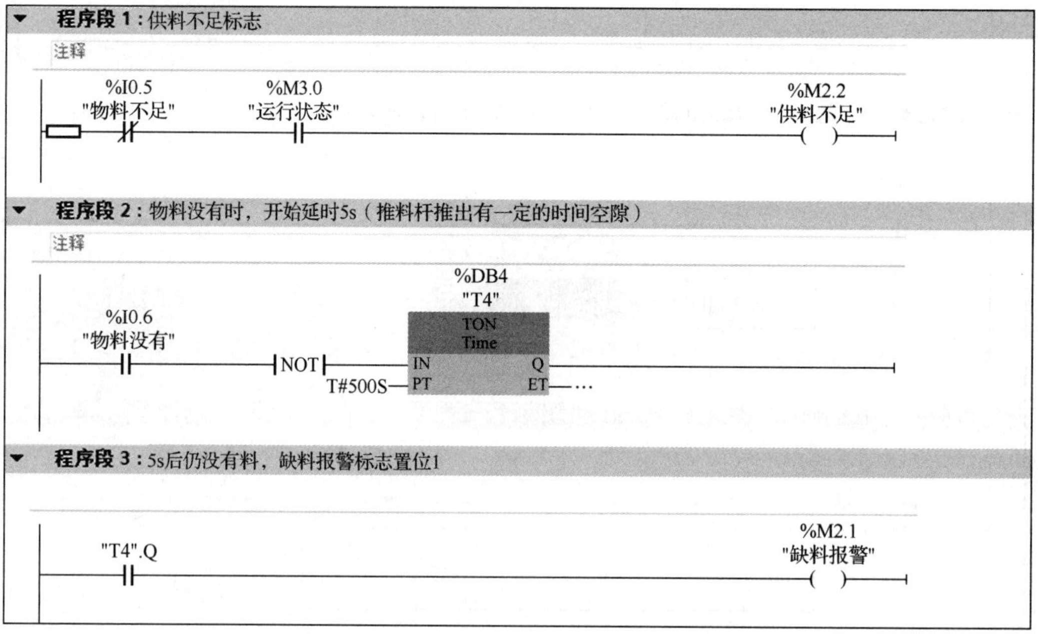

程序段 1：供料不足标志

注释

%I0.5
"物料不足"

%M3.0
"运行状态"

%M2.2
"供料不足"
( )

程序段 2：物料没有时，开始延时5s（推料杆推出有一定的时间空隙）

注释

%DB4
"T4"
TON
Time

%I0.6
"物料没有"
NOT
IN Q
T#500S — PT ET — …

程序段 3：5s后仍没有料，缺料报警标志置位1

"T4".Q

%M2.1
"缺料报警"
( )

图 3-36 指示灯子程序

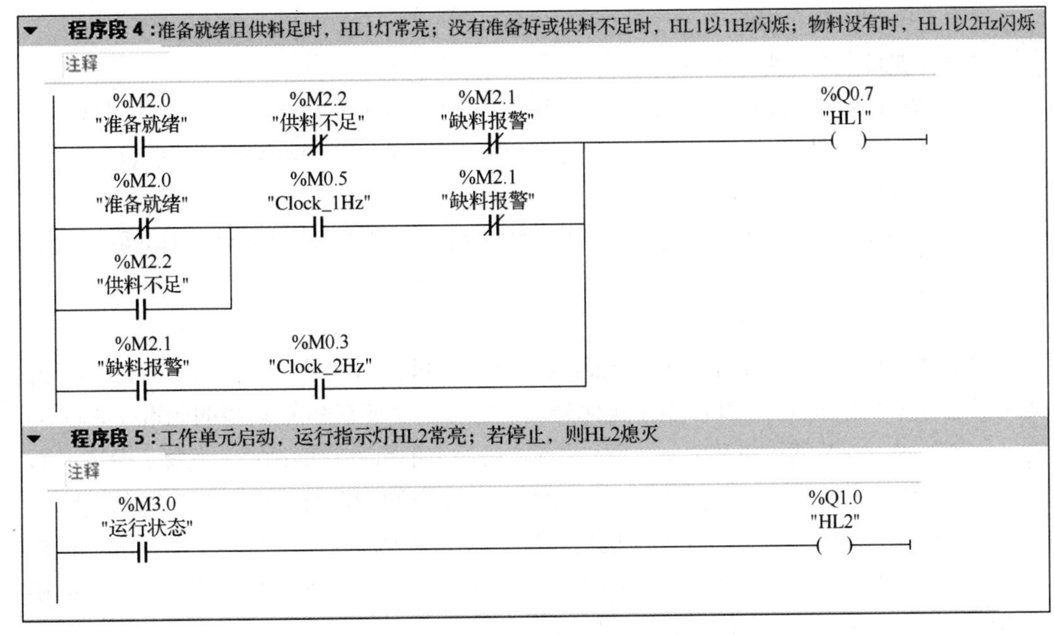

图 3-36（续）

四、供料单元 PLC 的程序调试

供料站在完成 PLC 功能测试（硬件调试）和程序仿真（软件调试），并确保 I/O 端口正常连接，设计程序仿真成功后，就可以将软件下载到 PLC 中进行实际运行调试。

具体调试步骤如下：

1）用网线将 PLC 的通信端口与 PC 的网口相连，打开 PLC 编程软件，单击下载程序，建立上位机与 PLC 的通信连接。

2）PLC 程序编译无误后将其下载至 PLC，并使 PLC 处于 RUN 状态。

3）将程序调至监视状态，观察 PLC 程序的能流状态，以此来判断程序的正确与否，并有针对性地进行程序修改，直至供料单元能按工艺要求运行。程序每次修改后需重新编译并下载至 PLC。

拓展阅读

相关编程语言介绍

1. S7 GRAPH 简介

博途软件本身已经集成 GRAPH 语言包。V11 以上才支持 S7-300/400 PLC，V12 以上支持 S7-1500 PLC，根据软件的产品发布通知总结如下：

S7-300/400 PLC 从 STEP 7 Professional V11 开始支持使用 GRAPH 语言。

S7-1200 PLC 不支持使用 GRAPH 语言。

S7-1500 PLC 从 STEP 7 Professional V12 SP1 开始支持使用 GRAPH 语言。

使用GRAPH语言编写的顺序控制程序以功能块FB的形式被主程序OB1调用。一个顺序控制项目至少需要3个块：

1）一个调用S7-GRAPH FB的块，它可以是组织块OB、功能FC或功能块FB。

2）一个用来描述顺序控制系统各子任务（步）和相互关系（转换）的S7-GRAPH FB，它由一个或多个顺序器（sequencer）和可选的永久指令组成。

3）一个指定给S7-GRAPH FB的背景数据块（FB），它包含了顺序控制系统的参数。

2. SCL

S7-SCL（structured control language，结构化控制语言），是一种类似于PASCAL的高级编程语言，S7-SCL为PLC做了优化处理，它不仅仅具有PLC典型的元素（如输入/输出、定时器、计数器、符号表），而且具有高级语言的特性，如循环、选择、分支、数组、高级函数。S7-SCL非常适合做复杂运算功能、复杂数学函数、数据管理、过程优化。

对于S7-1200/1500 PLC，在编写块程序时，选编程语言为SCL即可。博途软件还支持梯形图（LAD）块下面添加SCL混用的语句。在梯形图程序段区域右击，在弹出的快捷菜单中选择“插入SCL程序段”选项即可。

范例：有个电加热炉，电加热总功率为40kW，分A、B两组各20kW进行电加热控制。在100℃以下，A、B两组电加热全部运行；100～150℃运行A组电加热；150℃以上关闭所有电加热。若温度超过200℃，则停机报警。

程序如下：

```
IF "TIC1"< 100 THEN
"heating_A" := TRUE;
"heating_B" := TRUE;
   ELSIF "TIC1">= 100 AND "TIC1"<150 THEN
"heating_A" := TRUE;
"heating_B" := FALSE;
  ELSIF "TIC1">= 150 AND "TIC1"<200 THEN
"heating_A" := FALSE;
"heating_B" := FALSE;
     IF "TIC1">= 200 THEN
"Alarm_Overheat" := TRUE;
   END_IF;
END_IF;
```

其中，变量TIC1表示采样温度，其数字量存储到指定存储单元；heating_A、heating_B、Alarm_Overheat分别表示A、B电加热控制和报警输出控制。

作 业

简答题

1．传感器的分类方法有哪些？

2．查资料归纳常见的两线、三线和四线传感器应该如何接线。

3．在 S7-1200 PLC 中如遇到典型的顺序程序结构、选择性分支或并行分支结构的编程时，解决方法有哪些？

4．在 S7-1200 PLC 中，如何处理子程序？FB 和 FC 的区别是什么？

5．什么是全局数据块？与背景数据块有什么区别？

项目四

机械手的移位控制

YL335B 输送单元工艺功能：驱动其抓取机械手装置精确定位到指定单元的物料台，在物料台上抓取工件，把抓到的工件输送到指定地点，然后放下。

输送单元由抓取机械手装置、直线运动传动组件、拖链装置、PLC 模块和接线端口及按钮/指示灯模块等部件组成。图 4-1 所示是伺服电动机传动和机械手装置。

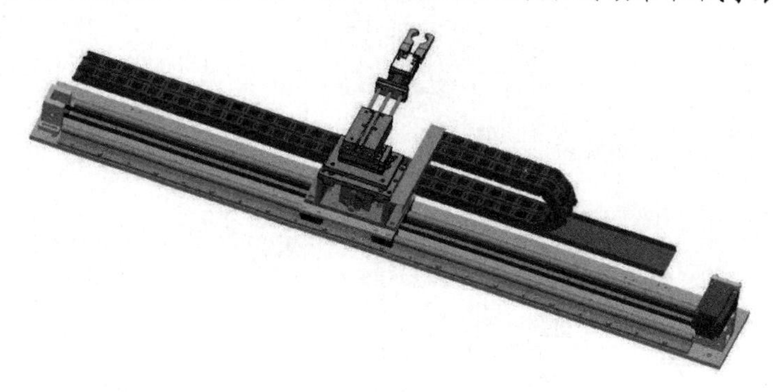

图 4-1　伺服电动机传动和机械手装置

传动组件由直线导轨底板、伺服电动机与伺服放大器、同步轮、同步带、直线导轨、滑动溜板、拖链、原点接近开关和左、右极限开关组成。

伺服电动机由伺服电动机放大器驱动，通过同步轮和同步带带动滑动溜板沿直线导轨做往复直线运动，从而带动固定在滑动溜板上的抓取机械手装置做往复直线运动。同步轮齿距为 5mm，共 12 个齿，即旋转一周搬运机械手位移 60mm。图 4-2 所示为传送机构实物图。其 PLC 的部分接线示意图如图 4-3 所示。

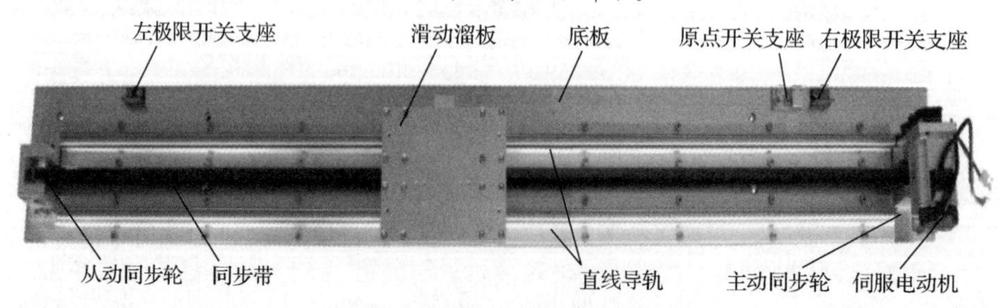

图 4-2　传送机构实物图

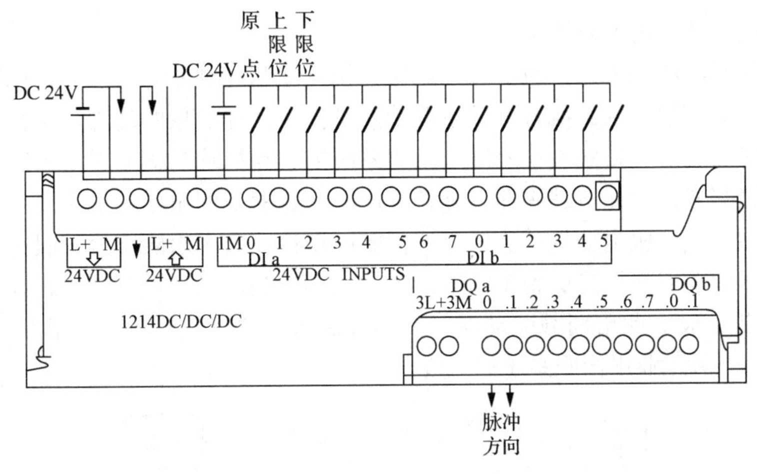

图 4-3 PLC 的部分接线示意图

任务一 伺服电动机驱动机械手的定位移动与调速测试

任务简介

任务要求：在坐标轴上，首先定义原点位置在坐标轴中点附近，A 点在原点处。B 点在 A 点右边 300mm 处，按下启动按钮，传送装置向右行 300mm 到达 B 点，在 B 点停留 5s，然后向左运动 300mm 到达 A 点停止。启动按钮 I0.3，停止按钮 I0.4。

微课 4.1 编程操作与调试

教学目标

- 掌握伺服电动机的电路连接、参数设置知识。
- 掌握西门子 S7-1200 PLC 运动控制基础知识。

思政目标

对伺服电动机的连接与参数的设置操作，让人感受到精准、细致对于工程技术人员是极其重要的品质，我们要主动通过一些较为复杂的工作磨炼耐心与细心品质，并养成质量要求高标准的行为习惯。

4.1 课件

准备知识

一、伺服系统简介

伺服系统的产品主要包含伺服驱动器、伺服电动机和相关检测传感器（如光电编码器、旋转编码器和光栅等）。伺服产品是高科技产品，在我国得到了广泛的应用，其主要应用领域有机床、包装、纺织和电子设备，其使用量超过了整个市场的一半，特别在机床行业，伺服产品应用十分常见。

一个伺服系统的构成通常包括被控对象、执行器和控制器等几部分，机械手臂、机械平台通常作为被控对象。执行器的主要功能是提供被控对象的动力，执行器主要包括电动机和功率放大器，特别设计应用于伺服系统的电动机称为伺服电动机。通常伺服电动机包括反馈装置，如光电编码器、旋转变压器。目前，伺服电动机主要包括直流伺服电动机、永磁交流伺服电动机和感应交流伺服电动机，其中永磁交流伺服电动机是市场主流。控制器的功能在于提供整个伺服系统的闭环控制，如转矩控制、速度控制和位置控制等。目前一般工业用伺服驱动器（servo driver）通常包括控制器和信号放大器。图 4-4 所示为一般工业用伺服系统的组成框图。

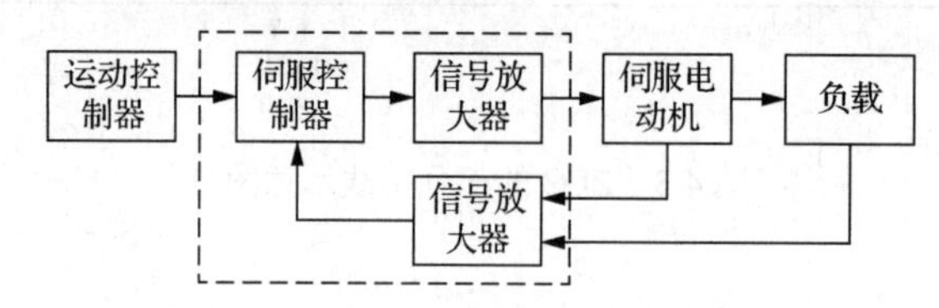

图 4-4　一般工业用伺服系统的组成框图

根据系统是否有反馈可以分为开环控制系统和闭环控制系统，其中闭环控制系统又可以根据反馈方式不同分为半闭环控制系统和全闭环控制系统。西门子 S7-1200 PLC 的 CPU 提供了两种方式的开环运动控制，即 PWM 和运动轴，如果要构成闭环控制系统，必须在电动机或者执行运动元件上加反馈装置，如编码器、旋转变压器、光栅尺等，用于速度或位置的反馈。

二、伺服电动机的连接与驱动器参数设置

1. 伺服电动机基础知识

伺服电动机（servo motor）是指在伺服系统中控制机械元件运转的发动机，伺服电动机转子的转速受输入信号控制，并能快速反应，在自动控制系统中，用作执行元件，可把所收到的电信号转换成电动机轴上的角位移或角速度输出，精度非常高。

伺服电动机主要靠脉冲来定位，伺服电动机接收到一个脉冲就会旋转一个脉冲对应的角度，从而实现位移。伺服电动机上带有编码器，电动机每旋转一个角度，就会发出对应数量的脉冲，把电动机旋转的详细信息反馈回去，形成闭环，系统就会知道发了多少脉冲给电动机，同时又收了多少脉冲回来，这样就能很精准地控制电动机的转动，实现非常精准的定位。

伺服电动机分为直流伺服电动机和交流伺服电动机。

直流伺服电动机结构简单，控制容易。但从实际运行考虑，直流伺服电动机引入了机械换向装置，成本高，故障多，维护困难，经常因电刷产生的火花影响生产，会产生电磁干扰。而且电刷需要维护更换。机械换向器的换向能力也限制了电动机的容量和速度。

交流伺服电动机分为永磁同步伺服电动机和异步伺服电动机。目前运动控制基本用同步电动机。

永磁同步伺服电动机内部的转子是永磁铁，驱动器控制的U/V/W三相电形成电磁场，转子在此磁场的作用下转动，同时电动机自带的编码器反馈信号给驱动器，驱动器根据反馈值与目标值进行比较，调整转子转动的角度。伺服电动机的精度取决于编码器的精度（线数）。特点如下：

1）控制速度非常快，从启动到到达额定转速只需几毫秒；而相同情况下异步电动机却需要几秒。

2）启动转矩大，可以带动大惯量的物体运动。

3）功率密度大，相同功率范围下相比异步电动机可以把体积做得更小、质量做得更轻。运行效率高。

4）可支持低速长时间运行。断电无自转现象，可快速控制停止动作。控制和响应性能比异步伺服电动机高很多。

2. 松下A5伺服电动机

松下A5伺服电动机分为伺服驱动器和伺服电动系统两部分。

MADHT1507E伺服驱动器面板上有多个接线端口，其中：

XA：电源输入接口，AC 220V电源连接到L1、L3主电源端子，同时连接到控制电源端子L1C、L2C上。

XB：电动机接口和外置再生放电电阻器接口。U、V、W 端子用于连接电动机。必须注意，电源电压务必按照驱动器铭牌上的指示，电动机接线端子（U、V、W）不可以接地或短路，交流伺服电动机的旋转方向不像感应电动机那样可以通过交换三相相序来改变，必须保证驱动器上的U、V、W、E接线端子与电动机主回路接线端子按规定的次序一一对应，否则可能造成驱动器的损坏。电动机的接线端子和驱动器的接地端子及滤波器的接地端子必须保证可靠地连接到同一个接地点上。机身也必须接地。B1、B3、B2端子是外接放电电阻，YL-335B没有使用外接放电电阻。

X4：I/O 控制信号端口，其部分引脚信号定义与选择的控制模式有关，不同模式下的接线请参考《松下A5系列伺服电机手册》。YL-335B输送单元中，伺服驱动器用于定位控制，选用位置控制模式。所采用的是简化接线方式，如图4-5所示。

X6：连接到电动机编码器信号接口，连接电缆应选用带有屏蔽层的双绞电缆，屏蔽层应接到电动机侧的接地端子上，并且应确保将编码器电缆屏蔽层连接到插头的外壳（FG）上。

3. 伺服驱动器的参数设置与调整

松下的伺服驱动器有7种控制运行方式，即位置控制、速度控制、转矩控制、位置/速度控制、位置/转矩、速度/转矩、全闭环控制。位置方式就是输入脉冲串来使电动机定位运行，电动机转速与脉冲串频率相关，电动机转动的角度与脉冲个数相关；速度方式有两种，一是通过输入直流-10～+10V 指令电压调速，二是选用驱动器内设置的内部速度来调速；转矩方式是通过输入直流-10～+10V 指令电压调节电动机的输出转矩，在这种方式下运行时必须要进行速度限制，有如下两种方法：①设置驱动器内的参数来限制；②输入模拟量电压限速。

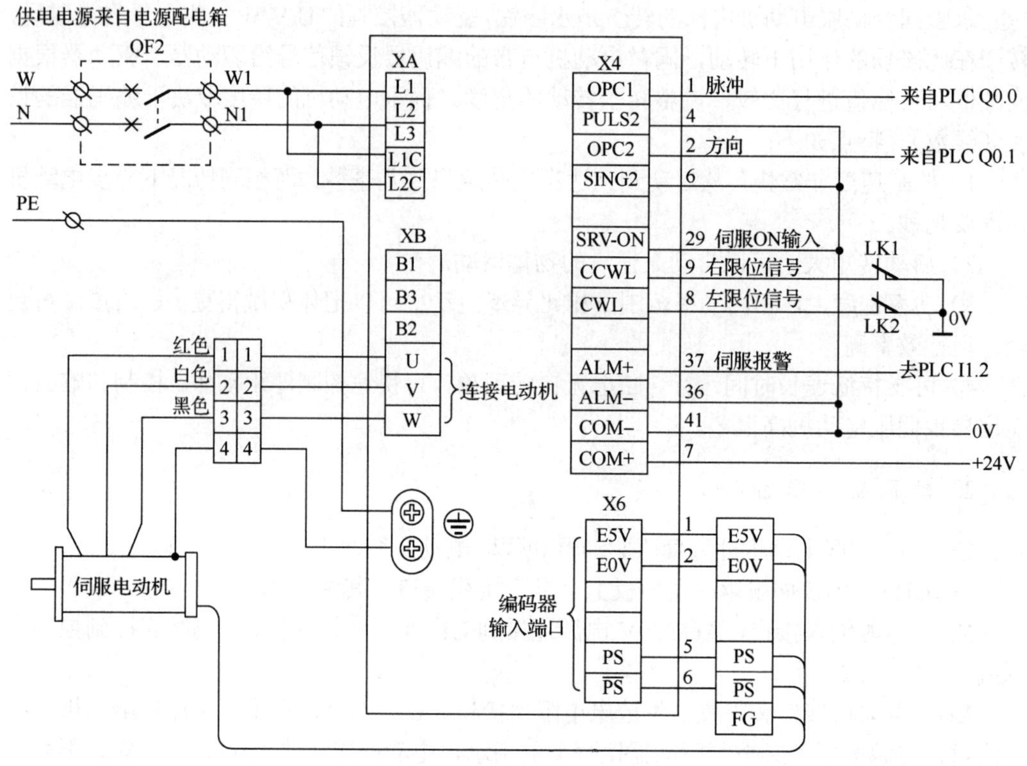

图 4-5　伺服驱动器电气接线图

4. 参数设置方式操作说明

MADHT1507E 伺服驱动器的参数有很多，Pr000～Pr639，可以在驱动器的面板上进行设置，如图 4-6 所示。

面板操作说明：

（1）参数设置

先按 S 键，再按 M 键选择到“Pr00”后，按向上、下或向左的方向键选择通用参数的项目，按 S 键进入。然后按向上、下或向左的方向键调整参数，调整完后，长按 S 键返回。选择其他项再调整。

（2）参数保存

按 M 键选择到“EE-SET”后，按 S 键确认，出现“EEP-”，然后按向上键 3s，出现“FINISH”或“reset”，然后重新加电即保存。

（3）恢复出厂设置

加电显示 r0 后（设置参数时，取下伺服驱动器 X4 接口的插线）。

1）按设置键 S 进入 d01.SPd。

2）按模式修改键 M 进入 AF-Acl。

3）按向上方向键 6 次到出现 AF-ini。

4）按 S 键进入 ini-模式。

5）按住向上方向键 5s，直到短横线逐渐增多（5 个 -），出现 FINISH 即完成参数恢复。

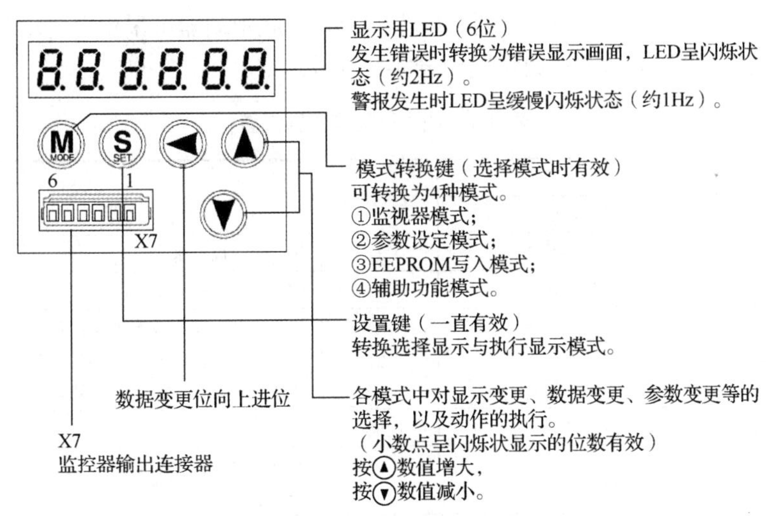

图 4-6　驱动器参数设置面板

（4）参数修改

1）按设置键 S 进入 d01.SPd。

2）按模式修改键 M 进入 PAr.000。

3）按上、下方向键选择要修改的参数（Par.***）。

4）按 S 键进入参数，按上、下方向键增减值（建议设置速度 PA-604 范围 50～150）。

5）再按 S 键 2s 返回 Par.***界面。

（5）JOG 试运行设置方法

1）按设置键 S 进入 d01.SPd。

2）按模式修改键 M 进入 AF-Acl。

3）按上、下方向键调整到 AF-JOG。

4）按 S 键进入 JOG。

5）按住向上方向键 5s 直到短横线逐渐增多（5 个 -），出现 rEAdy。

6）按向左键 5s，直到出现 SrV-on 为止（出现"嘀"的响声）。

7）按上、下方向键调整小车左右运行（建议设置速度 PA-604 范围 50～150，防止速度过快发生碰撞）。

（6）EEPROM 写入模式（保存参数）

1）按设置键 S 进入 d01.SPd。

2）按模式修改键 M 进入 EE-Set。

3）按 S 键进入 EEP。

4）按住向上方向键 5s，直到短横线逐渐增多（5 个 -），出现 FINISH 参数，写入完毕。

（7）部分参数说明

在 YL-335B 上，伺服驱动装置工作于位置控制模式，PLC 的 Q0.0 输出脉冲作为伺服驱动器的位置指令，脉冲的数量决定伺服电动机的旋转位移，即机械手的直线位移；脉冲的频率决定伺服电动机的旋转速度，即机械手的运动速度。PLC 的 Q0.1 输出脉冲作为伺服驱动器的方向指令。若控制要求较为简单，伺服驱动器可采用自动增益调整模式。根据上述要求，伺服驱动器参数设置如表 4-1 所示。

表 4-1 伺服驱动器参数设置

序号	参数		设置数值	功能和含义
	参数编号	参数名称		
1	Pr5.28	LED 初始状态	1	显示电动机转速
2	Pr0.01	控制模式	0	位置控制（相关代码 P）
3	Pr5.04	驱动禁止输入设定	2	当左或右（POT 或 NOT）限位动作，会发生 Err38 行程限位禁止输入信号出错报警。设置此参数值必须在控制电源断电重启之后才能修改、写入成功
4	Pr0.04	惯量比	250	
5	Pr0.02	实时自动增益设置	1	实时自动调整为标准模式，运行时负载惯量的变化情况很小
6	Pr0.03	实时自动增益的机械刚性选择	13	此参数值设得越大，响应越快
7	Pr0.06	指令脉冲旋转方向设置	1	
8	Pr0.07	指令脉冲输入方式	3	
9	Pr0.08	电动机每旋转一转的脉冲数	6000	

注：其他参数的说明及设置可参看松下 Ninas A5 系列伺服电动机、驱动器使用说明书。

三、西门子 S7-1200 PLC 运动控制基础

S7-1200 PLC 运动控制可以帮用户实现伺服电动机和步进电动机的控制。通过组态“轴”或“命令表”工艺对象，可以实现脉冲与方向信号的控制。

S7-1200 PLC 的运动控制根据连接方式不同可以分为 3 种：PTO 方式、PROFIdrive 方式（PROFIBUS 和 PROFINET）和模拟量控制方式，如图 4-7 所示。

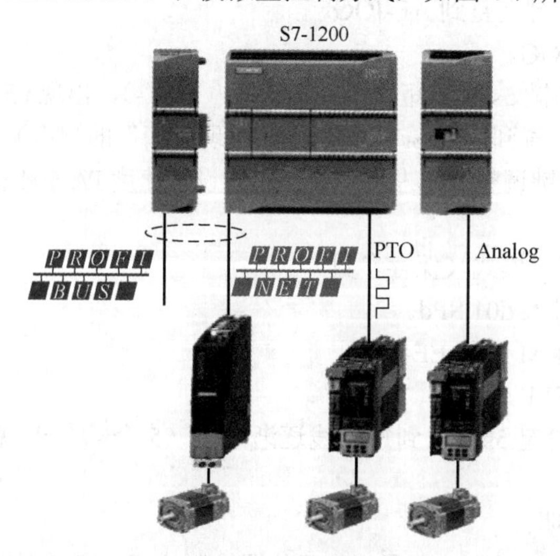

图 4-7 S7-1200 运动控制方式

西门子 S7-1200 PLC 的高速脉冲输出包括脉冲串输出（pulse train output，PTO）和 PWM（pulse width modulation）输出。PTO 可以输出一串脉冲（占空比为 50%），用户可以控制脉冲的周期和个数，如图 4-8（a）所示；PWM 输出可以输出连续的、占空比可以调制的脉冲串，用户可以控制脉冲的周期和脉宽，如图 4-8（b）所示。使用运动控制功能时，要选择 PTO 方式。

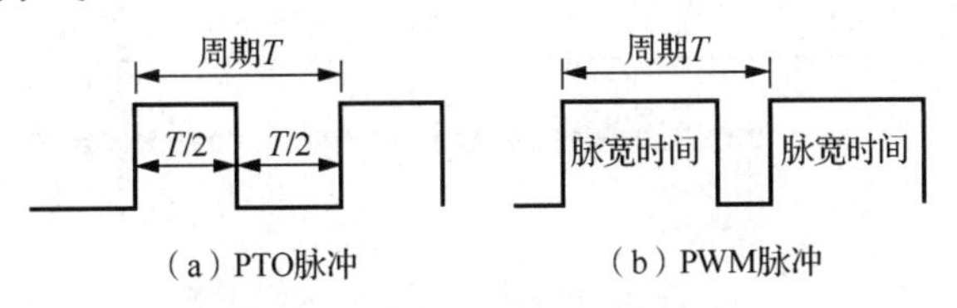

图 4-8　PTO 和 PWM 脉冲输出

西门子 S7-1200 PLC 高速脉冲输出 PTO 的最高频率为 100kHz，信号板输出的最高频率为 20kHz。在使用 PTO 功能时，CPU 将占用指定的集成输出点作为脉冲输出，这些点会被 PTO 功能独立使用，不会受扫描周期的影响，作为普通输出点的功能将被禁止。

需要强调的是，西门子 S7-1200 PLC 的 CPU 输出类型只支持 PNP 输出、电压为 DC 24V 的脉冲信号，继电器的输出点不能用于 PTO 的功能，在与驱动器连接的过程中尤其要注意。

PTO 输出时，固件版本在 3.0 以上，最多可以输出 4 路高速脉冲，继电器型输出不能直接输出高速脉冲，需要用扩展信号板来输出高速脉冲。PTO 方式可以分为：脉冲+方向、脉冲上升沿 A+脉冲下降沿 B、A/B 相正交、AB 相四倍频（速度降为四分之一）。

PTO 方式是开环控制，但是用户可以选择增加编码器，利用高速计数器来采集编码器信号得到轴的实际速度或位置，实现闭环控制。

在 S7-1200 PLC 的运动控制功能中，程序中的运动控制指令块（用户程序）和工艺对象轴是为了设定 CPU 硬件输出（PTO 脉冲输出和方向信号），相关执行设备伺服驱动器和伺服电动机得到信号后按规定的信号运动。图 4-9 所示为运动控制功能原理示意图。

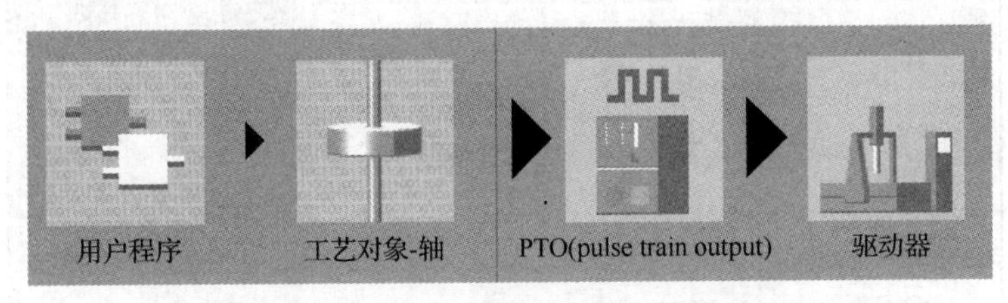

图 4-9　运动控制功能原理示意图

在博途软件项目视图中打开设备配置，选中 CPU，在“属性”对话框的“脉冲发生器（PTO/PWM）”选项中，选择脉冲发生器，如图 4-10 所示，选中“启用该脉冲发生器”复选框，在“脉冲选项”组的“信号类型”下拉列表中选择“PTO（脉冲 A 和方向 B）”类型。信号类型有 5 种，分别是“PWM”“PTO（脉冲 A 和方向 B）”“PTO（脉冲上升沿 A 和脉冲下降沿 B）”“PTO（A/B 相移）”“PTO（A/B 相移-四倍频）”。输出 I/O 地址和硬件识别符为系统默认，若选用 PTO1，则脉冲输出为 Q0.0，方向输出为 Q0.1。

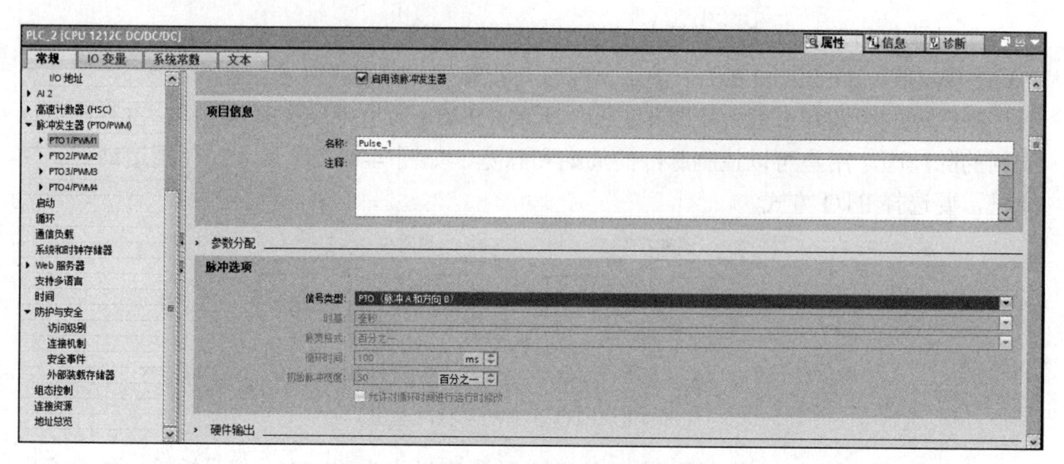

图 4-10　脉冲发生器的激活与设置

工艺对象的“轴”表示驱动的工艺对象，它是用户程序与驱动器之间的接口，用于接收用户程序中的运动控制命令，执行这些命令并监视其运行情况。

“驱动器”表示步进电动机与动力部分或伺服驱动器与具有脉冲接口的转换器组成的机电装置。驱动器由“轴”工艺对象通过 S7-1200 PLC CPU 的脉冲发生器控制。S7-1200 PLC 运动控制必须要先对工艺对象轴进行组态，才能应用控制指令块。工艺对象轴的组态包括参数组态、控制面板、诊断面板 3 部分。

（1）参数组态

参数组态主要定义了轴的工程单位（脉冲数/s、r/min）、软硬件限位、启动/停止速度、参考点定义等。进行参数组态前，需要添加工艺对象。

如图 4-11 所示，双击项目树 PLC 设备下“工艺对象”下的“新增对象”项，在弹出的对话框中单击“轴”按钮，输入数据块编号，定义名称，即可新建一个工艺对象数据块。

图 4-11　工艺对象“轴”的创建

添加完成后，可以在项目树中看到添加好的工艺对象，双击“组态”项进行参数组态，包括基本参数和扩展参数。基本参数可以设置常规和驱动器相关参数，扩展参数可以设置机械、位置限制、动态、回原点等参数。如图 4-12 所示为常规参数设置，包含驱动器接口设置、测量单位设置等。

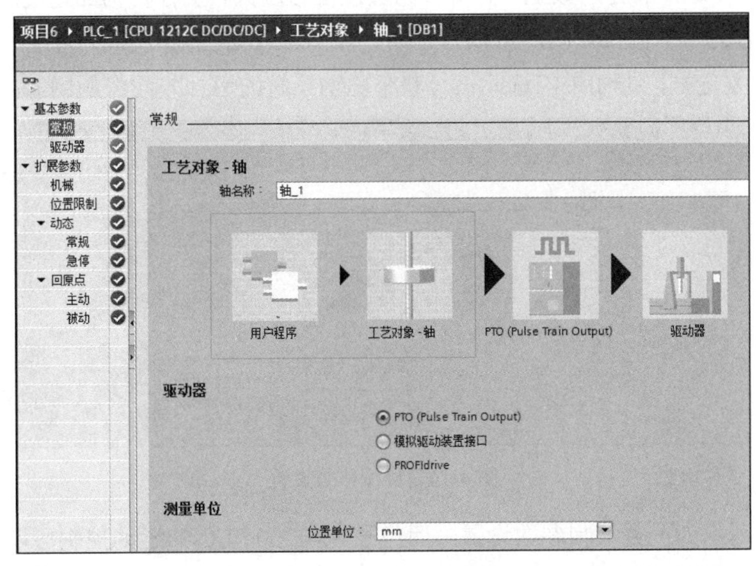

图 4-12　工艺轴组态菜单

在“驱动器”选项中可以设置“硬件接口”和“驱动装置的使能和反馈”两组参数，如图 4-13 所示。“硬件接口”选项组中可以设置“脉冲发生器”“信号类型”“脉冲输出”“方向输出”参数。其中，设置“方向输出”参数时可以选中“激活方向输出”复选框。在“驱动装置的使能和反馈”选项组中，“使能输出”用于设置使能驱动器的输出点；“就绪输入”用于设置驱动系统状态的正常输入点，当驱动设备正常时会给出一个开关量信号，将此信号接入 CPU 中，告知运动控制器驱动器正常。如果驱动器不提供这种接口，可将此参数设为“TRUE”。

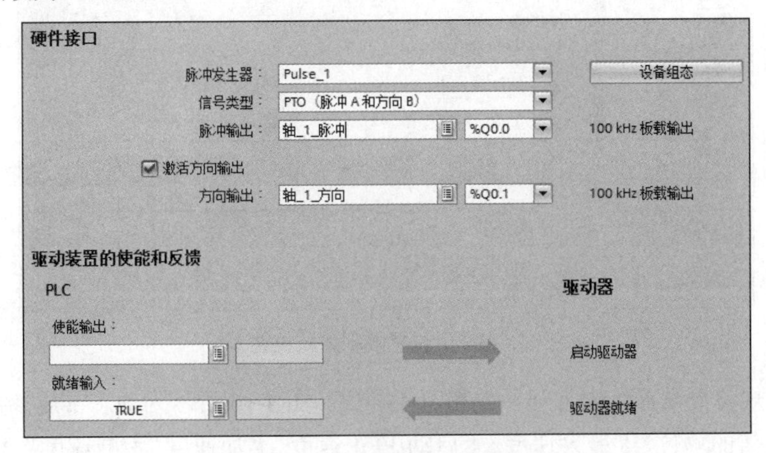

图 4-13　轴的驱动参数设置

“机械”参数设置如图 4-14 所示。在“电机每转的脉冲数”数值框中输入电动机转一周所需的脉冲数。在“电机每转的负载位移”数值框中输入电动机转一周时的负载的位移。注意这个位移和执行机构的机械参数有关，如滚珠丝杠的螺距、传动比等。一般情况下，电动机每转的脉冲数越少，每转的负载位移越大，执行机构的速度越大。在“所允许的旋转方向”中输入方向，可以有正向、反向、双向 3 种选择，同时，还可以选中“反向信号”复选框，但如果勾选此信号整个驱动系统的运行方向将颠倒。

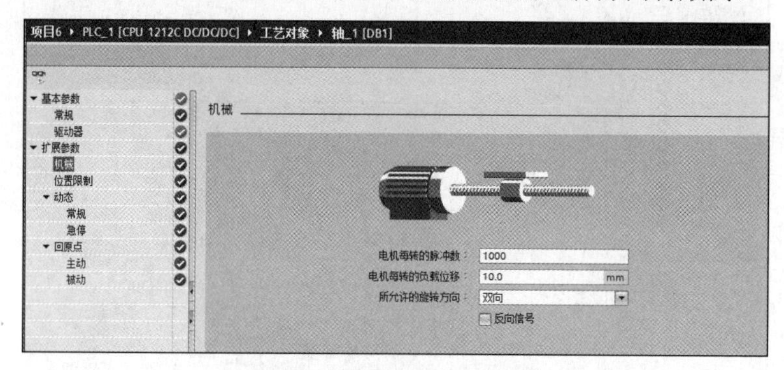

图 4-14 机械参数设置

图 4-15 所示为位置限制参数设置。西门子 S7-1200 PLC 的运动控制可以设置两种位置限制方式，即软件限位和硬件限位。可以根据不同的需要勾选启用其中任意一个或两个。如果两者都启用，则必须输入下限硬限位开关、上限硬限位开关、激活方式（高电平）、下限软限位开关和上限软限位开关。在达到硬限位时，“轴”将使用急停减速斜坡停车；在达到软限位时，激活的“运动”将停止，工艺对象报故障，在故障被确认后，“轴”可以恢复在原工作范围内运动。

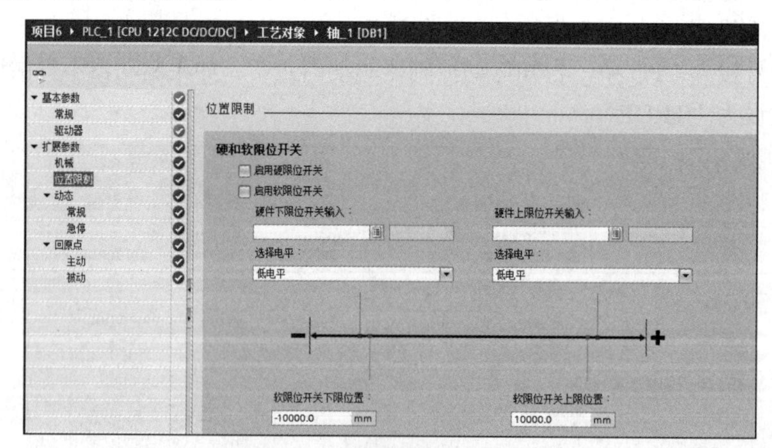

图 4-15 位置限制参数设置

动态常规参数设置包含常规参数和急停参数。图 4-16 所示为动态常规参数设置，包括“速度限值的单位”“最大速度”“启动/停止速度”“加速度”“减速度”“加速时间”“减速时间”的设置，只要定义加、减速度和加、减速时间这两组数据中的任意一组，系统就会自动计算另外一组数据。这里的加、减速度和加、减速时间需要用户根据实际工艺要求和系统本身的特性调试得出。运动控制功能所支持的最高频率根据所使用的硬件点决定。

急停参数设置如图 4-17 所示。其中，“紧急减速度”为从最大速度紧急减速到启动/停止速度的减速度；“急停减速时间”为从最大速度急停减速到启动/停止速度的减速时间。

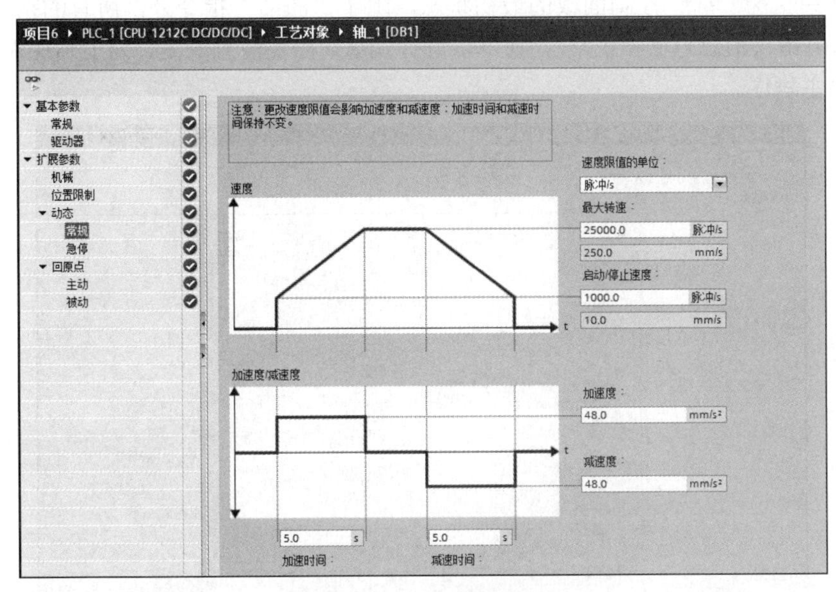

图 4-16 动态常规参数设置

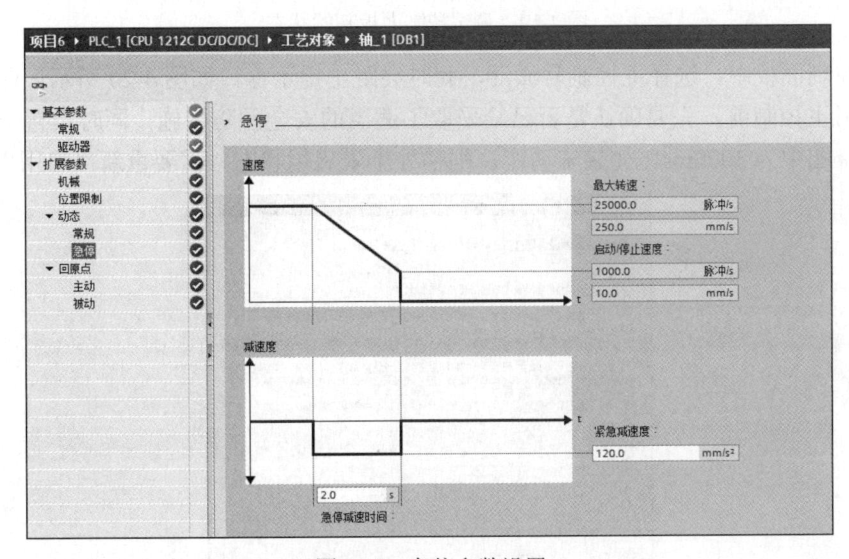

图 4-17 急停参数设置

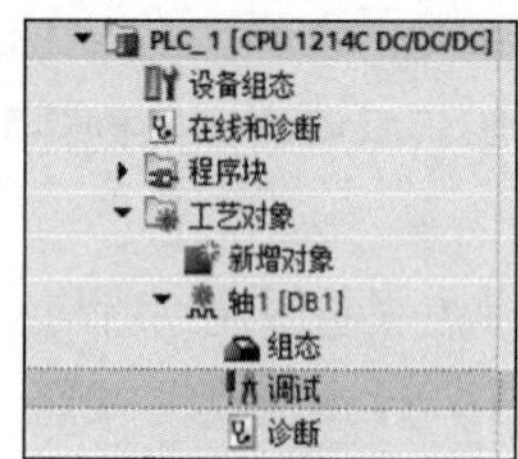

图 4-18 工艺对象轴调试

（2）使用控制面板调试工艺对象“轴”

在对工艺“轴”进行组态后，如图 4-18 所示，用户可以选择“调试”功能，使用控制面板调试驱动设备、测试轴和驱动功能，控制面板允许用户在手动方式下实现参考点定位、绝对位置、相对位置、点动等功能。

调试的功能选择如图 4-19 所示。图中显示了选择调试功能后控制面板的最初状态，除了“激活”指令外，所有的指令都是灰色的。如果错误消息返回“正常”，则可以进行调试。需要注意的是，为了确保调试正常，建议清除主程序。

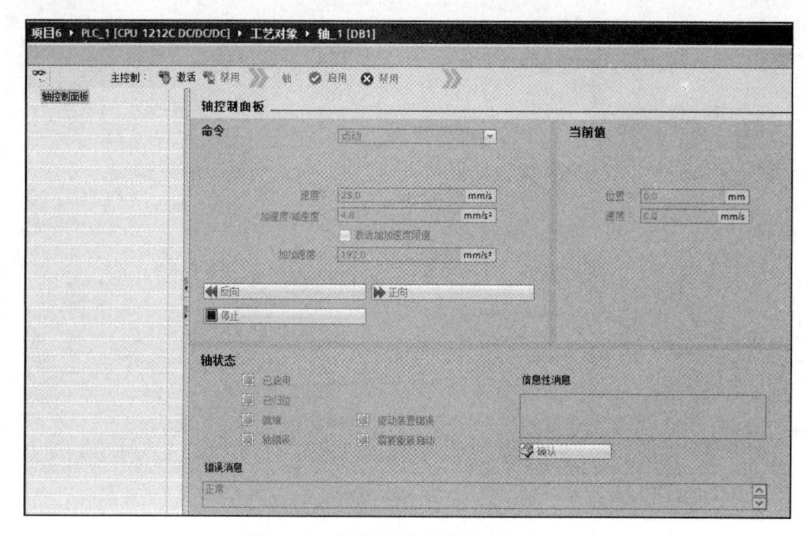

图 4-19 调试控制面板初始状态

在控制面板中，选择主控制号激活，此时会跳出提示窗口如图 4-20 所示，即提醒用户在采用主控制前，先要确认是否已经采取了适当的安全预防措施，同时设置一定的监视时间，图中为 3000ms。如果未动作，则轴处于未启用状态，需要重新“启用”。

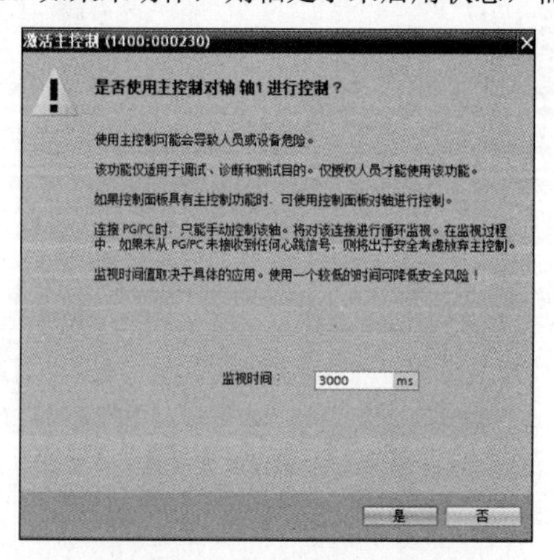

图 4-20 激活主控制安全提示

在安全提示后，调试窗口出现轴“启用”和“禁用”选项，可以直接选择“启用”选项。此时就会出现所有的命令和状态信息都是可见的，而不是灰色的。命令共 3 种，即“点动”“定位”“回原点”，轴状态为“已启用”和“就绪”，信息性消息为“轴处于停止状态”。

“命令”项可用于选择如何驱动电动机，包括点动控制、位置控制、寻找参考点等。点动控制可设置点动速度、点动时的加速度/减速度，以及向后点动、向前点动、停止等。在点动过程中如果出现软限位动作，则会报故障，这时轴被停止，并且只有在故障排除后才能进行下一步调试。定位操作可设置目标位置/距离、运行速度、加速度/减速度、绝对位移、相对位移和停止等。回原点操作可设置原点坐标、回原点时的加速度/减速度，将 Home Position 中的数值设为原点坐标，执行回原点功能及停止回原点功能等。

轴状态显示轴已启用、已回原点、驱动器准备就绪等信息。此参数需要在前面的组态中定义才会显示实际状态。实际值包括当前位置和当前速度两个数值。出现故障后，单击“确认”按钮进行确认。在手动模式下，错误显示信息栏会显示最近发生的错误。若要清除错误，单击状态显示栏中的“确认”按钮进行复位。

（3）使用“诊断”面板诊断工艺对象“轴”

“轴”被组态和调试后，还可以选择项目树下工艺对象“轴 1”的诊断选项，对运动控制轴进行诊断，通过在线方式查看“诊断”面板，面板用于显示轴的关键位置和错误信息，包括状态显示、驱动状态、运动状态、运动类型及错误状态等，如图 4-21 所示。

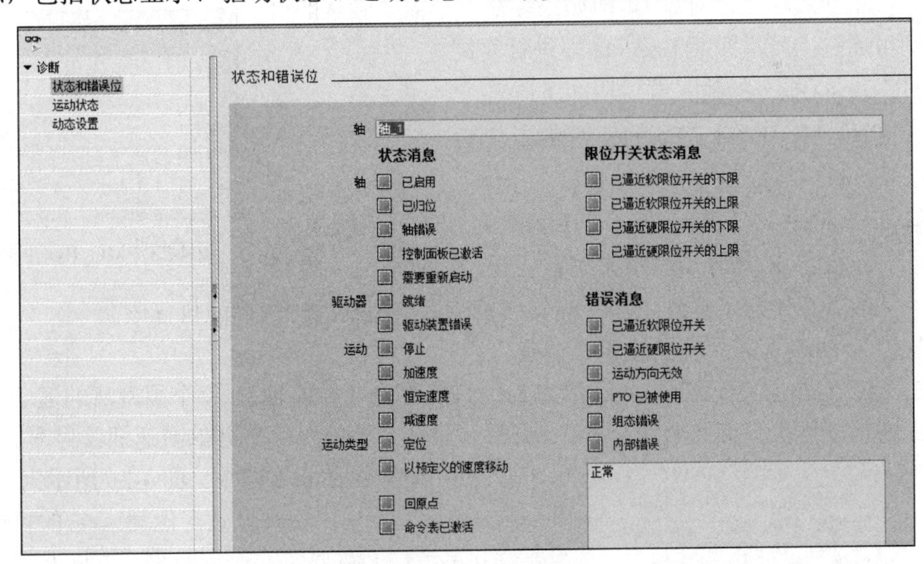

图 4-21　“诊断”面板

（4）运动控制相关指令

运动控制程序指令块使用 PTO 功能和“轴”工艺对象的接口控制运动机械的运行，运动控制指令块被用于传输指令到工艺对象，以完成控制和监视。

1）MC Power 指令。轴在运动之前必须先被使能，使用运动控制指令 MC_Power 可集中启用或禁用轴。如果启用了轴，则分配给该轴的所有运动控制指令都将被启用。如果禁用了轴，则用于该轴的所有运动控制指令都将无效，并将中断当前的所有作业。图 4-22 所示为 MC_Power 指令。

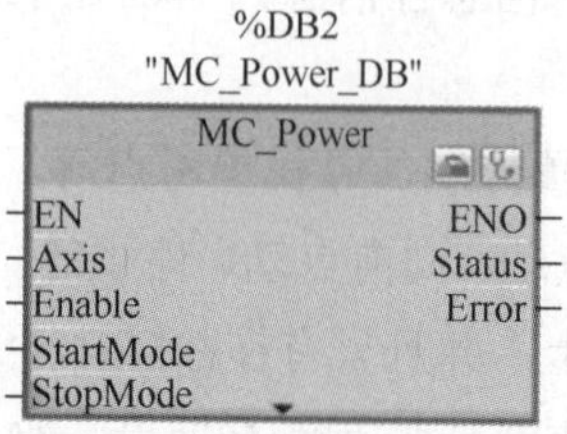

图 4-22 MC Power 指令

MC_Power 指令（启动/禁用轴）的输入端说明如下。

① EN：MC_Power 指令的使能端，不是轴的使能端。MC_Power 指令在程序里必须一直被调用，并保证 MC_Power 指令在其他 Motion Control 指令的前面被调用。

② Axis：轴名称，可以通过以下方式输入轴名称。

a. 用鼠标直接从 Portal 软件左侧项目树中拖拽轴的工艺对象。

b. 用键盘输入字符，则 Portal 软件会自动显示出可以添加的轴对象。

c. 用复制的方式把轴的名称复制到指令上。

d. 双击 Aixs，系统会出现右边带可选按钮的白色长条框，这时单击“选择”按钮即可。

③ Enable：轴使能端。当 Enable 端变为高电平后，CPU 就按照工艺对象中组态好的方式使能外部驱动器；当 Enable 端变为低电平后，CPU 就按照 StopMode 中定义的模式进行停车。

2）MC_Reset 指令。如图 4-23 所示为 MC_Reset 指令（确定错误，重新启动工艺对象），即如果存在一个需要确认的错误，则可通过上升沿激活 Execute 端进行复位。

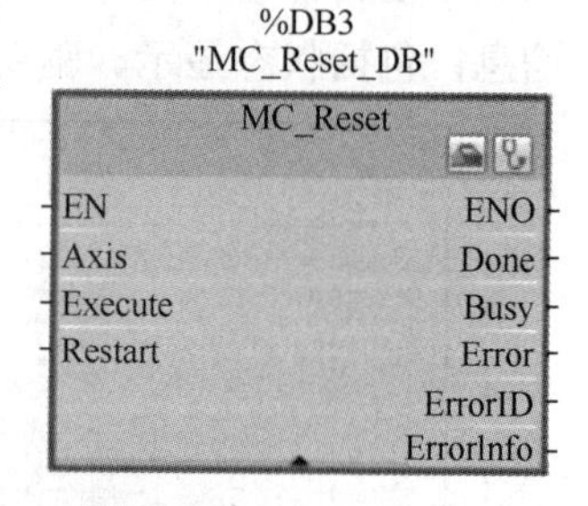

图 4-23 MC_Reset 指令

MC_Reset 指令的输入端说明如下：

① EN：MC_Reset 指令的使能端。

② Axis：轴名称。

③ Execute：MC_Reset 指令的启动位，用上升沿触发。

④ Restart：Restart=0，用来确认错误；Restart=1，将轴的组态从装载存储器下载到工作存储器（只有在禁用轴的时候才能执行该命令）。

输出端 Done：表示轴的错误已被确认。

3）MC_Halt 指令。图 4-24 所示为 MC_Halt 指令（暂停轴）。每个被激活的运动指令都可由该指令停止。上升沿使能 Execute 后，轴会立即按照组态好的减速曲线停车。

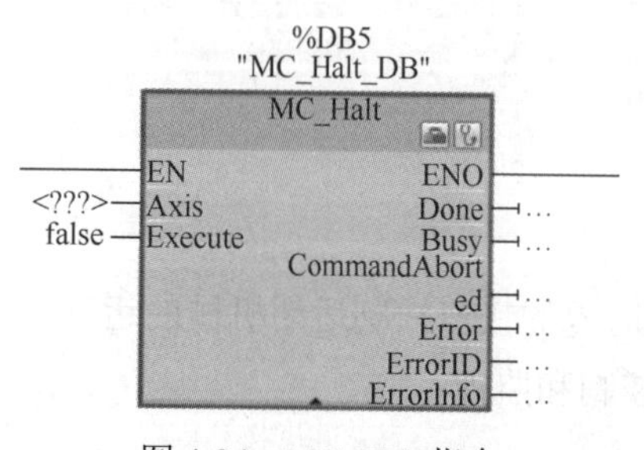

图 4-24 MC_Halt 指令

4）MC_MoveRelative 指令。图 4-25 所示为 MC_MoveRelative 指令（以相对方式定位轴）。它的执行不需要建立参考口，需要定义运行距离、方向及速度。当上升沿使能 Execute 端后，轴按照设置好的距离与速度运行，其方向由距离值的符号决定。

5）MC_MoveJog 指令。图 4-26 所示为 MC_MoveJog 指令（以点动模式移动轴），即在点动模式下以指定的速度连续移动轴。在使用该指令时，正向点动和反向点动不能同时触发。

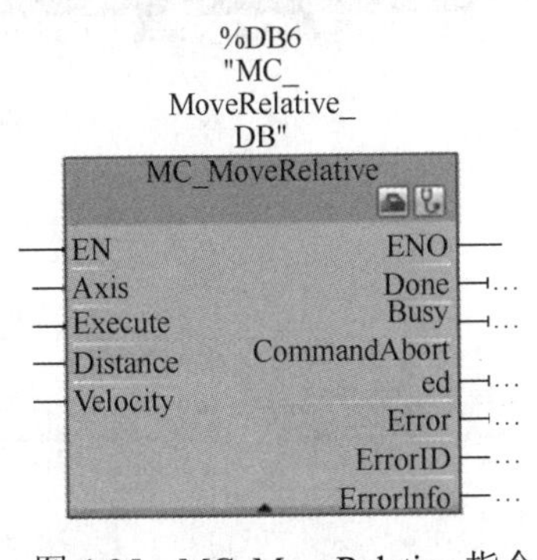

图 4-25 MC_MoveRelative 指令

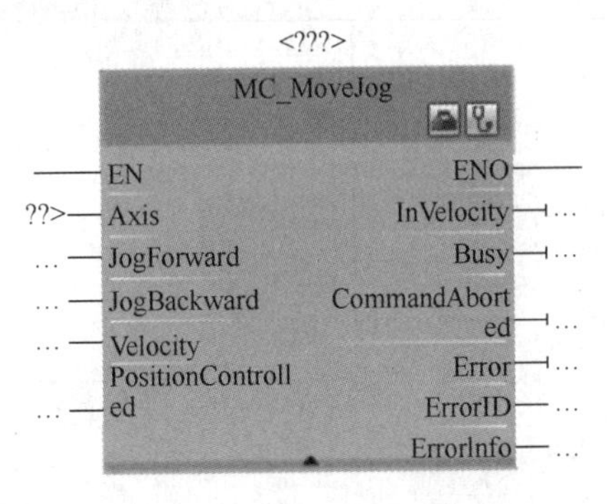

图 4-26 MC_MoveJog 指令

MC_MoveJog 指令的输入端说明如下：

① JogForward：正向点动，不是用上升沿触发；JogForward 为 1 时，轴运行；JogForward 为 0 时，轴停止。类似于按钮功能，按下按钮，轴就运行；松开按钮，轴停止运行。

② JogBackward：反向电动。在执行点动指令时，保证 JogForward 和 JogBackward 不会同时触发，可以用逻辑进行互锁。

③ Velocity：点动速度。

任务实施

根据任务要求，将 PLC 设备与伺服电动机的接线接好。根据滑台的运动方式，在西门子 S7-1200 PLC（CPU 型号为 1212）程序块中编写运动程序，程序无误后下载到设备中，然后观察滑台的运动方式是否符合要求。

一、任务分析

根据任务描述分析，该运动控制系统为相对运动控制，滑台以当前位置作为参考点向下一个位置运动，具有启动、停止、左右极限限位等功能。控制滑台运动的主要软硬件包括西门子 S7-1200 PLC（CPU 型号为 1212）、松下三相交流伺服电动机、博途软件（V15）。

二、硬件组态

打开博途软件，步骤如图 4-27 所示。选择“设备组态”选项，添加新设备，添加 PLC 设备。对 S7-1200 的基本参数进行组态。

再选择“参数分配”选项，信号类型选择“PTO（脉冲 A 和方向 B）”，如图 4-28 所示。

添加 PLC 变量表，数据如图 4-29 所示。

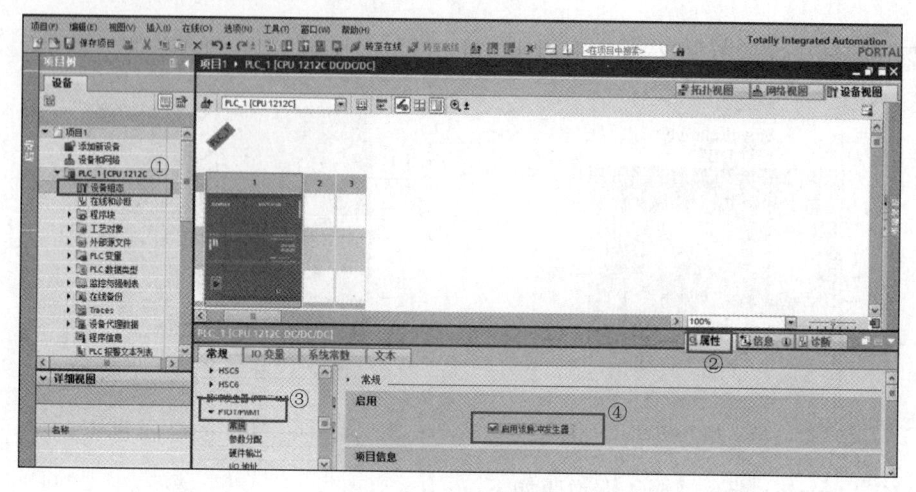

图 4-27 设备组态

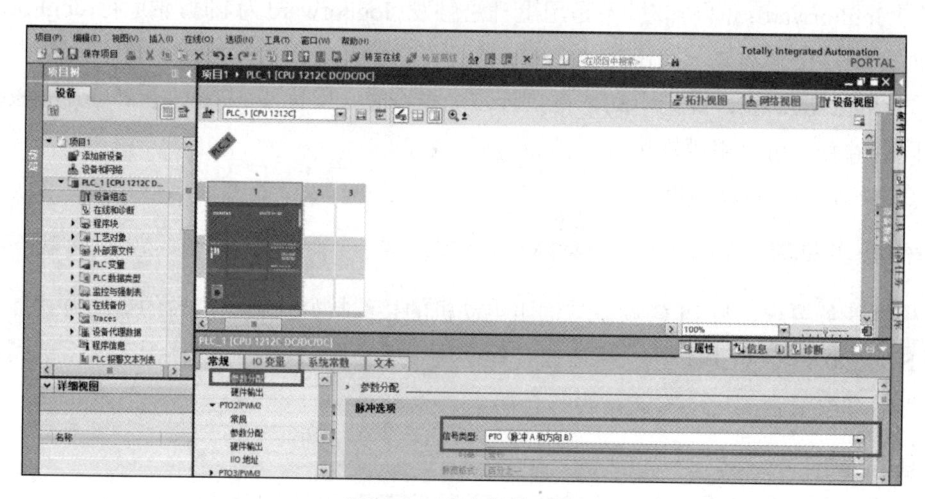

图 4-28 脉冲信号设置

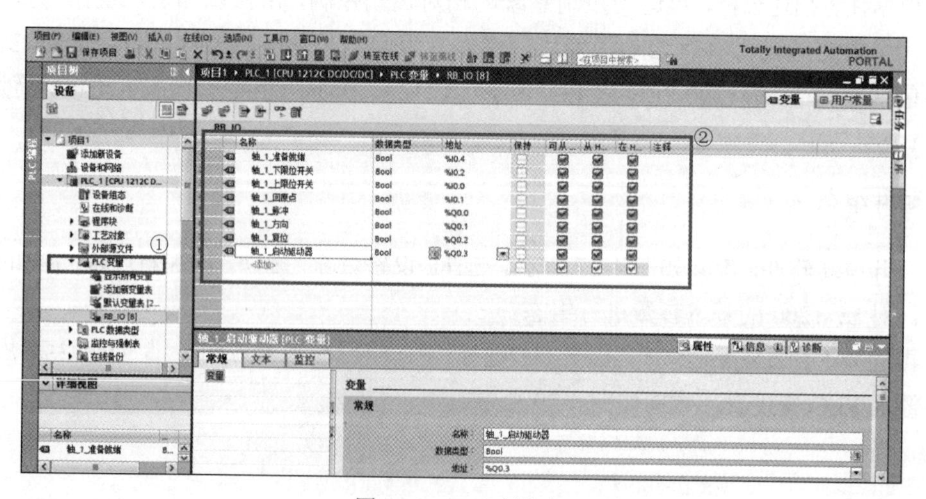

图 4-29 PLC 变量表

在项目树中添加轴工艺对象，对轴进行组态，步骤如图 4-30 所示。

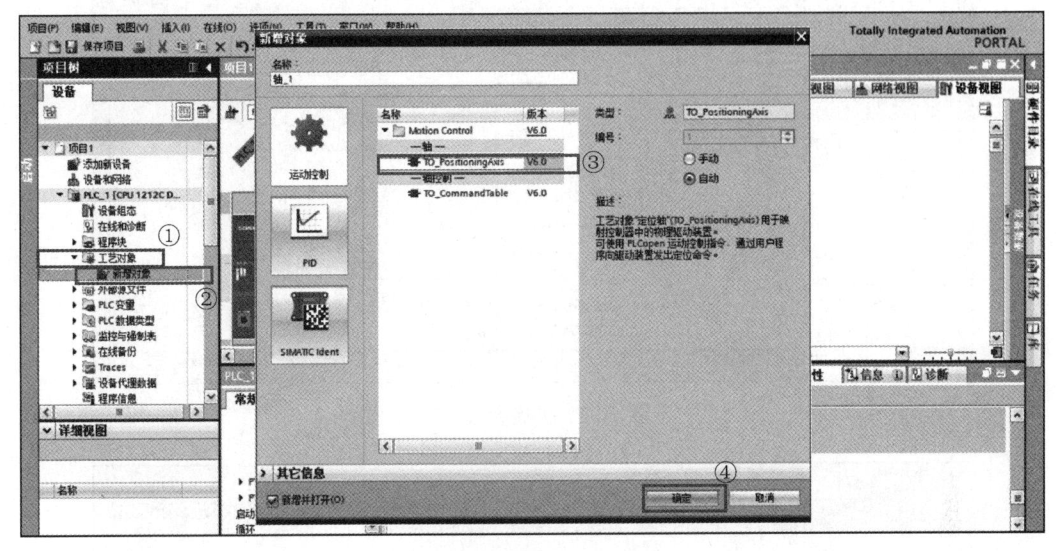

图 4-30　添加工艺对象轴

组态轴工艺参数。

1）组态驱动器，步骤如图 4-31 所示。

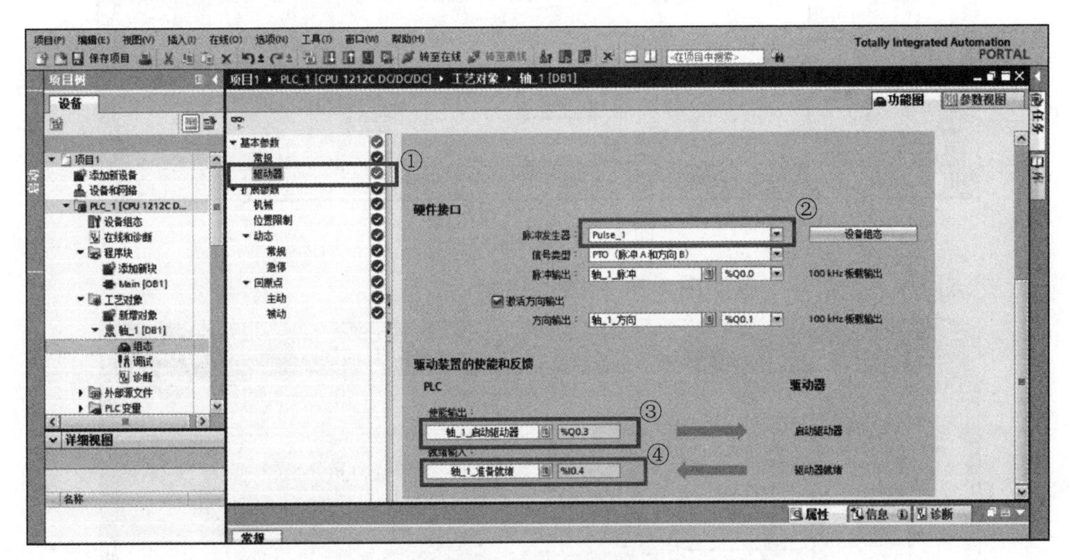

图 4-31　驱动器设置

2）组态扩展参数，组态动态，步骤如图 4-32 和图 4-33 所示。

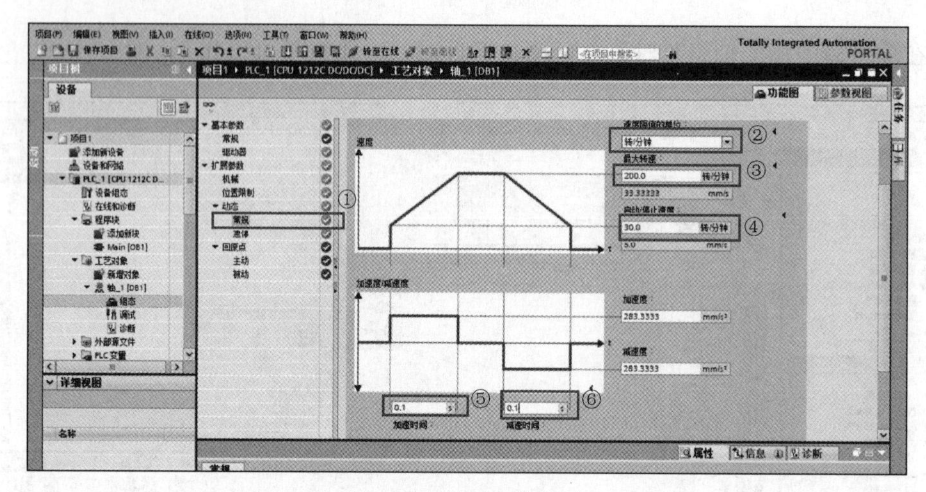

图 4-32　扩展参数设置

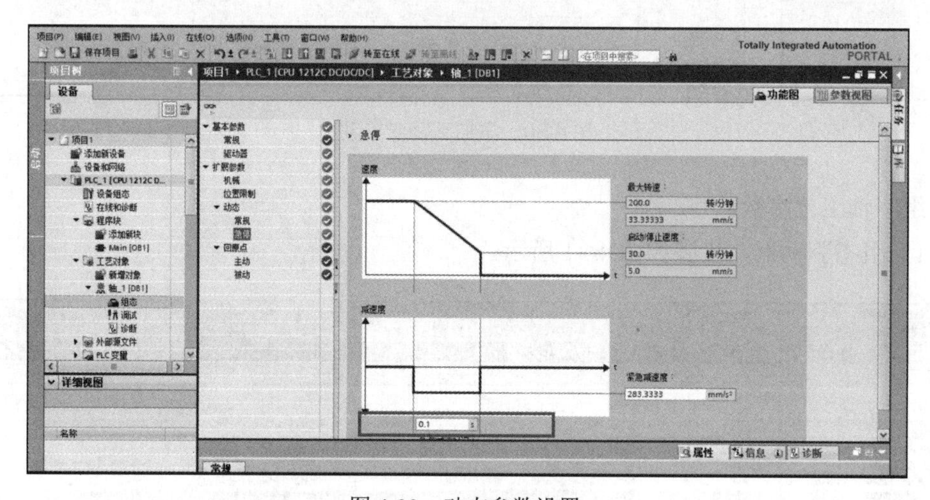

图 4-33　动态参数设置

组态回原点参数，步骤如图 4-34 和图 4-35 所示。

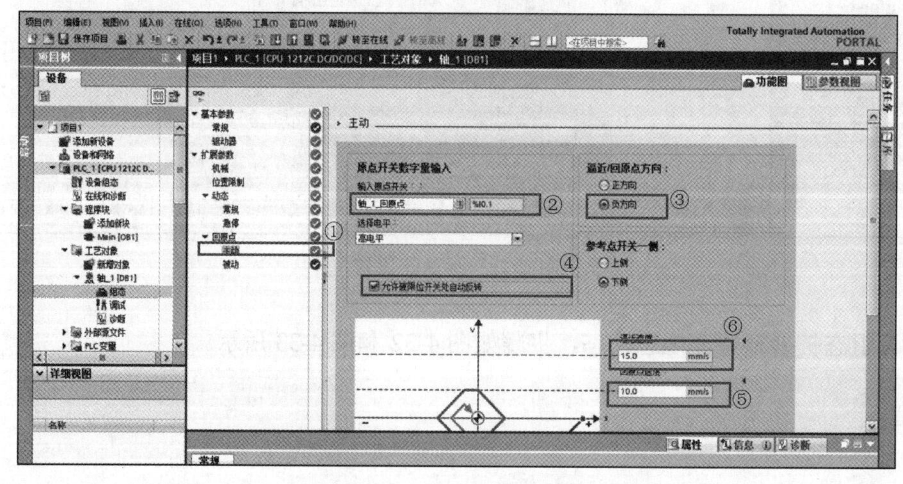

图 4-34　回原点参数设置一

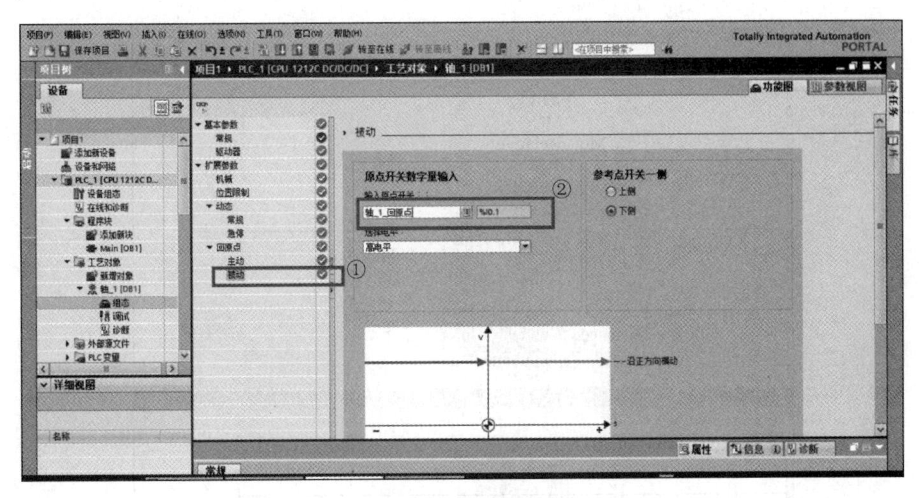

图 4-35　回原点参数设置二

三、编写程序

根据控制要求编写梯形图，如图 4-36 所示。

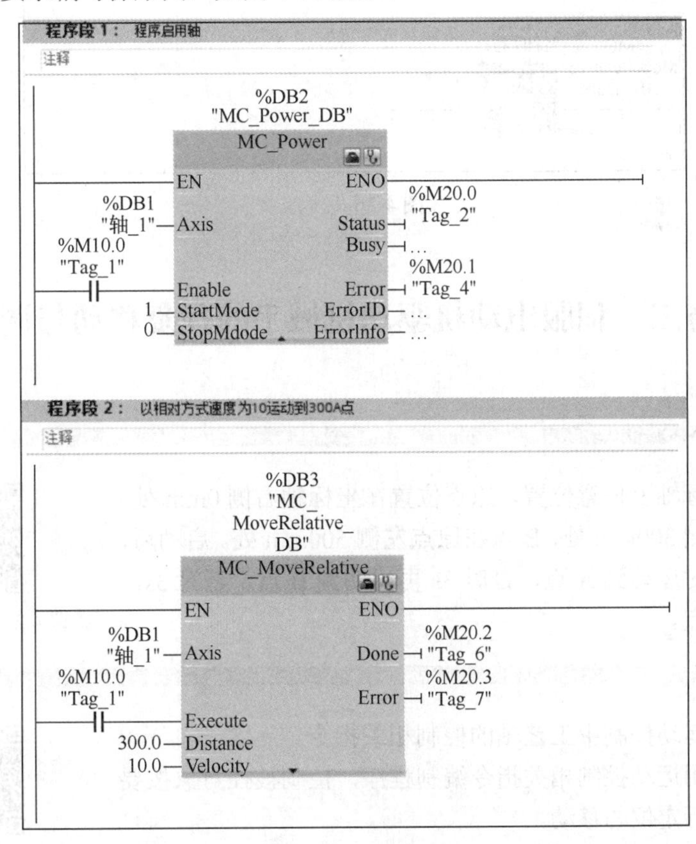

图 4-36　梯形图程序

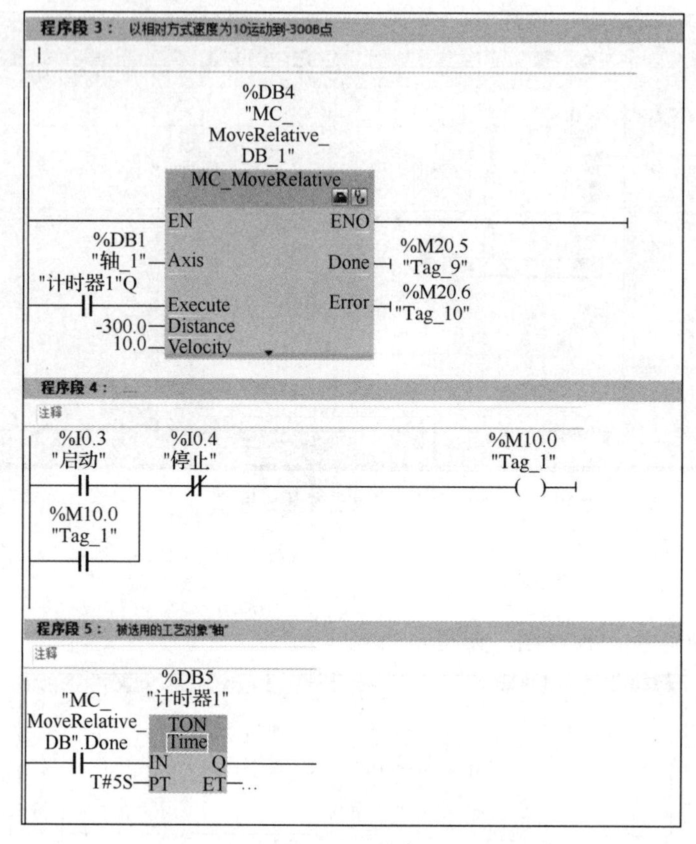

图 4-36（续）

任务二　伺服电动机驱动机械手的往复移动与调速

任务简介

起点在坐标轴上任意位置，原点位置在坐标轴右侧 0mm 处，A 点在原点左侧 300mm 处，B 点在原点左侧 500mm 处。启动后，机械手首先绝对运动到 A 点，延时 3s 再运动到 B 点，延时 3s，然后在回到原点。

微课 4.2 编程操作与调试

教学目标

- 学会运动控制中工艺轴的控制相关指令。
- 会应用运动控制相关指令编制程序，控制被控对象按要求进行定位与移动。

4.2 课件

思政目标

通过对不同伺服控制实例资料的查找与学习，归纳出见多识广的结论，平时多学习、考察和收集好的控制实例，是快速提高水平的重要渠道。

准备知识

MC_Home 指令（归位轴，设置起始位置）：

轴回原点由运动控制语句“MC_Home”启动，如图 4-37 所示。在回原点期间，参考点坐标设置在定义的轴机械位置处。

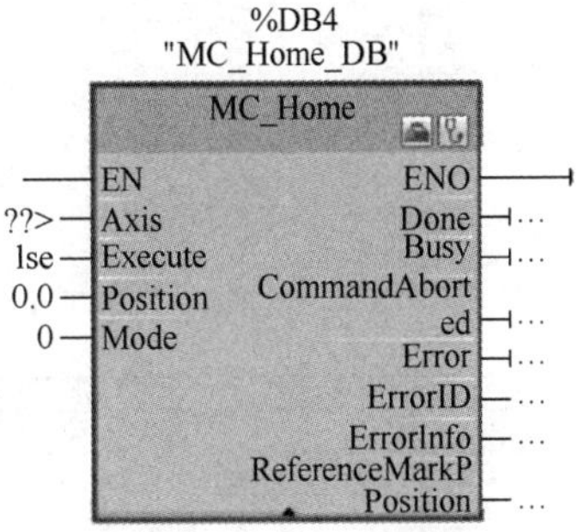

%DB4
"MC_Home_DB"
MC_Home
EN ENO
??> Axis Done
lse Execute Busy
0.0 Position CommandAborted
0 Mode Error
ErrorID
ErrorInfo
ReferenceMarkPosition

图 4-37 MC_Home 指令

回原点模式共有 4 种：

1）Mode=3，主动回原点。在主动回原点模式下，运动控制语句“MC_Home”执行所需要的参考点逼近，将取消其他所有激活的运动。

2）Mode=2，被动回原点。在被动回原点模式下，运动控制语句“MC_Home”不执行参考点逼近，不取消其他激活的运动。逼近参考点开关必须由用户通过运动控制语句或由机械运动执行。

3）Mode=1，相对式直接回原点。无论参考凸轮位置为何，都设置轴位置，不取消其他激活的运动。适用参考点和轴位置的规则：新的轴位置=当前轴位置+Position 参数的值。

4）Mode=0，绝对式直接回原点。无论参考凸轮位置为何，都设置轴位置，不取消其他激活的运动。立即激活“MC_Home”语句中“Position”参数的值可作为轴的参考点和位置值。轴处于停止状态时才能将参考点准确分配到机械位置。

任务实施

一、任务分析

该任务与任务一相似，不同的是增加了回原点功能。

二、硬件组态

任务二的组态与任务一组态相似。

1）对 S7-1200 的基本参数进行组态，步骤如图 4-38 所示。组态两个数字量输入通道，便于后面限位组态。

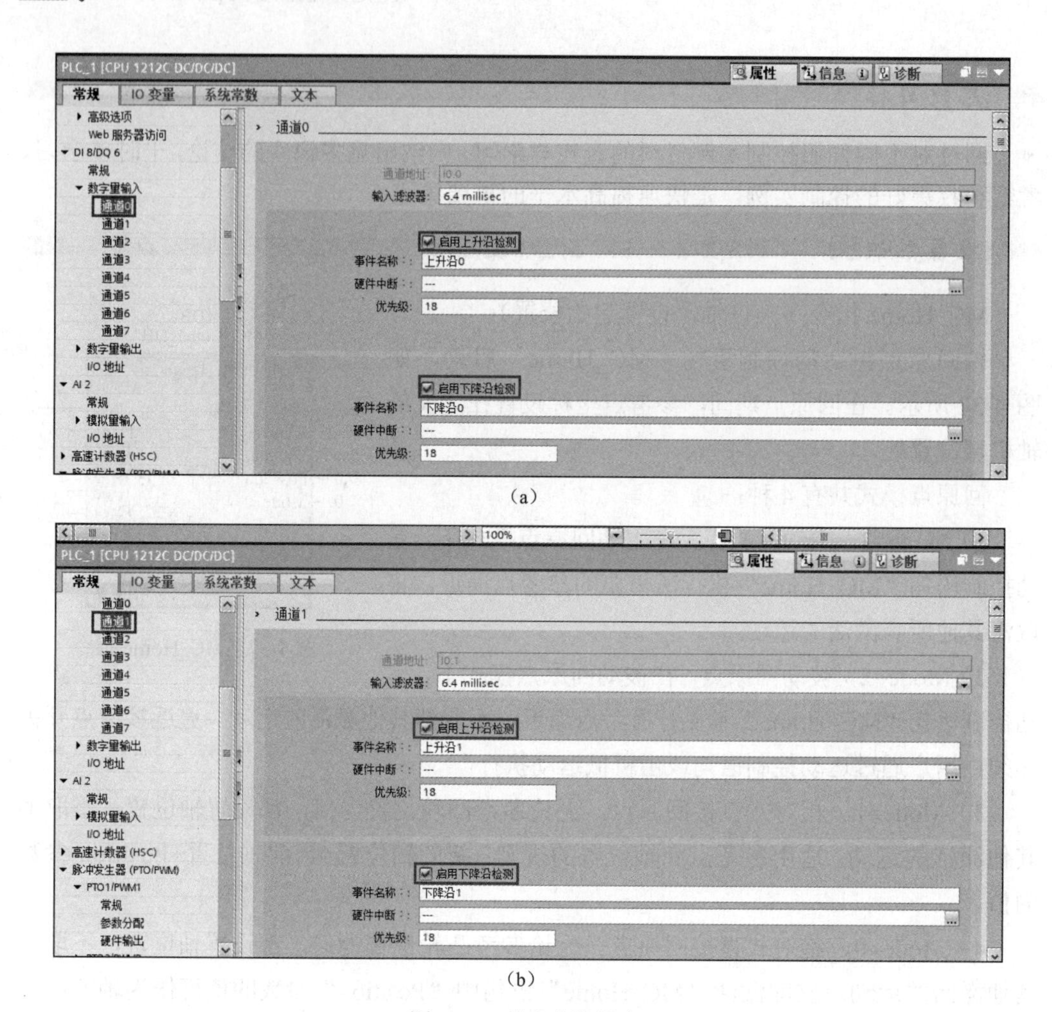

(a)

(b)

图 4-38 基本参数组态

2）组态脉冲发生器，如图 4-39 所示。选择“参数分配”选项，信号类型选择“PTO（脉冲 A 和方向 B）”。

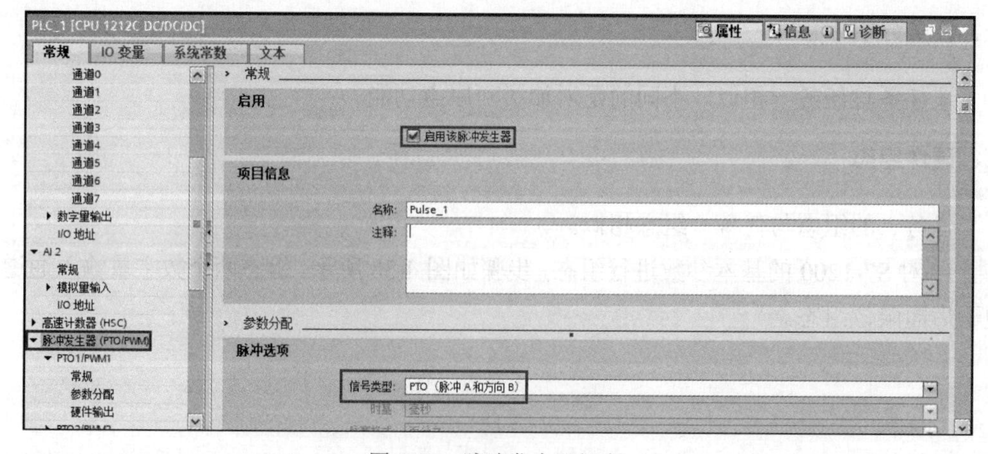

图 4-39 脉冲发生器组态

3）添加 PLC 变量表。I0.3、I0.4 为启动和停止按钮，因此不添加在变量表中，数据如图 4-40 所示。

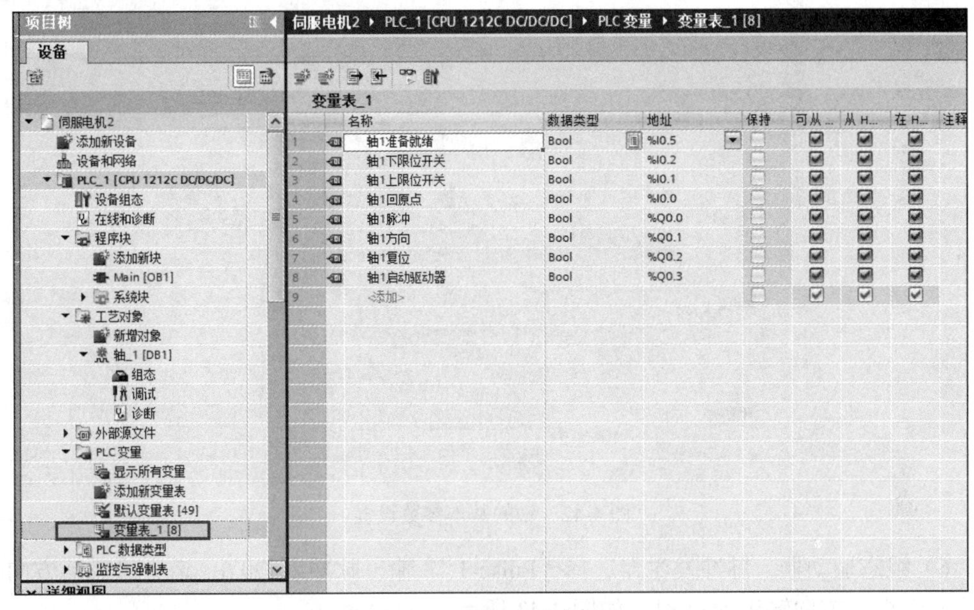

图 4-40　添加 PLC 变量表

4）在项目树中添加轴工艺对象，对轴进行组态，步骤如图 4-41 所示。

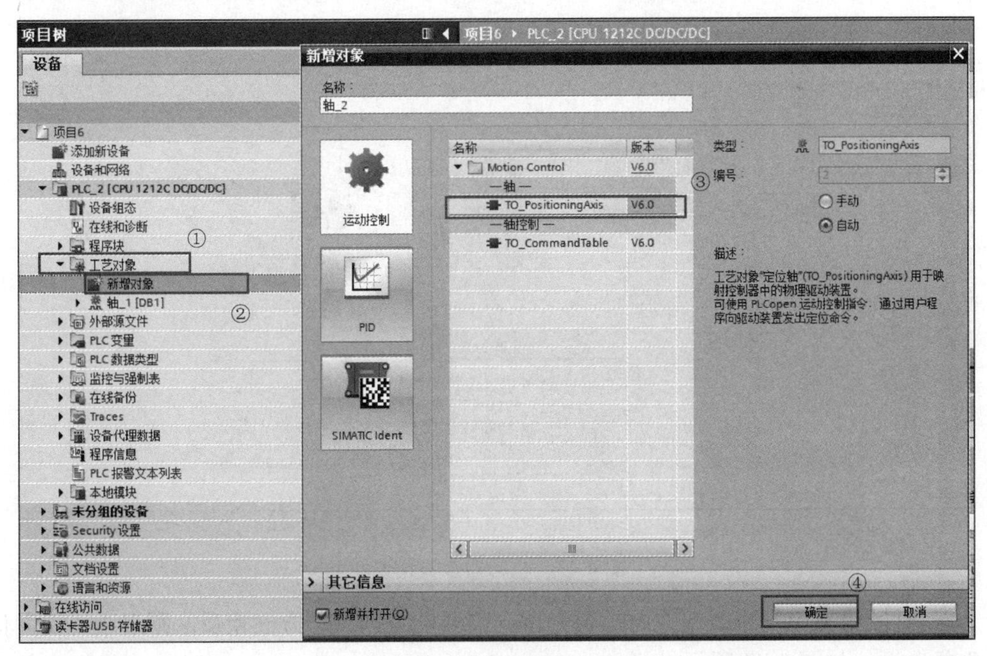

图 4-41　工艺对象轴组态

5）轴的基本参数组态。在“常规”选项组中可选择位置单位、驱动器等，这里位置单位为 mm，驱动器为 PTO 驱动器，如图 4-42 所示。

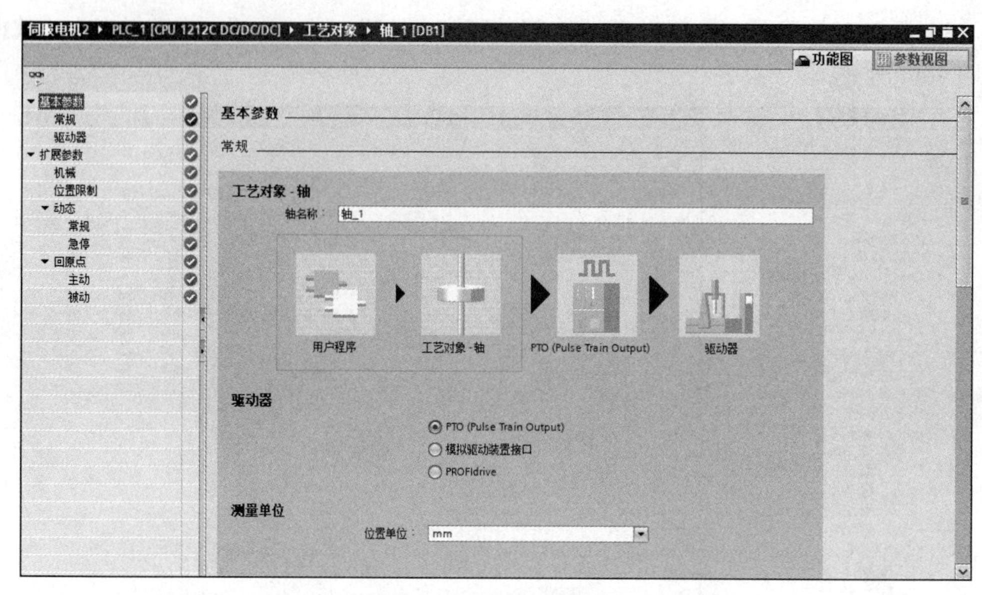

图 4-42 轴的基本参数设置

6）组态驱动器。脉冲发生器选择“Pulse-1”，输出脉冲为 Q0.0，选中“激活方向输出”复选框，方向输出为 Q0.1，如图 4-43 所示。

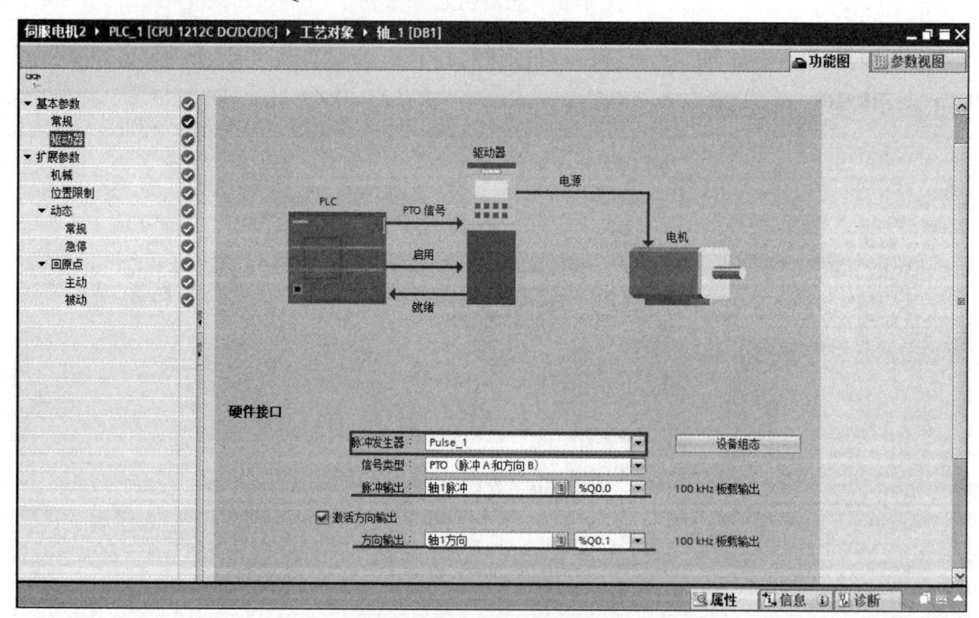

图 4-43 驱动器参数设置

7）机械组态。判断运行方向是否为自己需要的方向，若方向相反，则选中“反向信号”复选框，如图 4-44 所示。

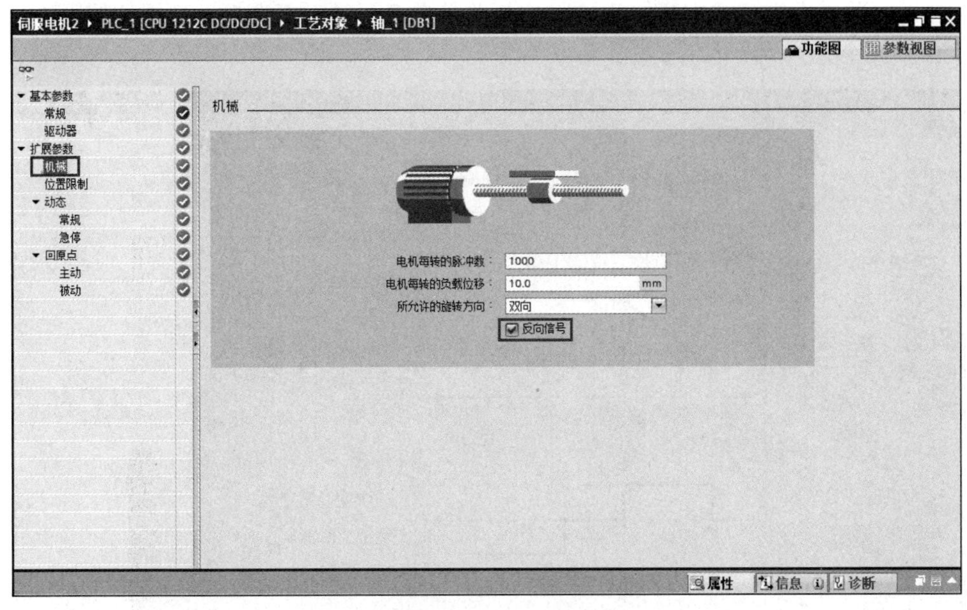

图 4-44　机械组态

8）位置限制组态。选中“启用硬限位开关”复选框，限制运动件位置，防止运动件超出限位使伺服电动机报错。组态如图 4-45 所示。

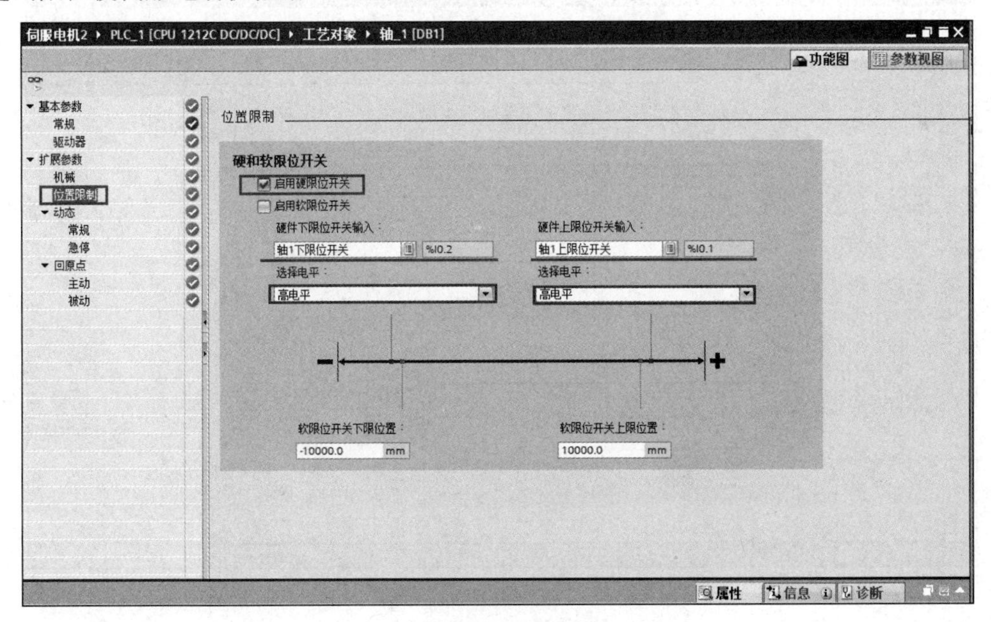

图 4-45　位置限制组态

9）速度组态。可控制运行速度、加速度、急停等，如图 4-46 所示。注意轴的基本组态检测单位是否一致。

10）回原点组态。选中“允许硬限位开关处自动反转”复选框，启用位置限制，如图4-47所示。

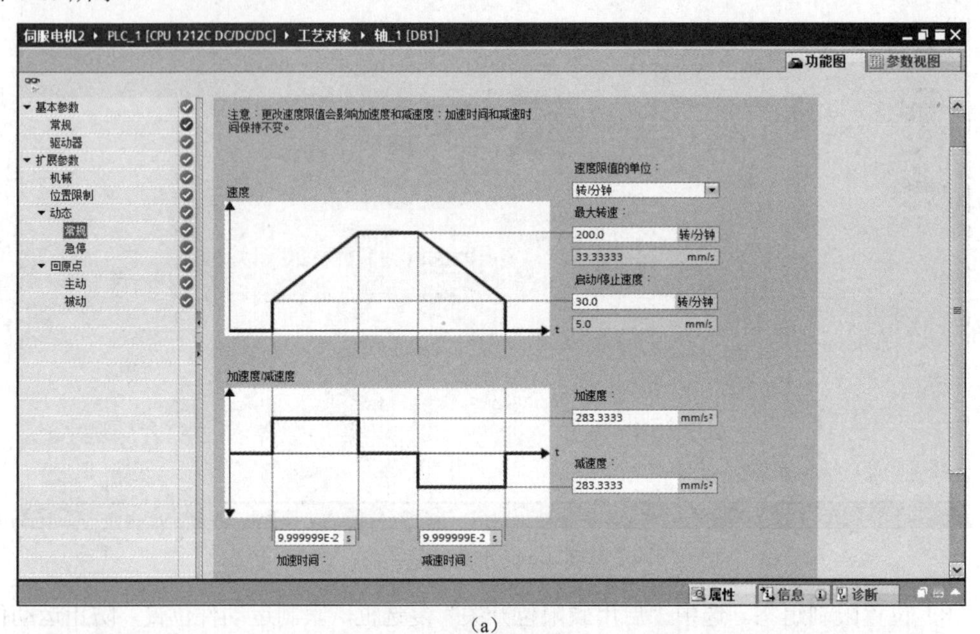

(a)

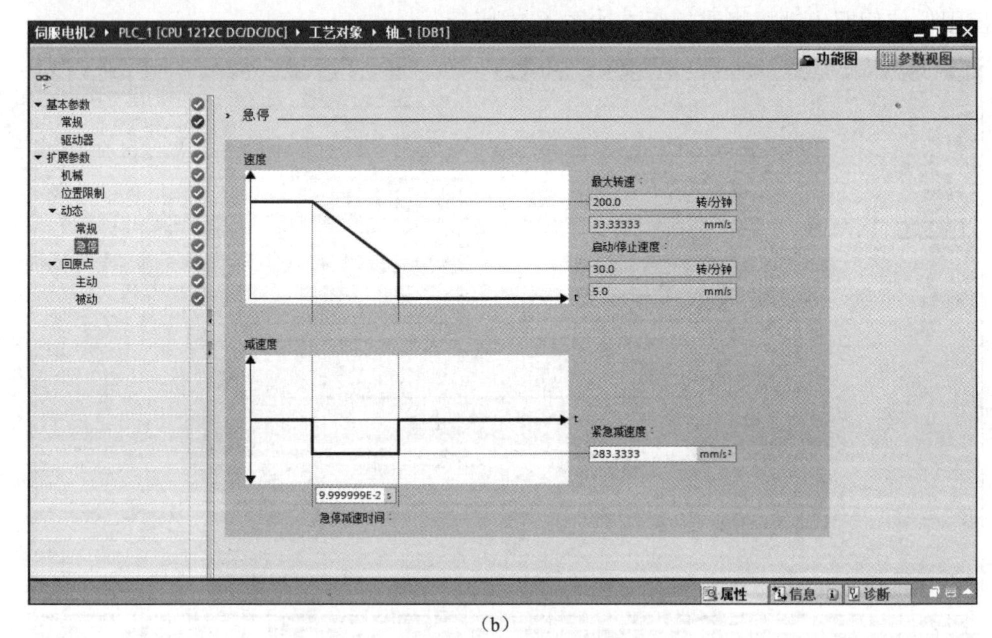

(b)

图4-46 速度组态

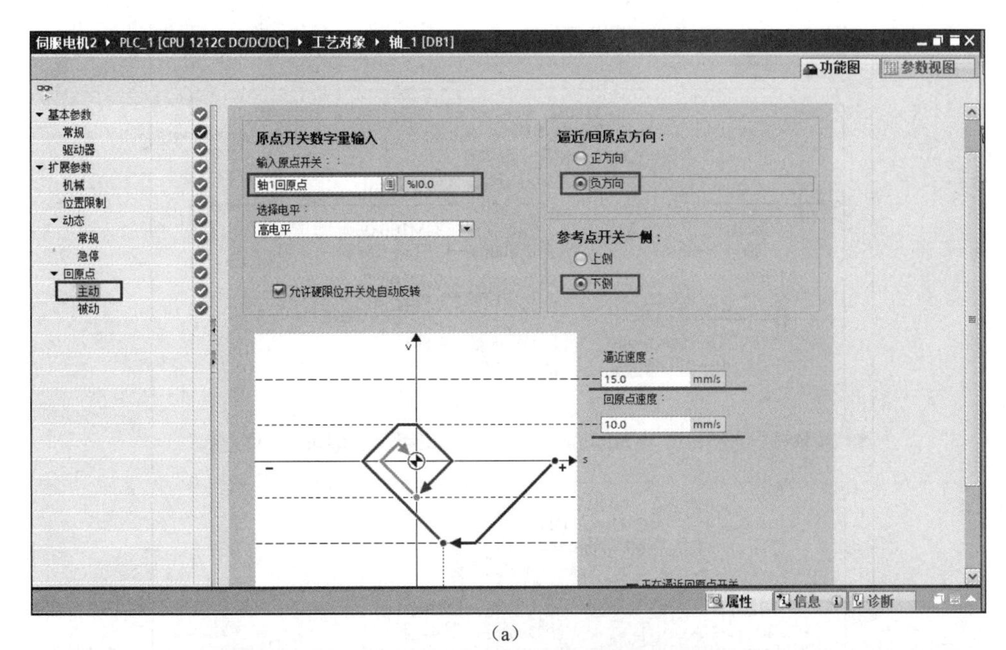

（a）

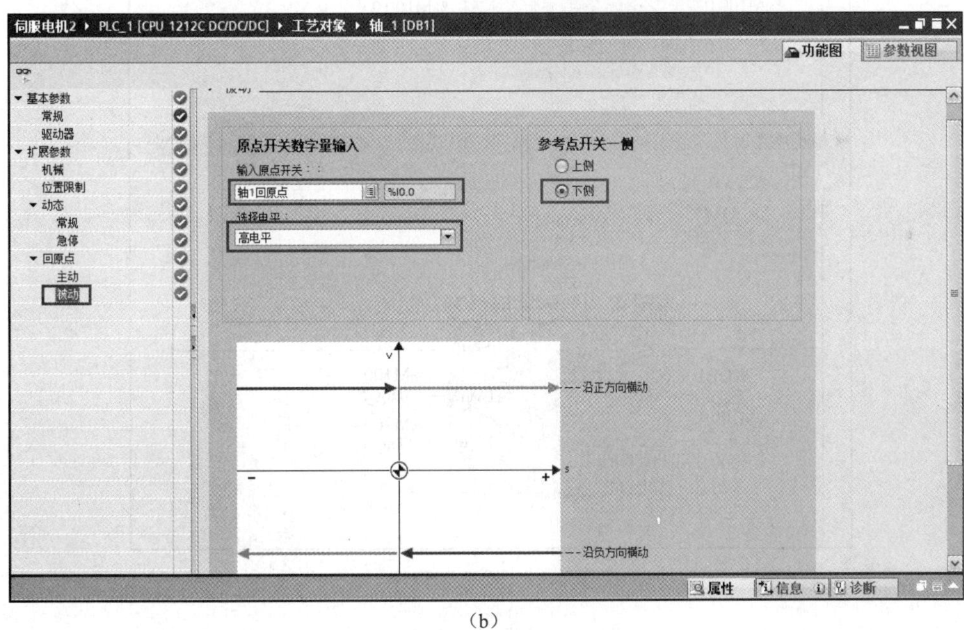

（b）

图 4-47　回原点组态

三、编写程序

根据控制要求编写梯形图，如图 4-48 所示。

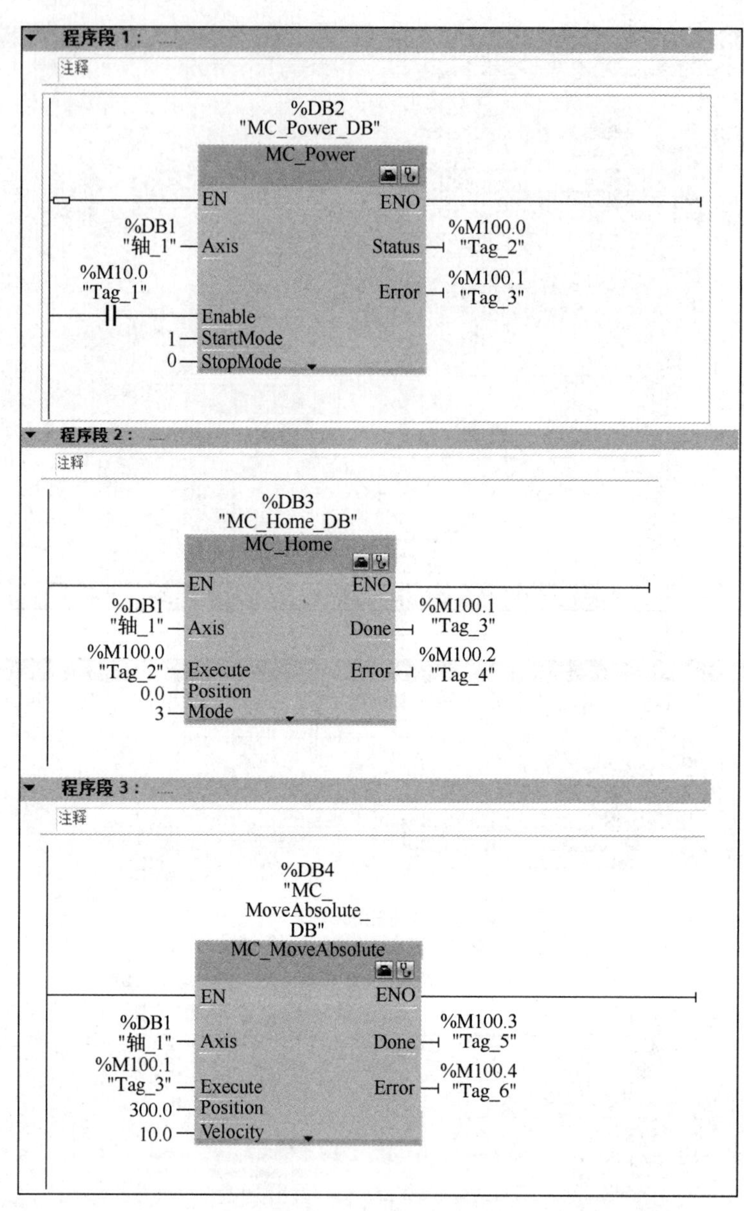

程序段 1：
注释
%DB2
"MC_Power_DB"
MC_Power
EN
ENO
%DB1
"轴_1"
Axis
Status
%M100.0
"Tag_2"
%M10.0
"Tag_1"
Error
%M100.1
"Tag_3"
Enable
1
StartMode
0
StopMode
程序段 2：
注释
%DB3
"MC_Home_DB"
MC_Home
EN
ENO
%DB1
"轴_1"
Axis
Done
%M100.1
"Tag_3"
%M100.0
"Tag_2"
Execute
Error
%M100.2
"Tag_4"
0.0
Position
3
Mode
程序段 3：
注释
%DB4
"MC_
MoveAbsolute_
DB"
MC_MoveAbsolute
EN
ENO
%DB1
"轴_1"
Axis
Done
%M100.3
"Tag_5"
%M100.1
"Tag_3"
Execute
Error
%M100.4
"Tag_6"
300.0
Position
10.0
Velocity

图 4-48 梯形图程序

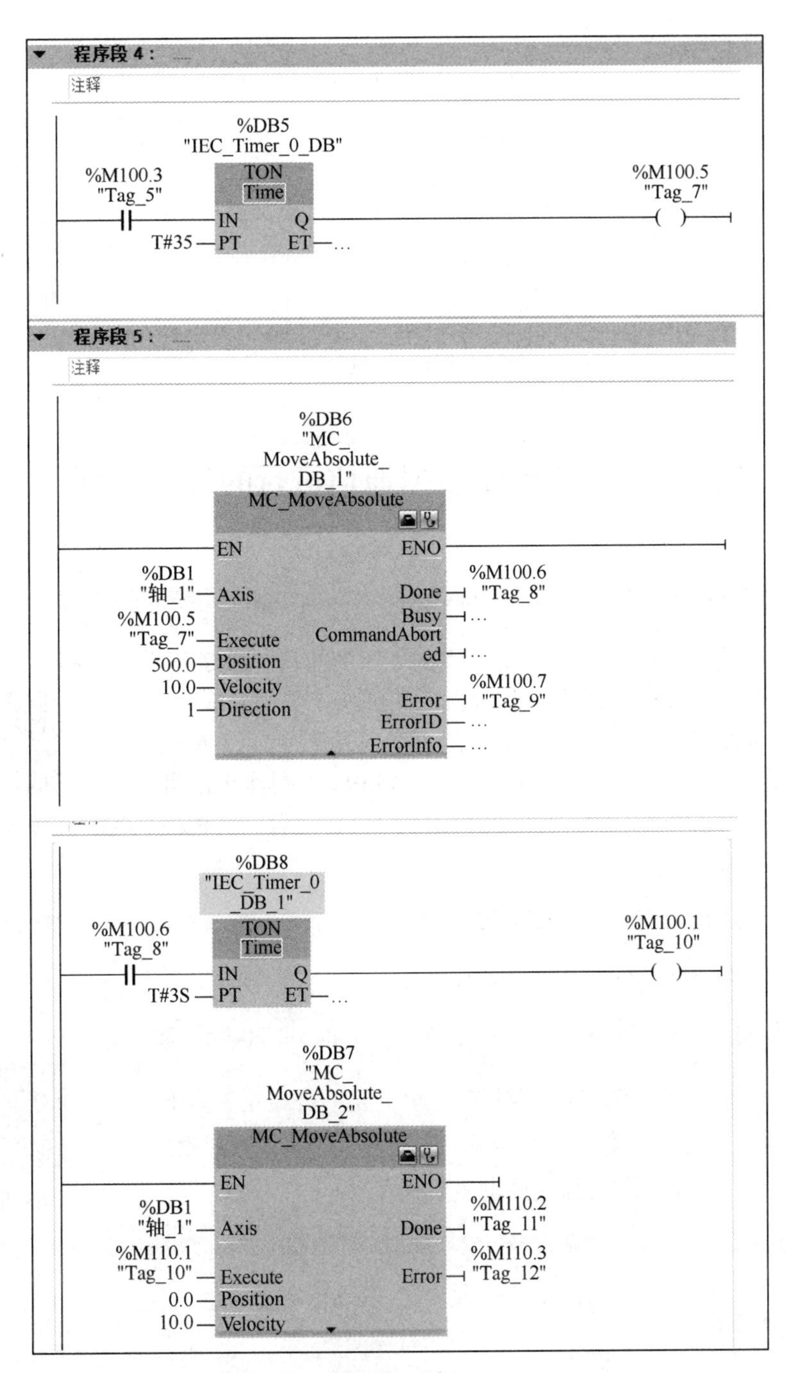
程序段 4：
注释
%DB5
"IEC_Timer_0_DB"
%M100.3
"Tag_5"
TON
Time
IN
Q
T#35
PT
ET
%M100.5
"Tag_7"
程序段 5：
注释
%DB6
"MC_
MoveAbsolute_
DB_1"
MC_MoveAbsolute
EN
ENO
%DB1
"轴_1"
Axis
%M100.5
"Tag_7"
Execute
500.0
Position
10.0
Velocity
1
Direction
%M100.6
"Tag_8"
Done
Busy
CommandAbort
ed
%M100.7
"Tag_9"
Error
ErrorID
ErrorInfo
%DB8
"IEC_Timer_0
_DB_1"
%M100.6
"Tag_8"
TON
Time
IN
Q
T#3S
PT
ET
%M100.1
"Tag_10"
%DB7
"MC_
MoveAbsolute_
DB_2"
MC_MoveAbsolute
EN
ENO
%DB1
"轴_1"
Axis
%M110.1
"Tag_10"
Execute
0.0
Position
10.0
Velocity
%M110.2
"Tag_11"
Done
%M110.3
"Tag_12"
Error

图 4-48（续）

程序段 7：

注释

%I0.3 "Tag_13"　%I0.4 "Tag_14"　%M10.0 "Tag_1"

%M10.0 "Tag_1"

图 4-48（续）

任务三　机械手根据通信进行的移位控制

任务简介

在两个 PLC 中，PLC1 作为主站，PLC2 作为从站，通过 PLC1 发送启动/停止信号，然后 PLC2 接收启动/停止信号，接收到启动信号后，先回到原点，然后再运动到 A 点位置，再运动到 B 点位置，再回到原点，A 点在 150mm 处，B 点在 50mm 处。PLC2 接收到 PLC1 的停止信号后，停止运动。同时 PLC1 可以读取 PLC2 的原点位置、正负极限位置。

微课 4.3 编程操作与调试

教学目标

➢ 掌握通信的基本知识与实现方法。

思政目标

通信部分的知识较多，也较为复杂，学生要不畏艰难、勇于挑战，也许多一份耐心，多查一些资料，多请教几个人，多观察、多思考一会儿，多实践练习几次问题就解决了。

4.3 课件

准备知识

一、通信的基本概念

1. 串行通信与并行通信

串行通信和并行通信是两种不同的数据传输方式。

串行通信就是通过一对导线将发送方与接收方进行连接，传输数据的每个二进制位，按照规定顺序在同一导线上依次发送与接收。例如，常用的闪存盘接口就是串行通信接口。串行通信的特点是通信控制复杂、通信电缆少，因此与并行通信相比，成本低。

并行通信就是将一个 8 位数据（或 16 位、32 位）的每一个二进制位采用单独的导线进行传输，并将传送方和接收方进行并行连接，一个数据的各二进制位可以在同一时间内一次传送。例如，老式打印机的打印口和计算机的通信就是并行通信。并行通信的特点是一个周期里可以一次传输多位数据，其连线的电缆多，因此长距离传送时成本高。

2. 异步通信与同步通信

异步通信与同步通信也称为异步传送与同步传送，这是串行通信的两种基本信息传送方式。从用户的角度来说，两者最主要的区别在于通信方式的“帧”不同。

异步通信方式又称起止方式。它在发送字符时，要先发送起始位，然后是字符本身，最后是停止位，字符之后还可以加入奇偶校验位。异步通信方式具有硬件简单、成本低的特点。

同步通信方式在传递数据的同时，也传输时钟同步信号，并始终按照给定的时刻采集数据，其传输数据的效率高，硬件复杂，成本高。

3. 单工、全双工与半双工

单工、全双工和半双工是通信中描述数据传送方向的专用术语。单工（simplex）指数据只能实现单向传送的通信方式。全双工（full simplex）也称双工，指数据可以进行双向传送，同一时刻既能发送数据，也能接收数据，通常需要两对双绞线连接，通信线路成本高。半双工（half simplex）指数据可以进行双向传送，同一时刻只能发送数据或接收数据，通常需要一对双绞线连接，与全双工相比，通信线路成本低。

二、OSI 参考模型

通信网络的核心是 OSI（open system interconnection，开放式系统互连）参考模型。1984 年，ISO 提出了开放式系统互连的 7 层模型，即 OSI 模型。该模型自下而上分为物理层、数据链路层、网络层、传输层、会话层、表示层和应用层。OSI 的上 3 层通常称为应用层，用来处理用户接口、数据格式和应用程序的访问。下 4 层负责定义数据的物理传输介质和网络设备。OSI 参考模型定义了大多数协议栈共有的基本框架。

1）物理层（physical layer）：定义了传输介质、连接器和信号发生器的类型，规定了物理连接的电气、机械功能特性，如电压、传输速率和传输距离等特性。建立、维护和断开物理连接。典型的物理层设备有集线器（hub）和中继器等。

2）数据链路层（data link layer）：确定传输站点物理地址及将消息传送到协议栈，提供顺序控制和数据流向控制。建立逻辑连接、进行硬件地址寻址和差错校验等功能（由底层网络定义协议）。典型的数据链路层的设备有交换机和网桥等。

3）网络层（network layer）：进行逻辑地址寻址，实现不同网络之间的路径选择。协议有 ICMP（internet control message protocol，互联网控制报文协议）、IGMP（internet group management protocol，互联网组管理协议）、IP（IPv4、1Pv6）、ARP（address resolution protocol，地址解析协议）和 RARP（reverse address resolution protocol，反向地址解析协议）。典型的网络层设备是路由器。

4）传输层（transport layer）：定义传输数据的协议端口号，以及流控和差错校验。协议有TCP（transmission control protocol，传输控制协议）、UDP（user datagram protocol，用户数据报协议）。网关是互联网设备中最复杂的，它是传输层及以上层的设备。

5）会话层（session layer）：建立、管理和终止会话。

6）表示层（presentation layer）：数据的表示、安全和压缩。

7）应用层（application）：网络服务与最终用户的一个接口。协议有HTTP（hypertext transfer protocol，超文本传输协议）、FTP（file transfer protocol，文件传输协议）、TFTP（trivial file transfer protocol，简易文件传输协议）、SMTP（simple mail transfer protocol，简单邮件传送协议）、SNMP（simple network management protocol，简单网络管理协议）和DNS（domain name service，域名服务）等。

三、TCP/IP分层模型

TCP/IP分层模型（TCP/IP layering model）被称为因特网分层模型（Internet layering model）、因特网参考模型（Internet reference model）。图4-49所示为TCP/IP模型与OSI模型的对比。

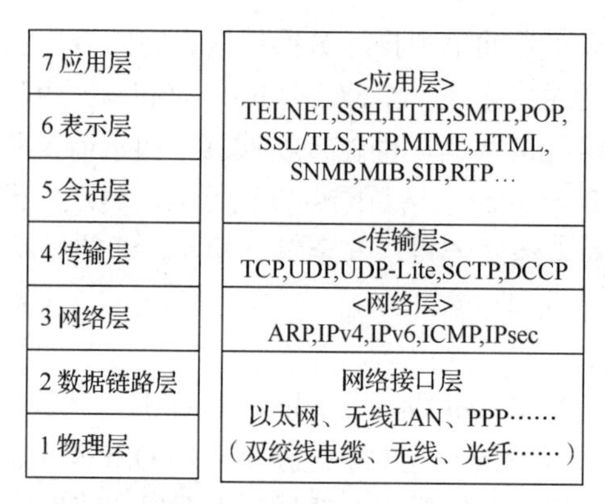

图4-49 TCP/IP模型与OSI模型的对比

TCP/IP分层模型的4个协议层分别完成以下功能：

第一层网络接口层：网络接口层包括用于协作IP数据在已有网络介质上传输的协议。实际上TCP/IP标准并不定义与ISO数据链路层和物理层相对应的功能。相反，它定义像ARP这样的协议，提供TCP/IP协议的数据结构和实际物理硬件之间的接口。

第二层网络层：网络层对应于OSI七层参考模型的网络层。本层包含IP协议、RIP协议（routing information protocol，路由信息协议），负责数据的包装、寻址和路由。同时还包含ICMP，用来提供网络诊断信息。

第三层传输层：传输层对应于OSI七层参考模型的传输层，它提供两种端到端的通信服务。其中，TCP协议提供可靠的数据流传输服务，UDP协议提供不可靠的用户数据报服务。

第四层应用层：应用层对应于OSI七层参考模型的应用层和表示层。因特网的应用层协议包括Finger、Whois、FTP、Gopher、HTTP、Telent（远程终端协议）、SMTP、IRC

（Internet relay chat，因特网中继会话）、NNTP（network news transfer protocol，网络新闻传输协议）等，这也是本书将要讨论的重点。

四、现场总线概述

1. 现场总线的概念

现场总线是20世纪80年代中后期在工业控制中逐步发展起来的。计算机技术的发展为现场总线的诞生奠定了技术基础。另一方面，智能仪表也出现在工业控制中。智能仪表的出现为现场总线的诞生奠定了应用基础。

IEC对现场总线（fieldbus）的定义为：一种应用于生产现场，在现场设备之间、现场设备和控制装置之间实行双向、串行、多结点的数字通信网络。

现场总线的概念有广义与狭义之分。狭义的现场总线指基于EIA 85的串行通信网，广义的现场总线泛指用于工业现场的所有控制网络。广义的现场总线包括狭义现场总线和工业以太网。

2. 主流现场总线

1984年国际电工技术委员会/国际标准协会（EC/SA）就开始制定现场总线的标准，然而统一的标准至今仍未完成。很多公司推出其各自的现场总线技术，但彼此的开放性和互操作性难以统一。

经过多年讨论，IEC的现场总线国际标准（IEC 61158）在1999年底获得通过，经过多方的争执和妥协，最后容纳了8种互不兼容的协议（类型1～类型8），2000年又补充了2种类型。其中的类型3（PROFIBUS）和类型10（PROFINET）由西门子公司支持。

为了满足实时性应用的需要，各大公司和标准组织纷纷提出了各种提升工业以太网实时性的解决方案，从而产生了实时以太网。2007年7月出版的IEC 61158第4版采纳了经过市场考验的20种现场总线，其中大约有一半属于实时以太网。

五、PROFINET通信口

S7-1200 CPU本体上集成了一个PROFINET通信口，支持以太网和基于TCP/IP和UDP的通信标准。这个PROFINET物理接口是支持10/100Mbit/s的RJ45口，支持电缆交叉自适应，因此一个标准的或是交叉的以太网线都可以用于这个接口。使用这个通信口可以实现S7-1200 PLC的CPU与编程设备的通信、与HMI触摸屏的通信，以及与其他CPU之间的通信。

S7-1200 PLC的CPU的PROFINET通信口支持以下通信协议及服务：TCP、ISO-on-TCP（RCF 1006）、UDP（V1.0不支持）、S7通信。

注意：S7-1200 PLC的CPU只支持S7通信的服务器（Sever）端（使用Portal V10.5软件），S7-1200 PLC的CPU支持S7通信的服务器与客户端（使用STEP7 V11软件）。分配给每个类别的预留连接资源数为固定值；无法更改这些值，但可组态6个“可用自由连接”以按照应用要求增加任意类别的连接数。硬件版本V4.1支持的协议和最大的连接资源如表4-2所示。

表 4-2 硬件版本 V4.1 支持的协议和最大的连接资源

类型	编程终端（PG）	人机界面（HMI）	GET/PUT 客户端/服务器	开放式用户通信	Web 浏览器
连接资源的最大数量	3（保持支持 1 个 PG 设备	12（保证支持 4 个 HMI 设备）	8	8	30（保持支持 3 个 Web 浏览器）

- 目前精智面板不支持 S7-1200 PLC。
- 西门子工业以太网可应用于单元级、管理级的网格，其通信数据量大、传输距离长。西门子工业以太网可同时运行多种通信服务，如开放式用户通信（open user communication，OUC）、S7 通信和 PROFINET 通信等。其中，OUC 和 S7 通信为非实时性通信，它们主要应用于站点间数据通信。基于工业以太网开发的 PROFINET 通信具有很好的实时性，主要用于连接现场分布式站点。

1. OUC

基于 CPU 集成的 PN 接口的 OUC 是一种程序控制的通信方式，这种通信只受用户程序的控制，可以用程序建立和断开事件驱动的通信连接，在运行期间也可以修改连接。

在 OUC 中，S7-300/400/1200/1500 PLC 可以用指令 TCON 来建立连接，用指令 TDISCON 来断开连接。指令 TSEND 和 TRCV 用于通过 TCP 和 ISO-on-TCP 协议发送和接收数据；指令 TUSEND 和 TURCV 用于通过 UDP 协议发送和接收数据。

S7-1200/1500 PLC 除了使用上述指令实现 OUC，还可以使用指令 TSEND_C 和 TRCV_C，通过 TCP 和 ISO-on-TCP 协议发送和接收数据。这两条指令有建立和断开连接的功能，使用它们以后不需要调用 TCON 和 TDISCON 指令。上述指令均为函数块。

（1）支持的协议

1）TCP。TCP 是由 RFC793 描述的一种标准协议，是 TCP/IP 协议簇传输层的主要协议，主要为设备之间提供全双工、面向连接、可靠安全的连接服务。传输数据时需要指定 IP 地址和端口号作为通信端点。

TCP 是面向连接的通信协议，通信的传输需要经过建立连接、数据传输、断开连接 3 个阶段。为了确保 TCP 连接的可靠性，TCP 采用 3 次握手方式建立连接，建立连接的请求需要由 TCP 的客户端发起。数据传输结束后，通信双方都可以提出断开连接请求。

TCP 是可靠安全的数据传输服务，可确保每个数据段都能到达目的地。位于目的地的 TCP 服务需要对接收到的数据进行确认并发送确认信息。TCP 发送方在发送一个数据段的同时将启动一个重传，如果在重传超时前收到确认信息就关闭重传，否则将重传该数据段。TCP 是一种数据流服务，TCP 连接传输数据期间，不传送消息的开始和结束信息。接收方无法通过接收到的数据流来判断一条消息的开始与结束。

2）ISO-on-TCP。ISO-On-TCP 是一种使用 RFC1006 的协议扩展，即在 TCP 中定义了 ISO 传输的属性，ISO 协议通过数据包进行数据传输。ISO-On-TCP 是面向消息的协议，数据传输时传送关于消息长度和消息结束标志。ISO-On-TCP 与 TCP 一样，也位于 OSI 参考模型的第 4 层传输层，其使用数据传输端口为 102，并利用传输服务访问点（transport service access point，TSAP）将消息路由至接收方特定的通信端点。

3）UDP。UDP 是一种非面向连接协议，发送数据之前无须建立通信连接，传输数据时只需要指定 IP 地址和端口号作为通信端点，不具有 TCP 中的安全机制，数据的传输无须伙伴方应答，因而数据传输的安全不能得到保障。

（2）OUC 指令

博途软件为 S7-1200 PLC 的 CPU 提供了两套 OUC 指令，即不带有自动连接管理的通信指令和带有自动连接管理的通信指令。图 4-50 中，上面一组指令带有自动连接管理，下面一组指令不带有自动连接管理。

名称	描述	版本
开放式用户通信		V6.0
TSEND_C	正在建立连接和发送...	V3.2
TRCV_C	正在建立连接和接收...	V3.2
TMAIL_C	发送电子邮件	V5.0
其它		
TCON	建立通信连接	V4.0
TDISCON	断开通信连接	V2.1
TSEND	通过通信连接发送数据	V4.0
TRCV	通过通信连接接收数据	V4.0
TUSEND	通过以太网发送数据...	V4.0
TURCV	通过以太网接收数据...	V4.0
T_RESET	复位连接	V1.2
T_DIAG	检查连接	V1.2
T_CONFIG	组态接口	V1.0

图 4-50　OUC 指令

1）TCON 指令。TCON 指令用于建立开放式通信连接，可用于 TCP、ISO-on-TCP 和 UDP 通信。连接建立后，CPU 将自动持续监视该连接状态。参数 CONNECT 指定的连接数据用于描述通信连接。参数 REQ 的上升沿用于启动连接，建立操作。成功建立连接后，参数 DONE 将置位一个扫描周期。TCON 指令如图 4-51 所示。

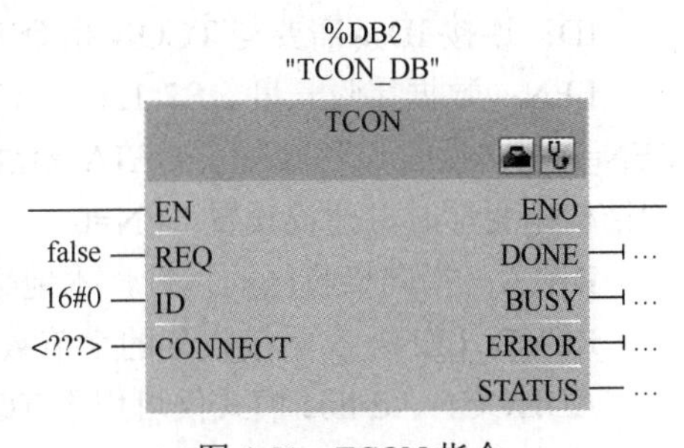

图 4-51　TCON 指令

参数 CONNECT 用于描述通信连接，该参数包含建立连接所需的全部设置，该参数可以通过单击 TCON 指令右上角的“开始组态”按钮生成，也可通过在数据块中组态一个结构类型为 TCON_IP_v4 的变量（ISO-on-TCP 通信时，该结构类型为 TCON_IP_ RFC）来实现。

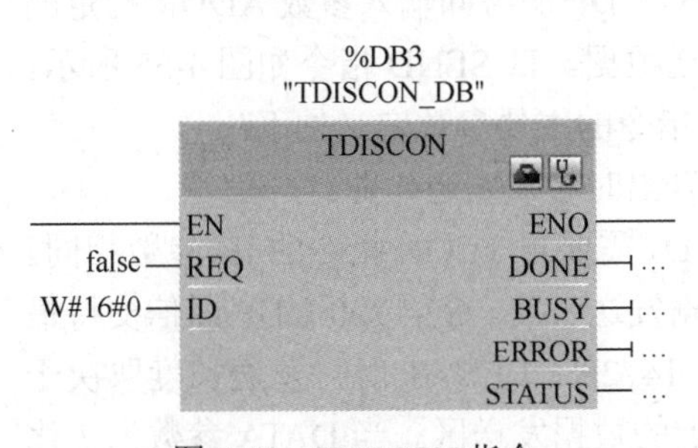

图 4-52　TDISCON 指令

2）TDISCON 指令。TDISCON 指令用于断开 TCON 指令建立的连接或释放 TCON 指令定义的 UDP 服务，参数 ID 需要与 TCON 指令的 ID 相同，如图 4-52 所示。参数 REQ 的上升沿用于断开 ID 指定的连接，如果还需要重新建立连接或定义服务，必须再次执行 TCON 指令。

3）TSEND 指令。TSEND 指令用于通过已建立连接发送数据，指令的调用如图 4-53 所示。

TSEND 指令的主要参数定义如下：

REQ：上升沿时触发发送作业。

ID：连接 ID，需要与 TCON 指令的 ID 参数相同。

LEN：数据发送长度。S7-1200 TCP/ISO-on-TCP 通信支持最大发送长度为 8192B。LEN=0 时，发送长度取决于 DATA 参数指定的数据发送区。当 DATA 参数为优化数据块的结构化变量时，建议设置 LEN=0。

DATA：指向发送区的指针，本地数据区域支持优化访问或标准访问。如果数据块为标准访问，则该地址指针还可以采用 P#DB4.DBX0.0 BYTE 100 寻址方式。

STATUS：通信状态字，当 ERROR 为 TRUE 时，可以通过其查看通信错误原因。

4）TRCV 指令。TRCV 指令用于通过已建立连接接收数据，指令如图 4-54 所示。

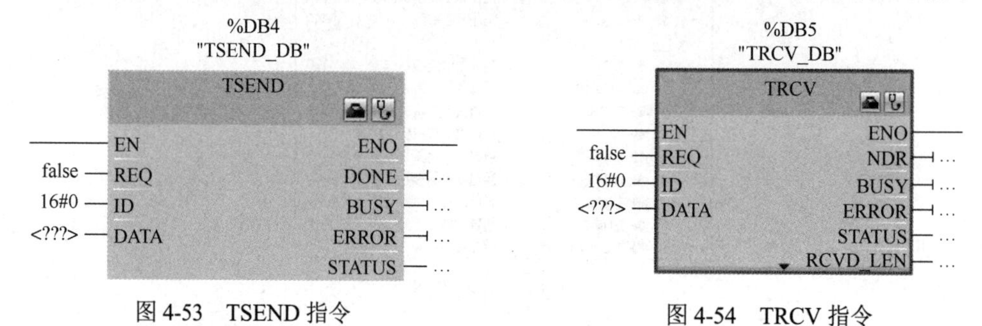

图 4-53　TSEND 指令

图 4-54　TRCV 指令

TRCV 指令的主要参数定义如下：

ENR：启用接收功能。

ID：连接 ID，需要与 TCON 指令的 ID 参数相同。

LEN：数据接收长度。S7-1200 TCP/ISO-on-TCP 通信支持最大接收长度为 8192B。LEN=0 时，接收长度取决于 DATA 参数指定的数据接收区。当 DATA 参数为优化数据块的结构化变量时，建议设置 LEN=0。

DATA：指向接收区的指针，本地数据区域支持优化访问或标准访问。

RCVD_LEN：实际接收到的字节数，该数值只在 NDR 为 TRUE 那个扫描周期有效。

ADHOC：Ad-hoc 模式仅可用于 TCP，使用 Ad-hoc 模式用于接收动态长度的数据。CPU 与一些高级语言 Socket 通信或者与 Hyper Terminal 通信时，通信伙伴发送的数据长度可能不固定，则需要使用 Ad-hoc 模式接收。

5）TUSEND 指令。TUSEND 指令通过已定义的 UDP 服务向输入参数 ADDR 指定的通信伙伴方发送数据。TUSEND 指令如图 4-55 所示。

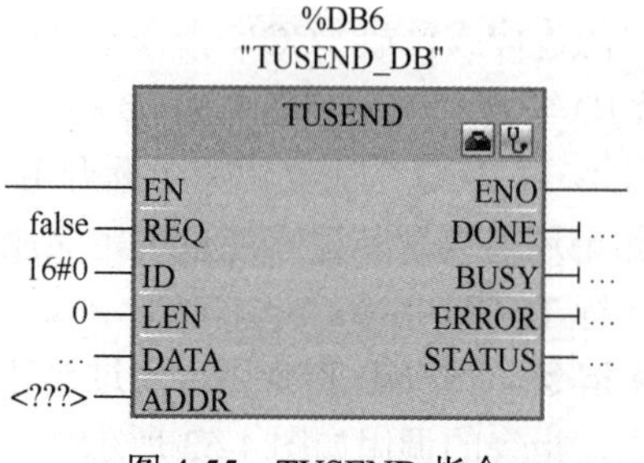

图 4-55　TUSEND 指令

TUSEND 指令的主要参数定义如下：

REQ：上升沿时触发发送作业。

ID：连接 ID，需要与 TCON 指令的 ID 参数相同。

LEN：数据发送长度。S7-1200 UDP 通信支持最大发送长度为 1472B。LEN=0 时，发送长度取决于 DATA 参数指定的数据发送区。当 DATA 参数为优化数据块的结构化变量时，建议设置 LEN=0。

DATA：指向发送区的指针，本地数据区域支持优化访问或标准访问。

ADDR：用于定义通信伙伴的地址信息（IP 地址和端口号），其数据结构类型为TADDR Param。

6）TURCV 指令。TURCV 指令通过已定义 UDP 服务接收数据，指令如图 4-56 所示。

TURCV 指令的主要参数定义如下：

EN_R：启用接收功能。

ID：连接 ID，需要与 TCON 指令的 ID 参数相同。

LEN：数据接收长度。S7-1200 UDP 通信支持最大接收长度为 1472B。LEN=0 时，接收长度取决于 DATA 参数指定的数据接收区。当 DATA 参数为优化数据块的结构化变量时，建议设置 LEN=0。

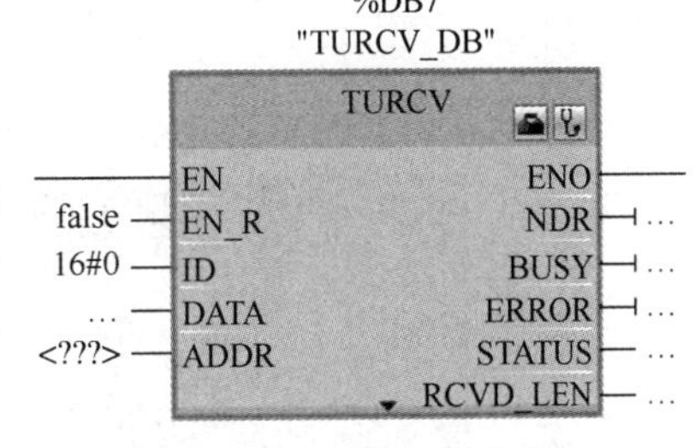

图 4-56 TURCV 指令

RCVD_LEN：实际接收到的字节数，该数值只在 NDR 为 TRUE 那个扫描周期有效。

DATA：指向接收区的指针，本地数据区域支持优化访问或标准访问。

ADDR：用于存储通信伙伴的地址信息，其数据结构类型为 TADDR Param。

7）TSEND_C 指令。TSEND_C 指令内部集成了 TCON、TSEND/TUSEND、T_ RESET 和 TDISCON 等指令，因此该指令可以使用以下功能：建立通信连接；通过已经建立的连接发送数据；断开通信连接。

TSEND_C 指令如图 4-57 所示。

TSEND_C 指令的主要参数定义如下：

REQ：上升沿时触发发送作业。

CONT：控制连接建立。为 0 时，断开连接；为 1 时，建立连接并保持。

COM RST：用于复位连接。

LEN：数据发送长度。TCP/ISO-on-TCP 通信最大发送长度为 8192B，UDP 通信最大发送长度为 1472B。LEN=0 时，发送长度取决于 DATA 参数指定的数据发送区。当 DATA 参数为优化数据块的结构化变量时，建议设置 LEN=0。

DATA：指向发送区的指针，本地数据区域支持优化访问或标准访问。

ADDR：该参数为隐藏参数，只用于 UDP 通信，用于指定通信伙伴的地址信息，详细信息参考 TUSEND 指令。

CONNECT：指向连接描述结构的指针，详细信息参考 TCON 指令。

8）TRCV_C 指令。TRCV_C 指令内部集成了 TCON、TRCV/ TURCV、T_RESET 和 TDISCON 等指令，因此该指令可以使用以下功能：建立通信连接；通过已经建立的连接接收数据；断开通信连接。

TRCV_C 指令的调用如图 4-58 所示。

TRCV_C 指令的主要参数定义如下：

EN_R：启用接收功能。

CONT：控制连接建立。为 0 时，断开连接；为 1 时，建立连接并保持。

COM_RST：用于复位连接。

LEN：数据接收长度。TCP/ISO-on-TCP 通信最大接收长度为 8192B，UDP 通信时最大接收长度为 1472B。LEN=0 时，接收长度取决于 DATA 参数指定的数据发送区。当 DATA 参数为优化数据块的结构化变量时，建议设置 LEN=0。

DATA：指向接收区的指针，本地数据区域支持优化访问或标准访问。

ADHOC：Ad-hoc 模式仅可用于 TCP，详细信息参考 TRCV 指令。

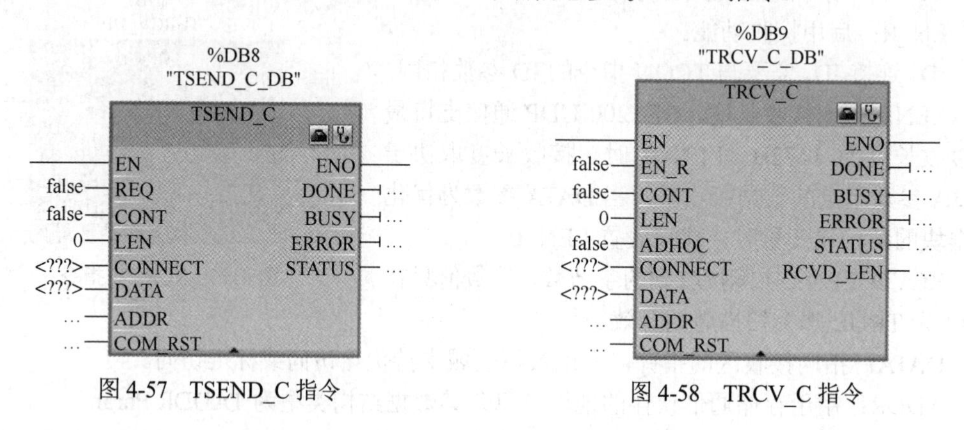

图 4-57 TSEND_C 指令

图 4-58 TRCV_C 指令

2. S7 通信

S7-1200 PLC 的 CPU 与其他 S7-300/400/1200/1500 PLC 的 CPU 通信可采用多种通信方式，但是最常用的、最简单的还是 S7 通信。

S7-1200 PLC 的 CPU 进行 S7 通信时，需要在客户端侧调用 PUT/GET 指令。PUT 指令用于将数据写入伙伴 CPU，GET 指令用于从伙伴 CPU 读取数据。

进行 S7 通信需要使用组态的 S7 连接进行数据交换，S7 连接可在单端组态或双端组态，单端组态的 S7 连接，只需在通信的发起方（S7 通信客户端）组态一个连接到伙伴方的 S7 连接未指定的 S7 连接。伙伴方（S7 通信服务器）无须组态 S7 连接。双端组态的 S7 连接，需要在通信双方都进行连接组态。

（1）PUT 指令

S7-1200 PLC 的 CPU 可使用 PUT 指令将数据写入伙伴 CPU，伙伴 CPU 处于 STOP 运行模式时，S7 通信依然可以正常进行。PUT 指令如图 4-59 所示。

PUT 指令各个参数的定义如下：

1）REQ：用于触发 PUT 指令的执行，每个上升沿触发一次。

2）ID：S7 通信连接 ID，该连接 ID 在组态 S7 连接时生成。

3）ADDR_x：指向伙伴 CPU 写入区域的指针。如果写入区域为数据块，则该数据块须为标准访问的数据块，不支持优化访问。示例：P#DB10. DBX0.0 BYTE 100 表示伙伴方被写入数据的区域为从 DB10.DBB0 开始的连续 100 个字节区域。

4）SD_x：指向本地 CPU 发送区域的指针。本地数据区域可支持优化访问或标准访问。示例：P#DB11.DBX0.0 BYTE 100 表示本地发送数据区为从 DB11. DBB0 开始的连续100个字节区域，数据块DB11为标准访问的数据块。

5）DONE：数据被成功写入伙伴CPU。

6）ERROR：指令执行出错，错误代码需要参考STATUS。

7）STATUS：通信状态字，当ERROR为TRUE时，可以通过其查看通信错误原因。

（2）GET指令

S7-1200 PLC的CPU可使用GET指令从伙伴CPU读取数据，伙伴CPU处于STOP运行模式时，S7通信依然可以正常进行。GET指令如图4-60所示。

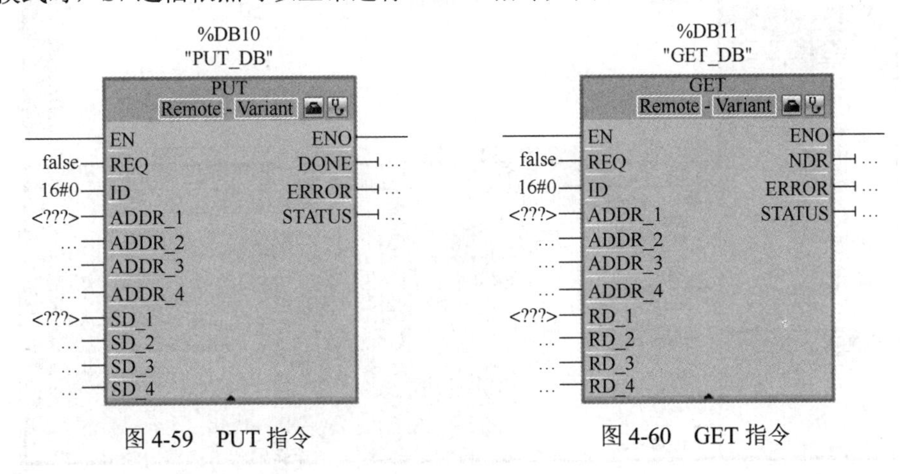

图4-59 PUT指令

图4-60 GET指令

GET指令各个参数的定义如下：

1）REQ：用于触发GET指令的执行，每个上升沿触发一次。

2）ID：S7通信连接ID，该连接ID在组态S7连接时生成。

3）ADDR_x：指向伙伴CPU待读取区域的指针。如果读取区域为数据块，则该数据块须为标准访问的数据块，不能为优化访问。

4）RD_x：指向本地CPU要写入区域的指针。本地数据区域可支持优化访问或标准访问。

5）NDR：伙伴CPU数据被成功读取。

6）ERROR：指令执行出错，错误代码需要参考STATUS。

7）STATUS：通信状态字，当ERROR为TRUE时，可以通过其查看通信错误原因。

任务实施

一、任务分析

首先做好相应的硬件连接。

任务的关键是建立PLC1与PLC2的TCP通信。PLC1发送启动/停止信号，然后PLC2接收启动/停止信号，接收到启动信号后，先回到原点，然后再运动到A点位置，再运动到B点位置，再回到原点，A点在150mm处，B点在50mm处。PLC2接收到PLC1的停止信号后，停止运动。

添加两个 PLC，分别对两个 PLC 进行组态。

首先对 PLC1 进行组态：选择“设备组态”选项，双击 PLC，再单击“属性”按钮，选择“以太网地址”选项，单击“添加新子网”按钮，然后修改 IP 地址，如图 4-61 所示；选择“系统和时钟存储器”选项，选中“启用系统存储器字节”复选框，如图 4-62 所示。

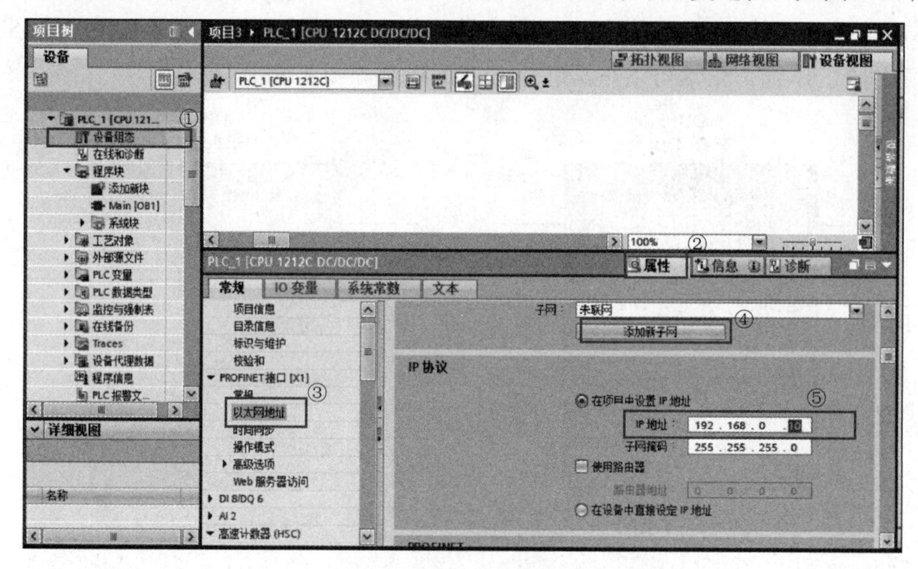

图 4-61　PLC1 IP 地址设置

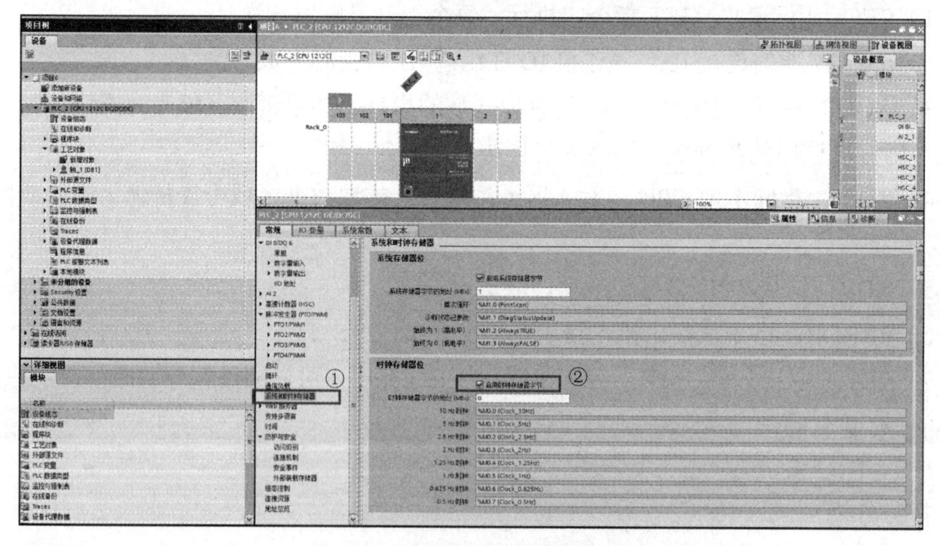

图 4-62　系统和时钟存储器设置

以同样的方式组态 PLC2，最后完成两个 PLC 的组态。

在 PLC1 添加一个 TSEND-C 指令块，并对其组态，如图 4-63 所示。

单击“组态”按钮，选择“组态”选项卡，“伙伴”选择 PLC2，连接数据选择 PLC1，如图 4-64 和图 4-65 所示。

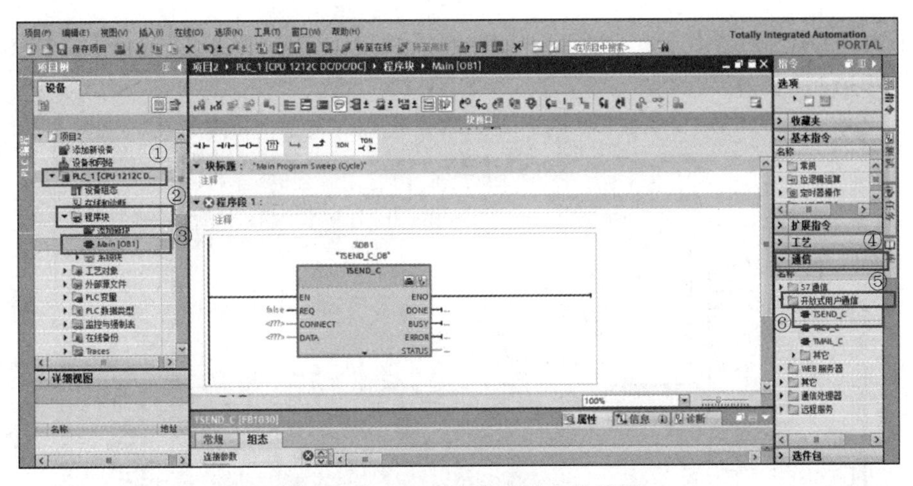

图 4-63 TSEND-C 指令块参数设置

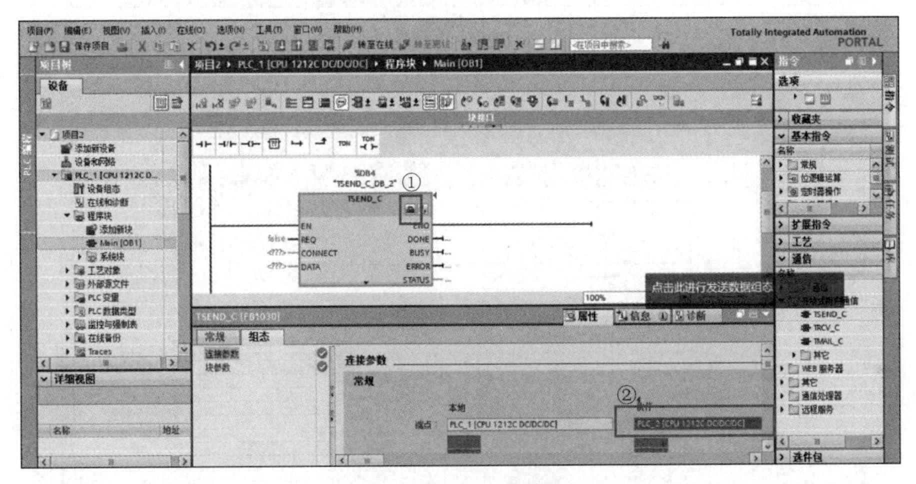

图 4-64 PLC1 伙伴选择设置

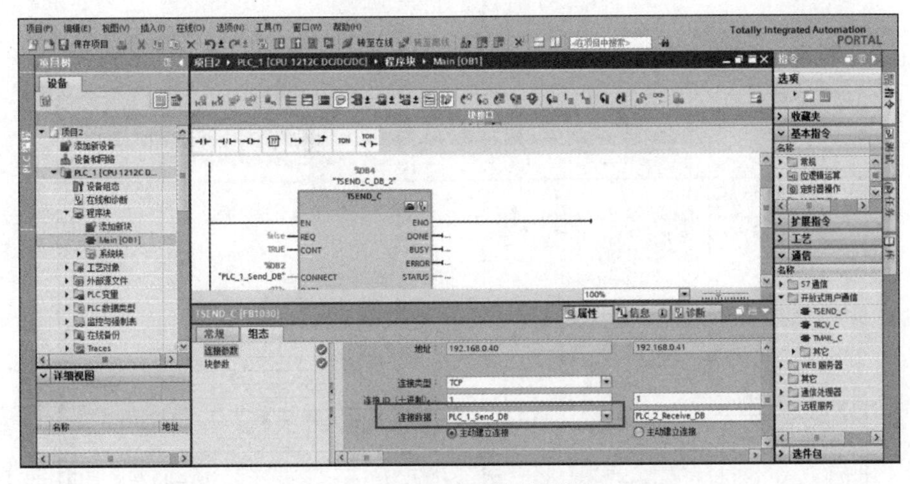

图 4-65 PLC1 连接数据设置

在 PLC2 中添加 TRCV-C 指令块，伙伴选择 PLC1，连接数据选择 PLC2，如图 4-66 和图 4-67 所示。

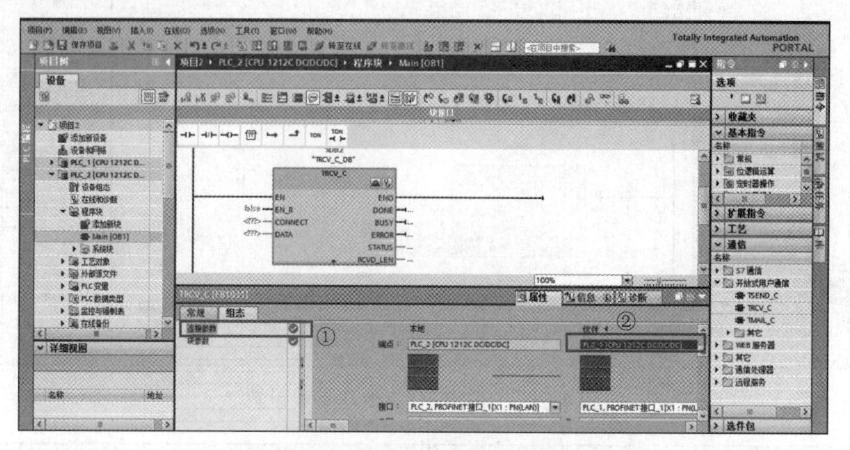

图 4-66　PLC2 伙伴选择设置

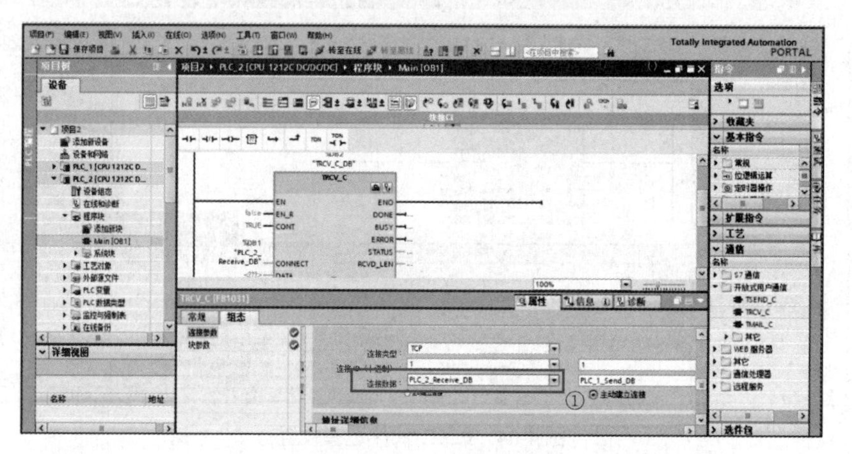

图 4-67　PLC2 连接数据设置

在设备视图中将 PLC1 与 PLC2 连接起来，完成 TCP 通信，如图 4-68 所示。

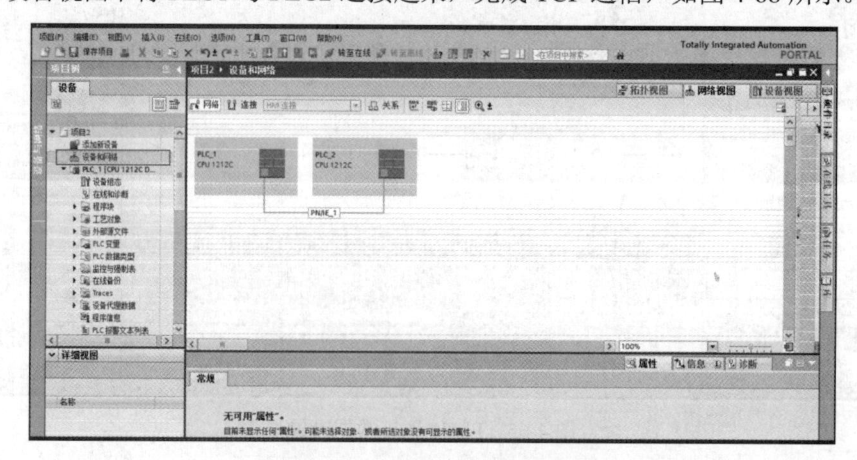

图 4-68　PLC1 与 PLC2 连接

二、程序编写

1. PLC1 主站程序

PLC1 主站程序如图 4-69 所示。

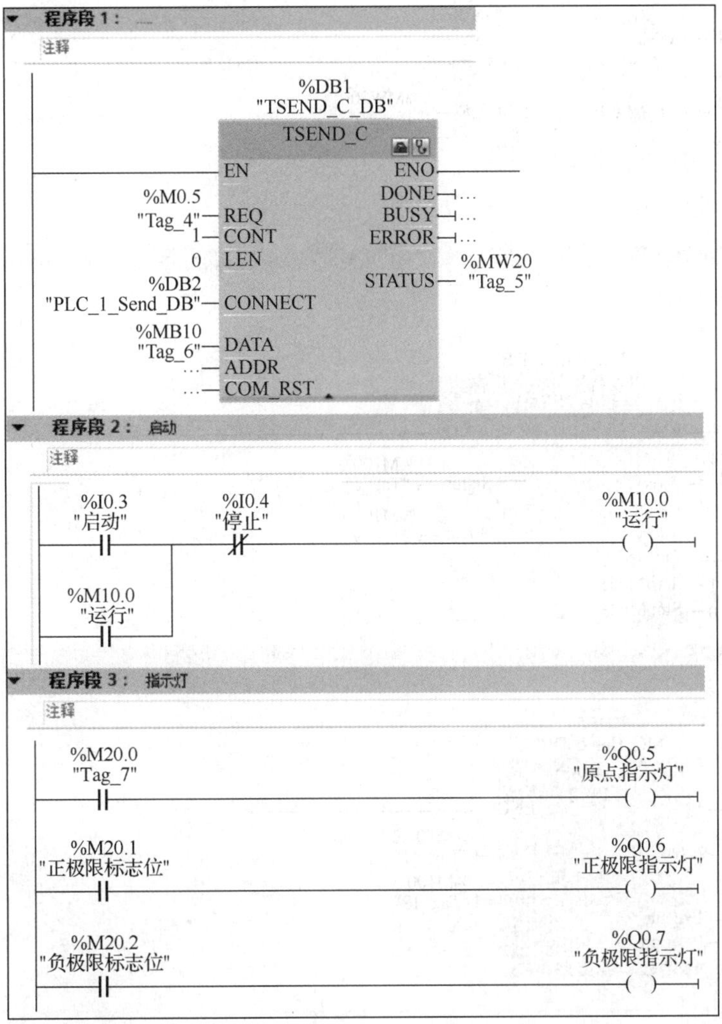

程序段 1：
注释
%DB1
"TSEND_C_DB"
TSEND_C
EN ENO
%M0.5
"Tag_4" REQ DONE ...
1 CONT BUSY ...
0 LEN ERROR ...
%DB2 STATUS %MW20 "Tag_5"
"PLC_1_Send_DB" CONNECT
%MB10
"Tag_6" DATA
... ADDR
... COM_RST

程序段 2：启动
注释
%I0.3 "启动"
%I0.4 "停止"
%M10.0 "运行"
%M10.0 "运行"

程序段 3：指示灯
注释
%M20.0 "Tag_7"
%Q0.5 "原点指示灯"
%M20.1 "正极限标志位"
%Q0.6 "正极限指示灯"
%M20.2 "负极限标志位"
%Q0.7 "负极限指示灯"

图 4-69 PLC1 主站程序

2. PLC2 从站程序

PLC2 从站程序如图 4-70 所示。

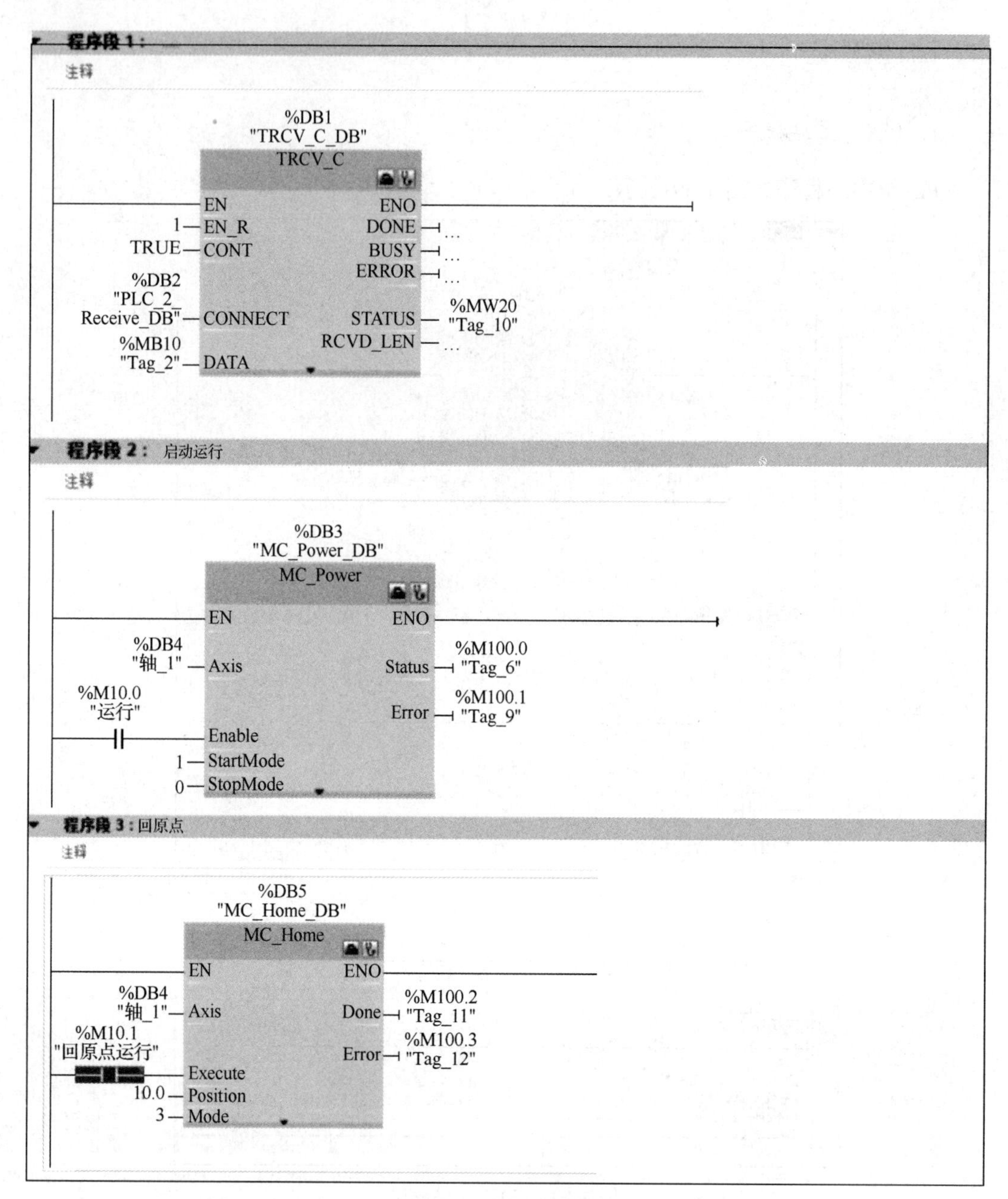

图 4-70　PLC2 从站程序

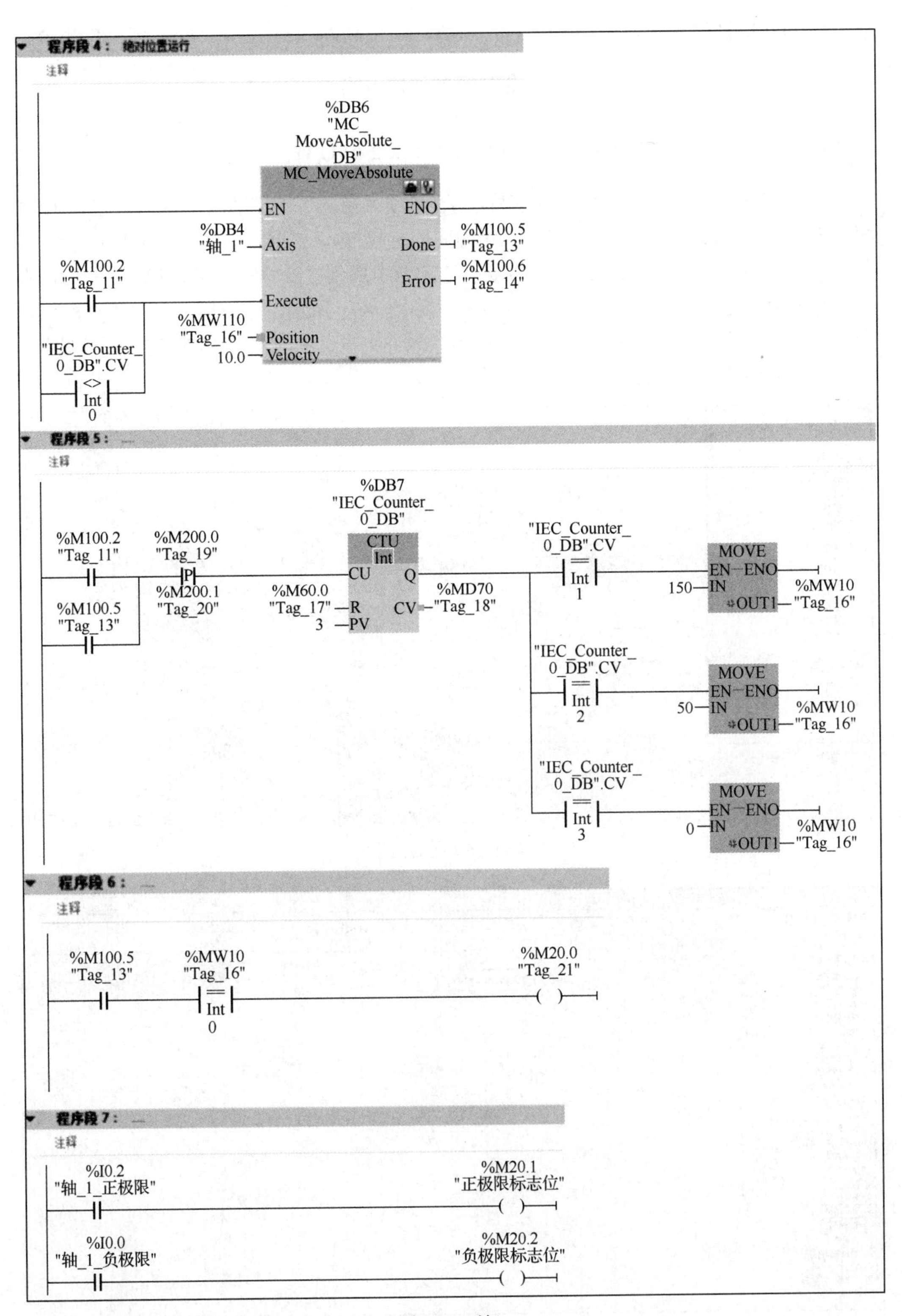

程序段 4： 绝对位置运行
注释
%DB6
"MC_
MoveAbsolute_
DB"
MC_MoveAbsolute
EN
ENO
%DB4
"轴_1"
Axis
Done
%M100.5
"Tag_13"
%M100.2
"Tag_11"
Error
%M100.6
"Tag_14"
Execute
%MW110
"Tag_16"
Position
"IEC_Counter_
0_DB".CV
10.0
Velocity
<>
Int
0
程序段 5：
注释
%DB7
"IEC_Counter_
0_DB"
CTU
Int
%M100.2
"Tag_11"
%M200.0
"Tag_19"
P
CU
Q
"IEC_Counter_
0_DB".CV
==
Int
1
MOVE
EN
ENO
150
IN
OUT1
%MW10
"Tag_16"
%M100.5
"Tag_13"
%M200.1
"Tag_20"
%M60.0
"Tag_17"
R
3
PV
CV
%MD70
"Tag_18"
"IEC_Counter_
0_DB".CV
==
Int
2
MOVE
EN
ENO
50
IN
OUT1
%MW10
"Tag_16"
"IEC_Counter_
0_DB".CV
==
Int
3
MOVE
EN
ENO
0
IN
OUT1
%MW10
"Tag_16"
程序段 6：
注释
%M100.5
"Tag_13"
%MW10
"Tag_16"
==
Int
0
%M20.0
"Tag_21"
程序段 7：
注释
%I0.2
"轴_1_正极限"
%M20.1
"正极限标志位"
%I0.0
"轴_1_负极限"
%M20.2
"负极限标志位"

图 4-70（续）

拓展阅读

博途 V15 的通信方法

1. 利用 S7 通信将 PLC1 中的 IB0 传送到 PLC2 的 QB1

1）打开博途 V15 软件，创建新项目，打开“项目视图”，创建两个 PLC（这里以 1214 和 1212 为例，1212 为通信接收方，1214 为通信发起方）。创建完成后，打开 1212 的“设备组态”，单击“属性”按钮，在“常规”选项卡中找到“PROFINET 接口”，在“IP 协议”选项组中把 IP 地址改为“192.168.0.9”，如图 4-71 所示，完成后再找到“防护与安全”选项，选择“连接与机制”选项，选中“允许来自远程对象的 PUT/GET 通信访问”复选框，如图 4-72 所示。

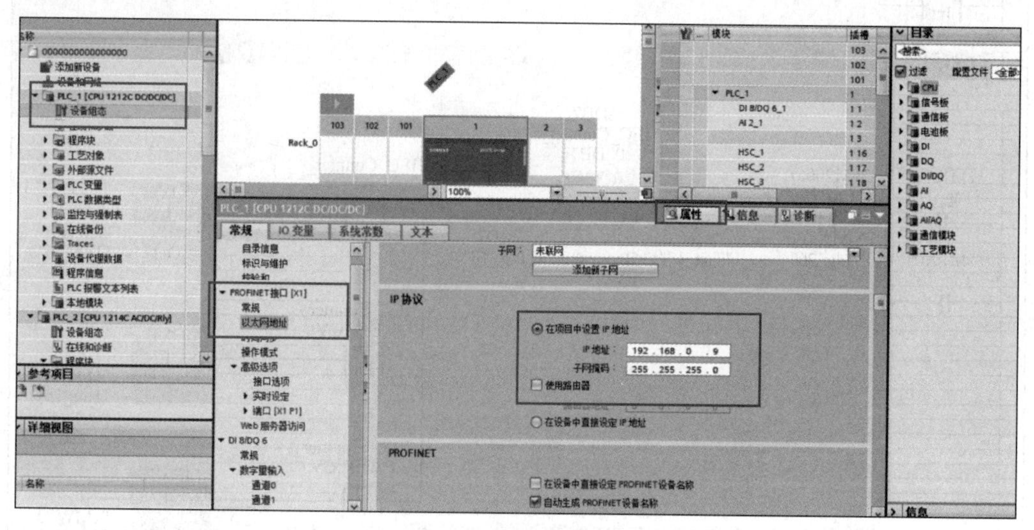

图 4-71 S7 通信创建一

图 4-72 S7 通信创建二

2）打开 1214 的“设备组态”，单击“属性”按钮，在“常规”选项卡中找到“PROFINET 接口”，选择“以太网地址”选项，在“IP 协议”选项组中把 IP 地址改为“192.168.0.8”，如图 4-73 所示，完成后再找到“系统和时钟存储器”选项，选中“启用系统存储器字节”和“启用时钟存储器字节”复选框，如图 4-74 所示。

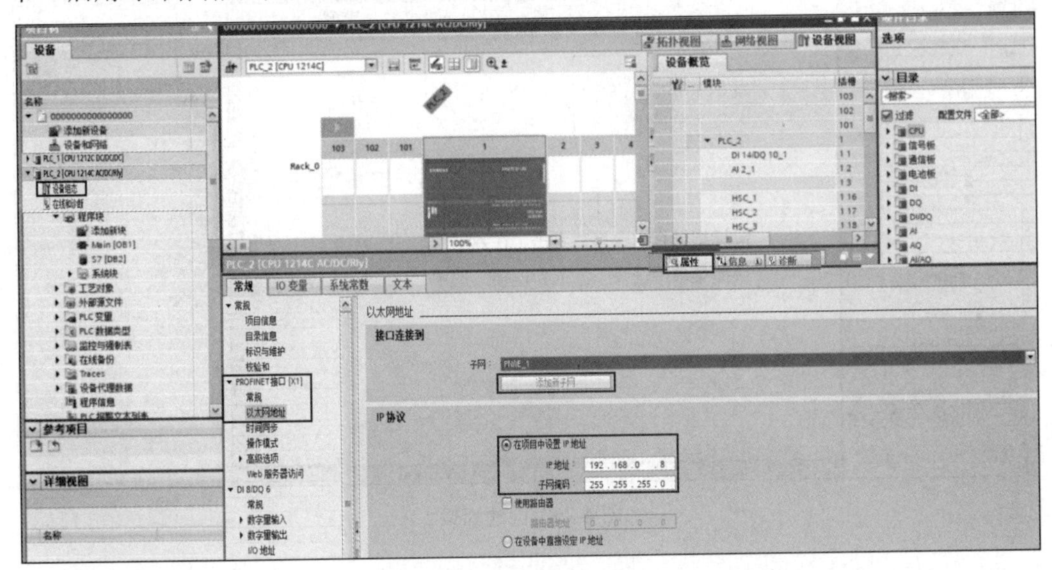

图 4-73　IP 地址设置

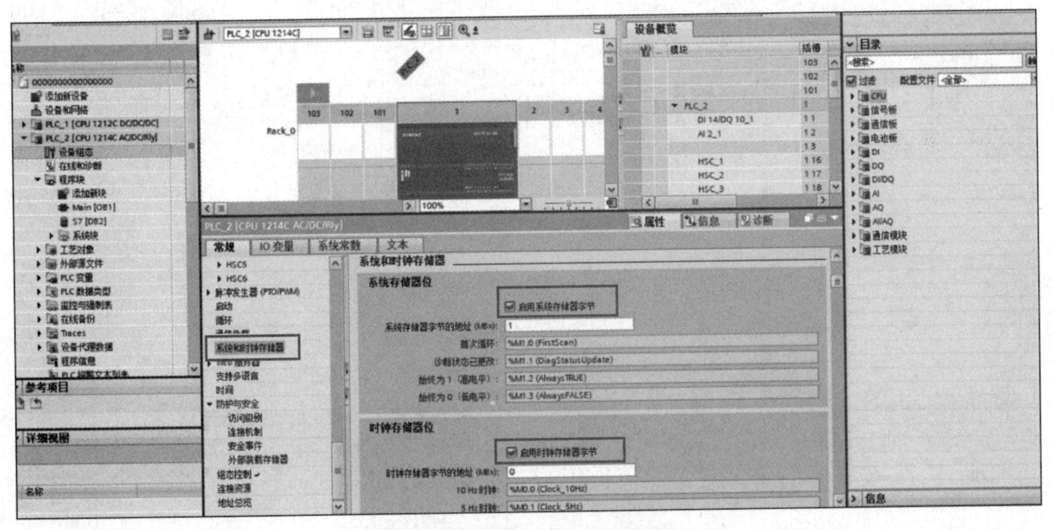

图 4-74　系统和时钟存储器

3）如图 4-75 所示，打开网络视图，单击“连接”按钮，在其后的下拉列表中选择“S7 连接”选项，将鼠标指针移到从站 1214PLC 上右击，在弹出的快捷菜单中选择“添加新连接”选项，弹出如图 4-76 所示的“创建新连接”对话框，单击“添加”按钮。

4）添加完成后单击“关闭”按钮，关闭后会出现 S7-连接，单击它，然后单击“属性”按钮，在“常规”选项卡中在伙伴方输入主站地址“192.168.0.9”即可，如图 4-77 所示。

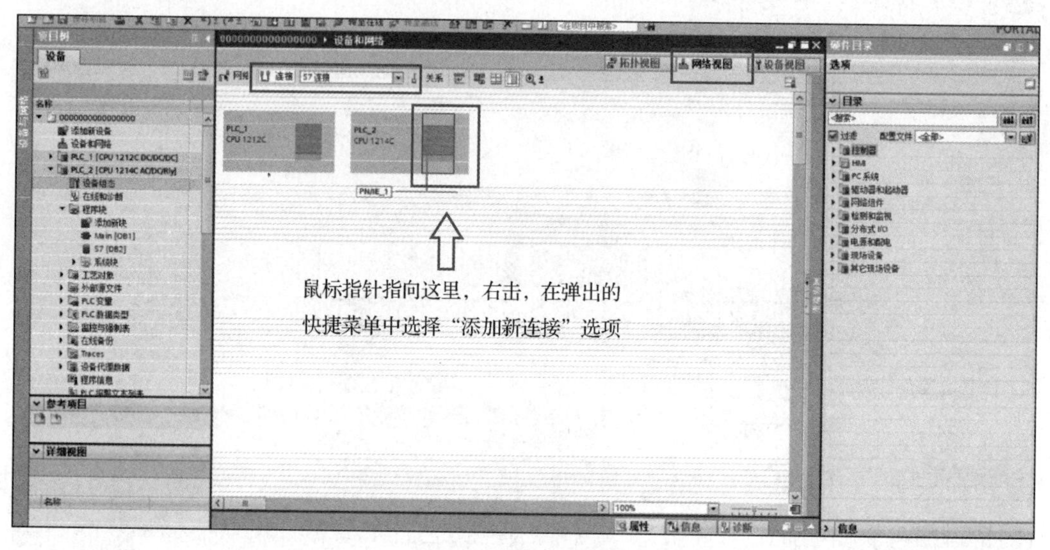

图 4-75 创建连接

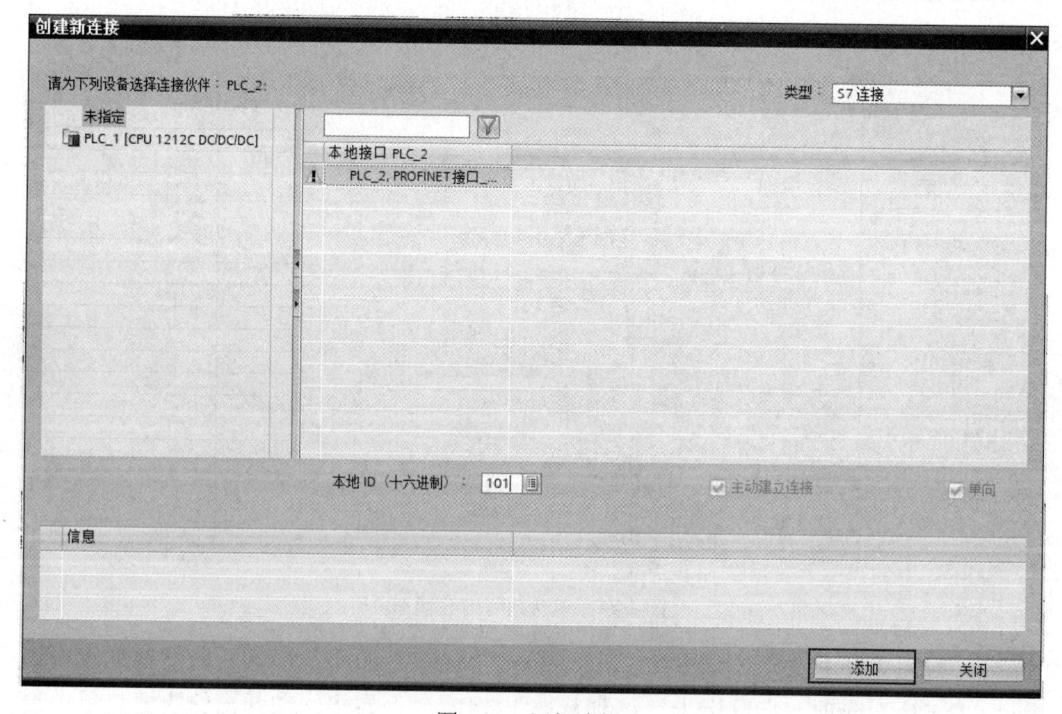

图 4-76 添加连接

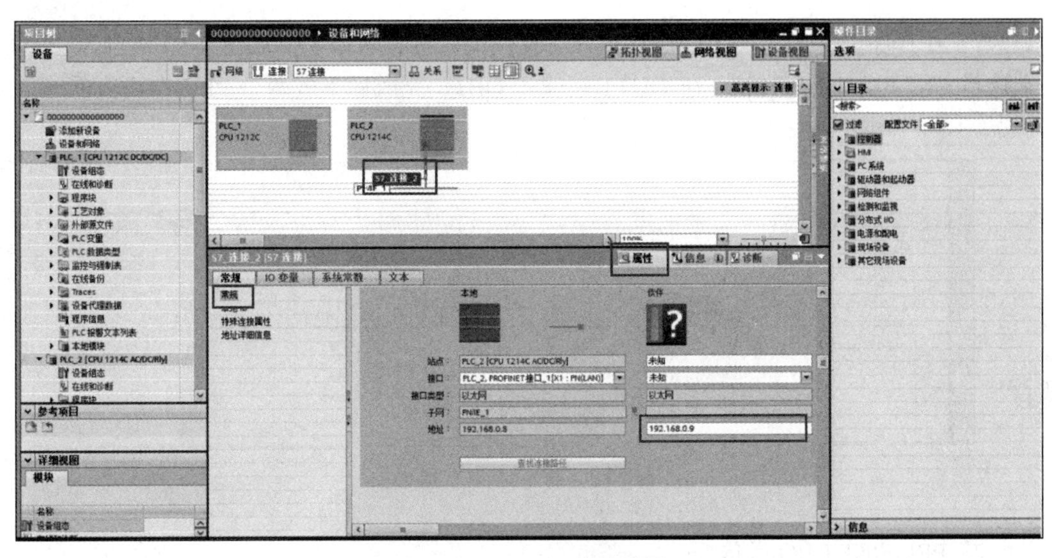

图 4-77　PLC2 IP 地址设置

5）在从站编写程序，先创建一个数据块，命名为 S7；再创建两个数据，如图 4-78 所示。两个数据类型相同为 Array[0..1] of Byte，把括号里的 1 改成 99，命名为 RCVBUFF 和 SENDBUFF。

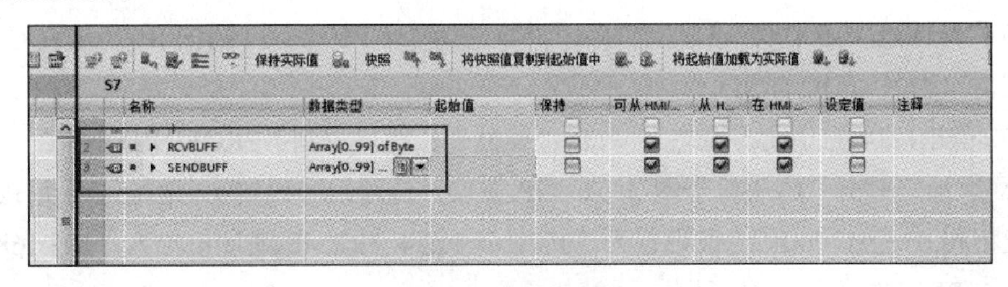

图 4-78　创建数据块

6）编写程序。如图 4-79 所示，单击 OB1 块，在“通信”选项组中找到“S7 通信”，单击“GET”拉入程序段中，在 REQ 端输入 M0.5，在 ID 端输入 16#100，在 ADRR-1 端输入 P#I0.0 BYTE 1（注意有空格），在 RD-1 端选择 S7.RCVBUFF，在 STATUS 端输入 MW20。

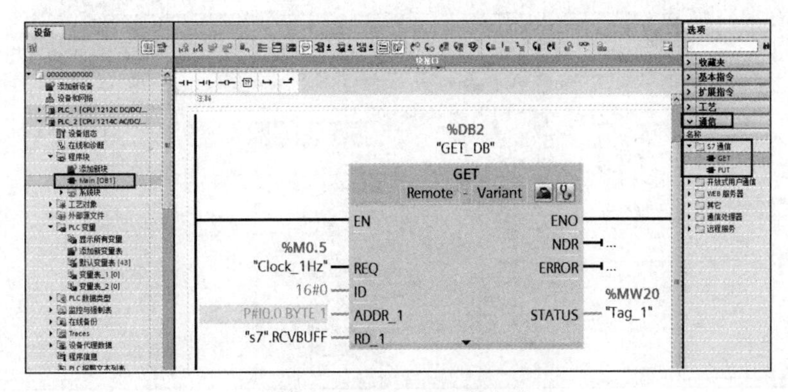

图 4-79　插入 GET 指令块

7）在程序段 2 编写一个传送指令，方便人们直观查看情况。如图 4-80 所示，在 IN 端选择“S7.RCVBUFF[0]”，在 OUT1 端输入 QB1，完成后下载两个 PLC 即可查看通信情况。

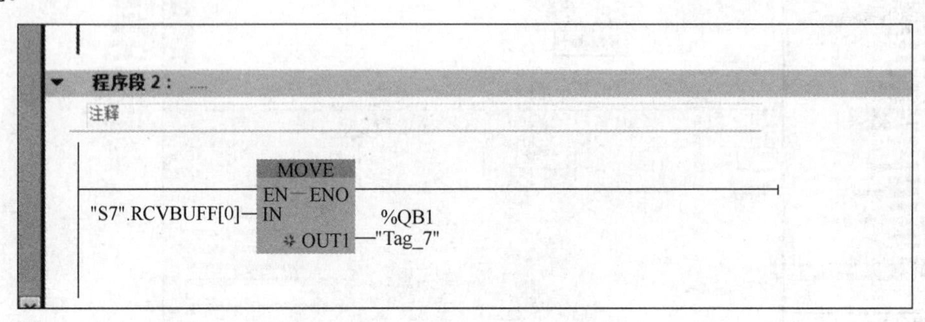

图 4-80 插入 MOVE 指令

2. PROFINET I/O 通信

要求：利用 PROFINET I/O 通信，将 PLC1 端 I1.3 传送到 PLC2 端 Q0.0。

1）I/O 通信是两个 PLC 之间的简单通信，优点是操作简单方便，不用编程，但是每个连接最多能传输 1024B。

2）打开博途 V15 软件，创建新项目，并组态两个 CPU，PLC1：1214C（AC/DC/RLY）和 PLC2：1212C（DC/DC/DC）。

3）单击 1214 的“设备组态”，单击“属性”按钮，找到“PROFINET 接口”下面的“以太网地址”单击“添加新子网”，在“IP 协议”选项组中设置 IP 地址（两个 PLC 地址不能相同），把 1214 IP 地址设置为“192.168.0.5”，1212 IP 地址设置为“192.168.0.6”并使之与 PLC1 处于同一个子网。

1214 PLC 的设置如图 4-81 所示。

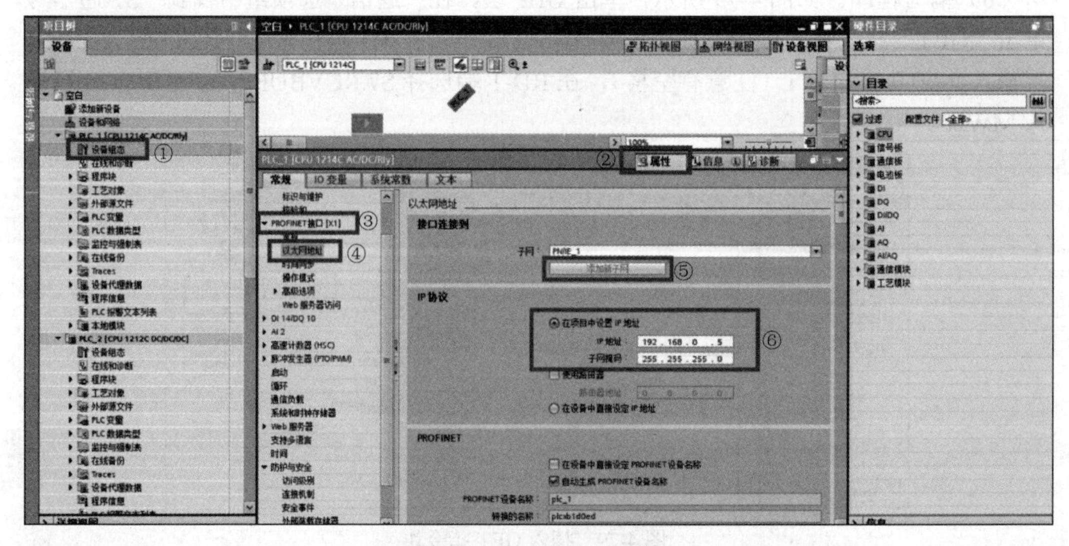

图 4-81 1214 PLC 设置

1212 PLC 的设置如图 4-82 所示。

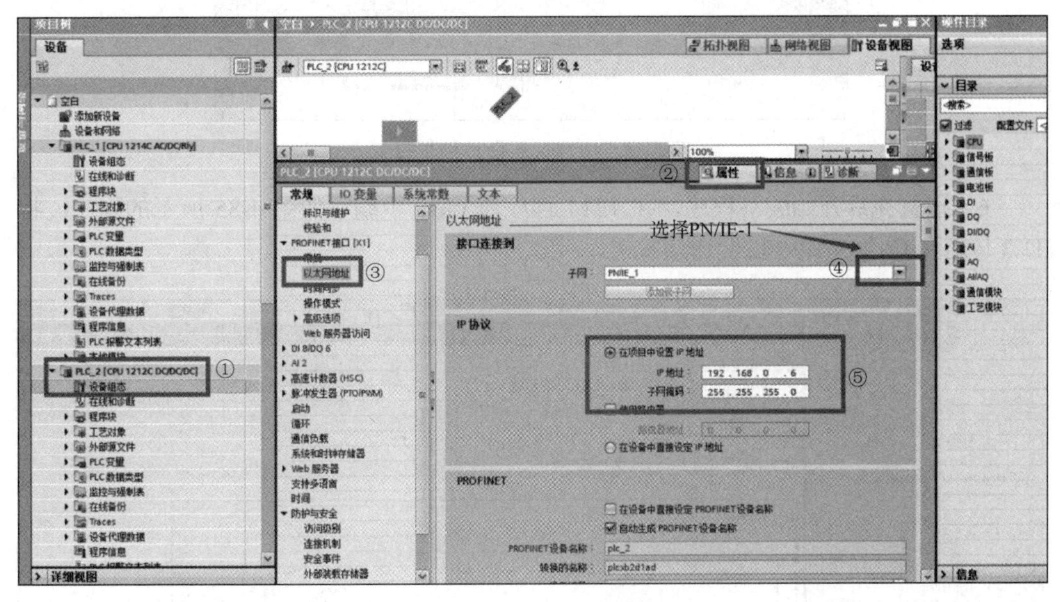

图 4-82　1212 PLC 设置

4）完成图 4-82 所示的设置后，还需在“操作模式”选中“IO 设备”复选框，分配控制器，在“传输区域”选项组中添加如图 4-83 所示的参数。

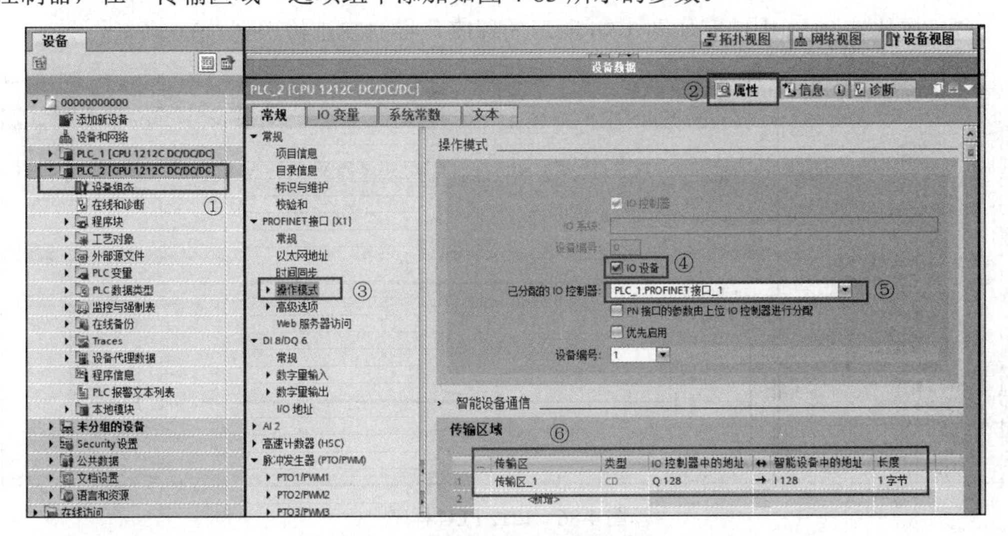

图 4-83　1212 PLC 控制器分配

5）读写过程数据地址设置如图 4-84 所示。在读写过程数据输出方自动命名为 Q，接收方为 I，且默认地址续接该设备的硬件的结束地址，但是人们常常将这个地址改大一些，以便于区分，字节长度最高为 1024B。在控制器和智能设备双方 PLC 中，可以直接使用通信收发元件编程序。

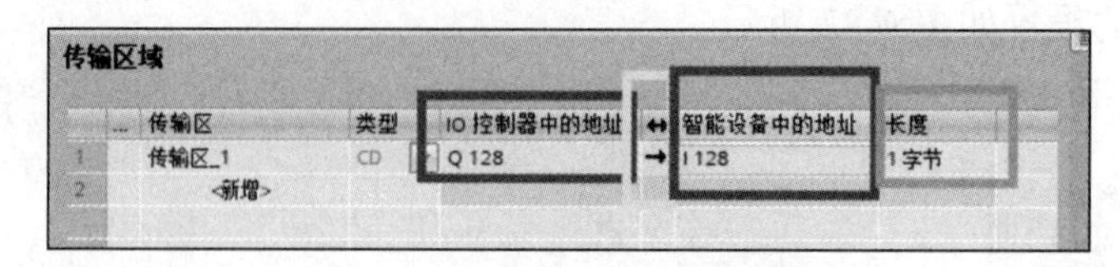

图 4-84　读写过程数据地址设置

6）设置完后开始编写程序，在 1214 程序块 OB1 中编写如图 4-85 所示的程序，将 I1.3 传送到 Q128.1 中，以便通信发送。

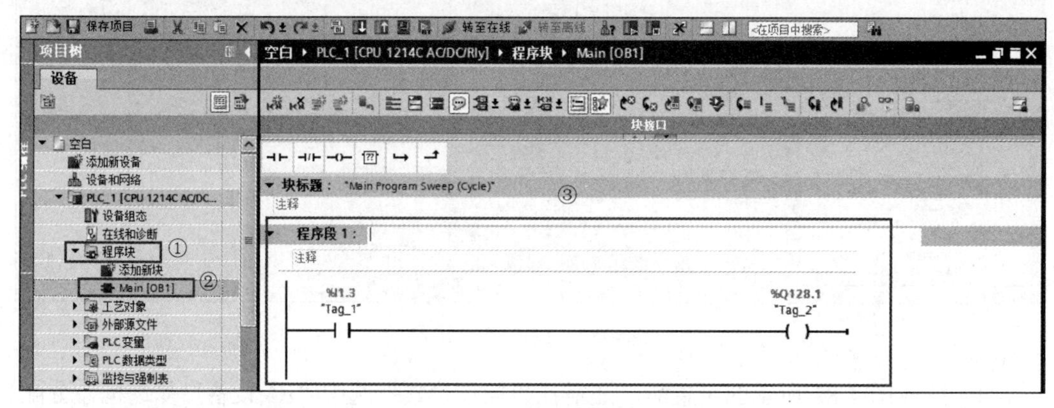

图 4-85　1214 PLC 程序

7）在从站 1212 中编写如图 4-86 所示的程序，将 I128.1 传送到 Q0.0。

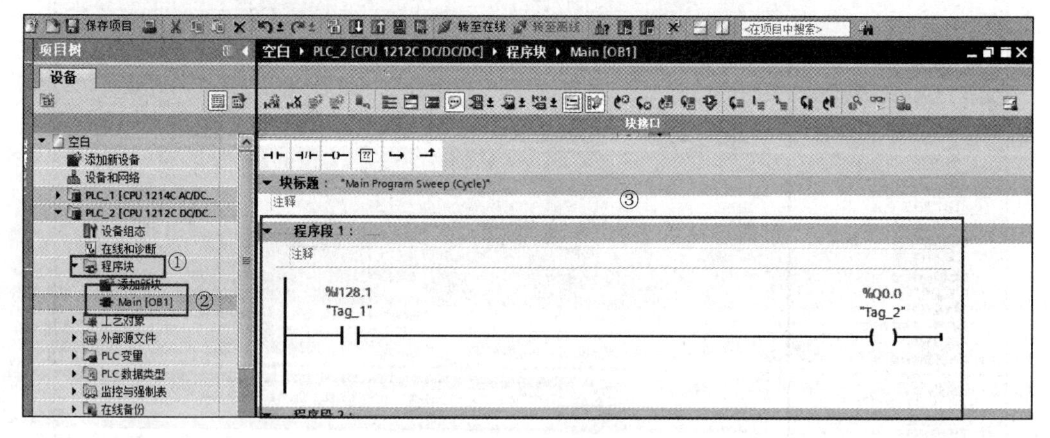

图 4-86　1212 PLC 程序

8）编写完后，必须下载两个 PLC 后才能启动，否则 PLC 会报错。PLC 程序下载如图 4-87 所示。

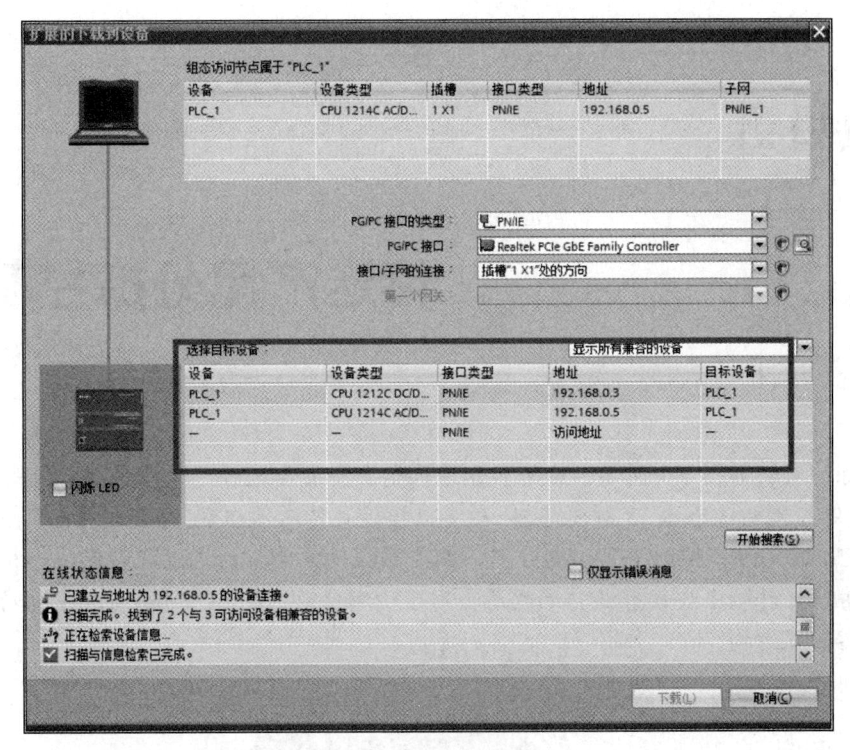

图 4-87 PLC 程序下载

9）下载完成后即可看到，在 PLC1 端按下 I1.3，PLC2 端 Q0.0 输出灯就亮。

作 业

简答题

1．伺服系统一般包括哪几部分？

2．利用博途 V15 中的工艺轴指令如何实现对伺服电动机（或步进电动机）驱动轴转动方向与转速的控制？另外还实现了哪些控制？

3．S7-1200 各型号的 PLC 直接提供的通信接口是什么？还可以扩展哪些常见接口？

4．博途 V15 支持哪些通信方法？

项目五

传送产品分拣控制

分拣站实物如图 5-1 所示。传送和分拣机构主要由传送带、出料滑槽、推料（分拣）气缸、漫射式光电传感器、光纤传感器、磁感应接近式传感器组成。用西门子 S7-1200 PLC（1214AC/DC/RLY）控制 G120 变频器，变频器拖动电动机，电动机带动减速机构驱动传送带运行，转轴上安装有旋转编码器，用于检测位移。图 5-2 所示为减速电动机与旋转编码器轴联结构。

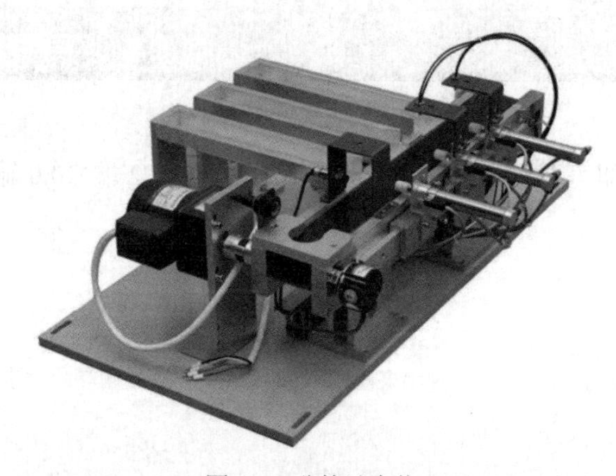

图 5-1　分拣站实物

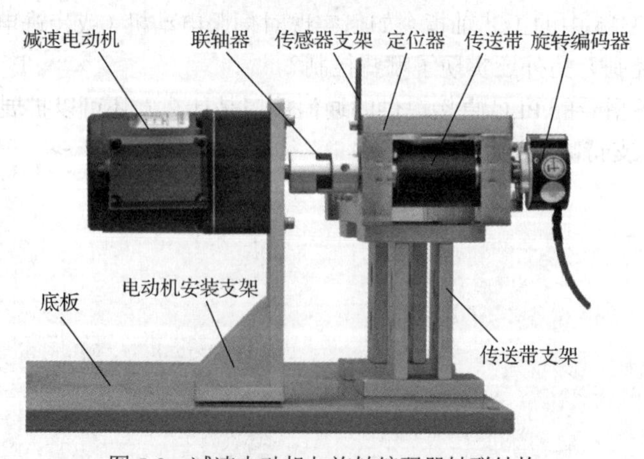

图 5-2　减速电动机与旋转编码器轴联结构

传送带是把机械手输送过来加工好的工件进行传输，输送至分拣区。导向器用于纠偏机械手输送过来的工件。当输送站送来的工件放到传送带上并被入料口漫射式光电传感器检测到时，信号传输给 PLC，通过 PLC 的程序启动变频器，电动机运转驱动传送带工作，把工件带进分拣区。如果进入分拣区的工件为白色，则检测白色物料的光纤传感器动作，作为 1 号槽推料气缸启动信号，将白色料推到 1 号槽里；如果进入分拣区的工件为黑色，检测黑色的光纤传感器作为 2 号槽推料气缸启动信号，将黑色料推到 2 号槽里；如果是金属工件，被金属传感器检测到，则将其推到 3 号槽里。自动生产线的加工结束。

本项目 PLC 硬件接线图如图 5-3 所示。

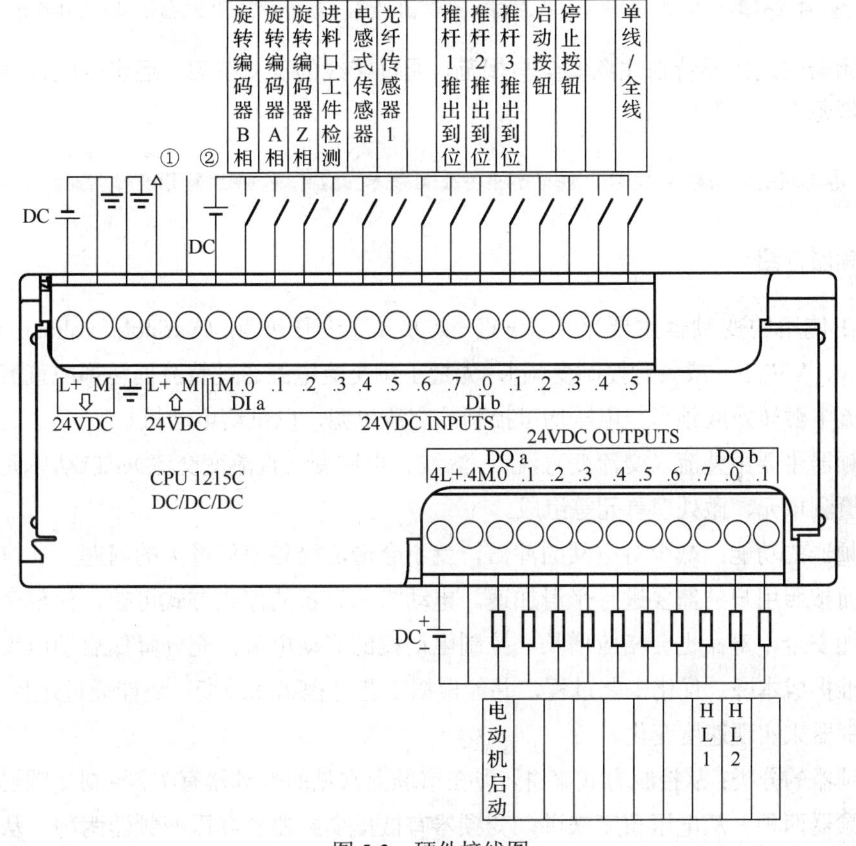

图 5-3　硬件接线图

任务一　传送带定速控制

任务简介

用 PLC 控制传送带启动、停止、反转和按指定速度运行。用 I1.3 控制传送带的启动，

I1.2 控制传送带的停止，I1.5 控制传送带的反转，且传送带的速度为3000r/min。用PLC控制变频器，变频器驱动电动机转动，电动机带动传送带运动，旋转编码器记录传送带脉冲数。

微课 5.1 编程操作与调试

教学目标

- 掌握变频器的连接与参数设定。
- 掌握变频器的组态与设置。

5.1 课件

思政目标

变频器的连接要特别注意安全与规范，通过接线的反复练习，逐步养成较强的安全意识与规范意识。

准备知识

一、变频器介绍

现在使用的变频器主要采用交-直-交方式［变压变频（variable voltage variable frequency，VVVF）或矢量控制变频］，先把工频交流电源通过整流器转换成直流电源，再把直流电源转换成频率、电压均可控制的交流电源，以供给电动机。

变频器主要由整流（交流变直流）、滤波、再逆变（直流变交流）、自动单元、驱动单元、检测单元、微处理单元等组成。

变频器的功能：减少对电网的冲击，就不会造成峰谷差值过大的问题。加速功能可控，从而按照用户的需要进行平滑加速。电动机和设备的停止方式可控，使整个设备和系统更加安全，寿命也会相应增长。控制电动机的启动电流，充分降低启动电流，使电动机的维护成本降。优化工艺过程，并能根据工艺过程迅速改变，还能通过远控PLC或其他控制器来实现速度变化。

变频器的分类：从控制方式来讲，现在市场上常见的变频器有 V/f 控制变频器和矢量控制变频器两种。从电压角度来讲，变频器有低压变频器和高压变频器两种。从电源角度来讲，变频器有单相变频器和三相变频器的区分。

用PLC控制变频器的方式有：外部端子控制、摸拟量输出控制和通信控制。

二、变频器参数的设定

下面以西门子G120变频器为例，介绍其部分参数的设置。

1. P1900

P1900参数定义如表5-1所示。

表 5-1 P1900 参数定义

序号	参数	设定值	功能描述	备注
6	P1900	2	设置电机数据识别。 0：禁止。 2：静止时识别所有参数	参数设置完后用于整定，最后设置

当 P1900 设定值为“1”时，关闭自动检测。

2. P0922

P0922 参数的意义是 PROFINET 通信报文格式。设定值为“1”时，表示报文互联。

3. P0304、P0305、P0307

P0304、P0305、P0306 参数定义如表 5-2 所示。

表 5-2 P0304、P0305、P0306 参数定义

参数	设定值	功能描述	备注
P0304	380V	电机额定电压（V）。 注意：输入的铭牌数据必须与电机接线（星形/三角形）一致	
P0305	根据电机铭牌设置	电机额定电流（A）。 注意：输入的铭牌数据必须与电机接线（星形/三角形）一致	
P0307	根据电机铭牌设置	电机额定功率（kW）。 若 P0100=0 或 2，电机功率单位为（kW）；若 P0100=1，电机功率单位为（kW）	

4. P0003、P0004、P0010

P0003 参数用于描述用户访问级，参数设定值为 3，表示“专家级”。

P0004 参数用于描述参数过滤器，参数设定值为 0，表示“全部参数”。

P0010 参数用于描述调试参数过滤器，参数设定值为 1，表示“快速调试”。

当参数 P0003、P0004、P0010 设置完成后即可执行快速调试模式。

以下为西门子 G120 变频器快速调试模式的步骤。

快速调试是通过设置电机参数、变频器的命令源、速度设定源等基本参数，从而达到简单快速运转电机的一种操作模式。使用 BOP-2 进行快速调试的步骤如下：

1）按▲或▼键将光标移动到“SETUP”。

2）按 OK 键进入“SETUP”菜单，显示工厂复位功能。

- 如果需要复位按 OK 键，按▲或▼键选择“YES”，按 OK 键开始工厂复位，面板显示“BUSY”。
- 如果不需要工厂复位，按▼键。

3）按OK键进入P1300参数，按▲或▼键选择参数值，按OK键确认参数。

4）按OK键进入P100参数，按▲或▼键选择参数值，按OK键确认参数。通常国内使用的电机为IEC电机，该参数设置为0。

5）P304电机额定电压（查看电机铭牌），按OK键进入P304参数，按▲或▼键选择参数值，按OK键确认参数。

6）P305电机额定电压（查看电机铭牌），按OK键进入P305参数，按▲或▼键选择参数值，按OK键确认参数。

7）P307电机额定功率（查看电机铭牌），按OK键进入P307参数，按▲或▼键选择参数值，按OK键确认参数。

8）P311电机额定转速（查看电机铭牌），按OK键进入P311参数，按▲或▼键选择参数值，按OK键确认参数。

9）P1900电机参数识别，按OK键进入P1900参数，按▲或▼键选择参数值，按OK键确认参数。

注意：P1300=20或22时该参数被自动设置为2。

10）P15预定义接口宏，按OK键进入P15参数，按▲或▼键选择参数值，按OK键确认参数。

11）P1080电机最低转速，按OK键进入P1080参数，按▲或▼键选择参数值，按OK键确认参数。

12）P1120斜坡上升时间，按OK键进入P1120参数，按▲或▼键选择参数值，按OK键确认参数。

13）P1121斜坡下降时间，按OK键进入P1121参数，按▲或▼键选择参数值，按OK键确认参数。

14）参数设置完毕后进入结束快速调试画面。

15）按OK键进入，按▲或▼键选择“YES”，按OK键确认结束快速调试。

16）面板显示“BUSY”，变频器进行参数计算。

17）计算完成短暂显示“DONE”画面，随后光标返回“MONITOR”菜单。

如果在快速调试中设置P1900不等于0，在快速调试后变频器会显示报警A07991，提示以激活电机数据辨识，等待启动命令。

三、变频器组态的基本步骤

1）打开博途软件后，设备组态为CPU1214AC/DC/RLY，单击设备与网络中的“设备组态”，然后在网络视图中找到“其他现场设备”→“PROFINETIO”→“SIEMENS AG”→“SINAMISC”，然后选择“G120PNV4.7”。

2）组态变频器时需要设置变频器的标准报文。

报文类型、过程值含义、标准报文1中PZD1控制字含义分别如表5-3～表5-5所示。

表 5-3 报文类型

报文类型 P922	过程数据					
	PZD1	PZD2	PZD3	PZD4	PZD5	PZD6
报文 1	STW1	NSOLL_A				
PZD2/2	ZSW1	NIST_A_GLATT				
报文 20	STW1	NSOLL_A				
PZD2/6	ZSW1	NIST_A_GLATT	IAIST_GLATT	MIST_GLATT	PIST_GLATT	MELD_NAMUR
报文 350	STW1	NSOLL_A	M_LIM	STW3		
PZD4/4	ZSW1	NIST_A_GLATT	IAIST_GLATT	ZSW3		
报文 352	STW1	NSOLL_A	预留过程数据			
PZD6/6	ZSW1	NIST_A_GLATT	IAIST_GLATT	MIST_GLATT	WARN_CODE	FAULT_CODE
报文 353	STW1	NSOLL_A				
PZD2/2	ZSW1	NIST_A_GLATT				
报文 354	STW1	NSOLL_A	预留过程数据			
PZD6/6	ZSW1	NIST_A_GLATT	IAIST_GLATT	MIST_GLATT	WARN_CODE	FAULT_CODE
报文 999	STW1	接收数据报文长度可定义（n=1，…，n）				
PZDn/m	ZSW1	发送数据报文长度可定义（m=1，…，n）				

表 5-4 过程值含义

过程值缩写	含义
STW1/3	控制字 1/3
ZSW1/3	状态字 1/3
NSOLL_A	转速设定值
NIAST_A_GLATT	经过滤波的转速实际值
IAIST_GLATT	经过滤波的电流实际值
MIST_GLATT	当前转矩
PIST_GLATT	当前有功功率
MELD_NAMUR	故障字，依据 VIK-NAMUR 定义
M_LIM	转矩极限值
FAULT_CODE	故障编号
WARN_CODE	报警编号

表 5-5 标准报文 1 中 PZD1 控制字含义

控制字位	含义	参数设置
0	ON/OFF1	P840=r2090.0
1	OFF2 停车	P844=r2090.1
2	OFF3 停车	P848=r2090.2
3	脉冲使能	P852=r2090.3
4	使能斜坡函数发生器	P1140=r2090.4
5	继续斜坡函数发生器	P1141=r2090.5
6	使能转速设定值	P1142=r2090.6
7	故障应答	P2103=r2090.7

续表

控制字位	含义	参数设置
8，9	预留	
10	通过 PLC 控制	P854=r2090.10
11	反向	P1113=r2090.11
12	未使用	
13	电动电位计升速	P1035=r2090.13
14	电动电位计降速	P1036=r2090.14
15	CDS 位 0	P0810=r2090.15

过程值对应变频器的 I/O 地址，G120 变频器组态完成以后，会定义 I/O 地址，这个可以在编程软件中查看。假设现在 G120 的 I 地址为 0 开始，Q 地址为 10 开始，采用标准报文 1 格式，控制字 1 对应的地址为 QW10，状态字 1 对应的地址为 IW0。转速设定值（16 位）对应地址为 QW12，转速实际值（16 位）对应地址为 IW2。

任务实施

S7-1200 PLC 控制 G120 变频器的正转、停止、反转操作步骤如下。

1. 组态 S7-1200 PLC

做好硬件连接后，再进行组态。添加一个“CPU 1214C AC/DC/Rly”，单击“属性”按钮，添加新设备，修改以太网地址，然后选中“允许来自远程对象的 PUT/GET 通信访问”复选框，完 S7-1200 PLC 组态，步骤如图 5-4～图 5-6 所示。

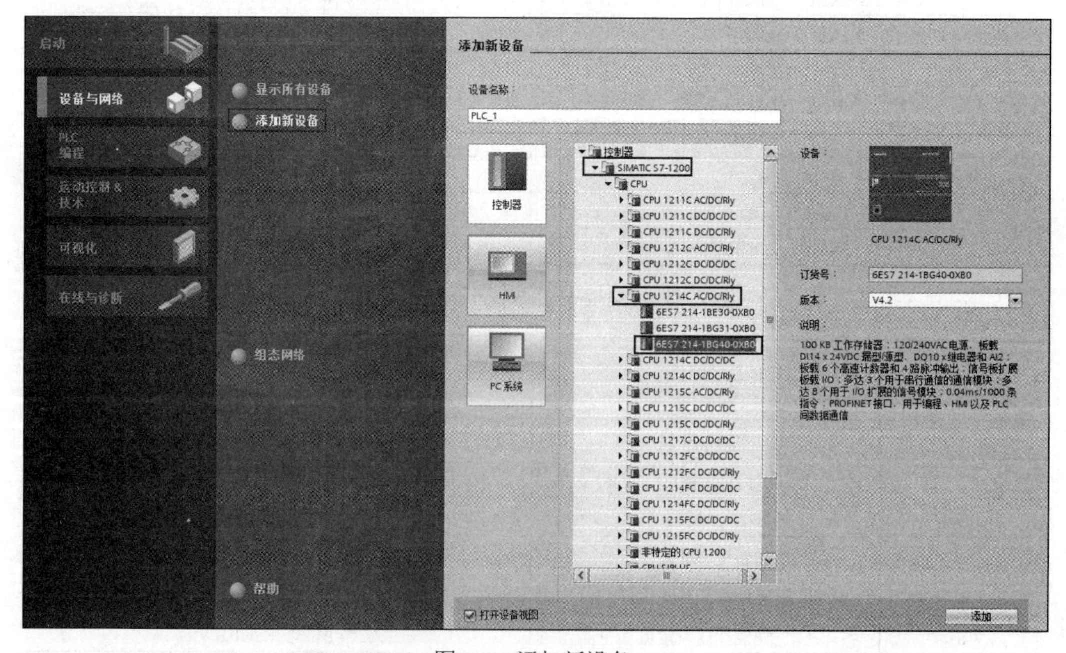

图 5-4 添加新设备

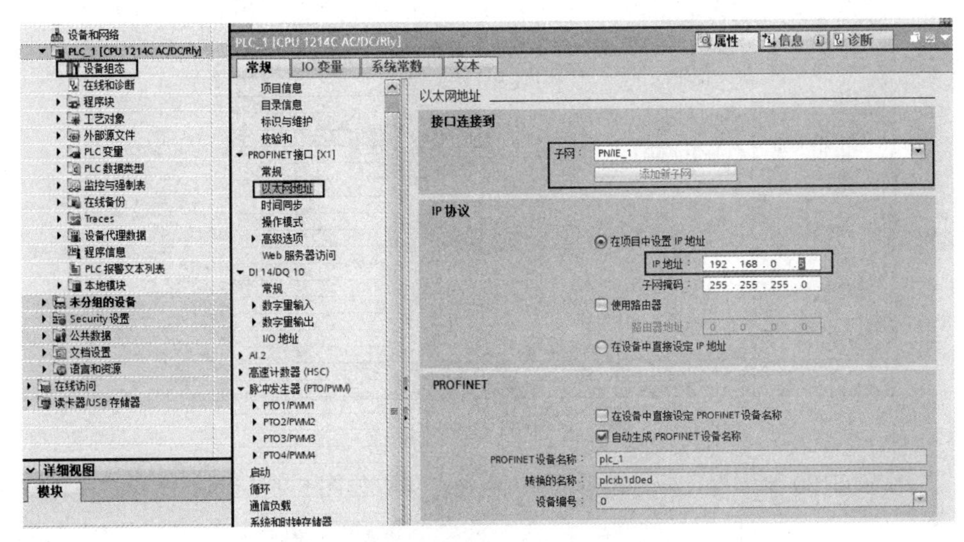

图 5-5　修改以太网 IP 地址

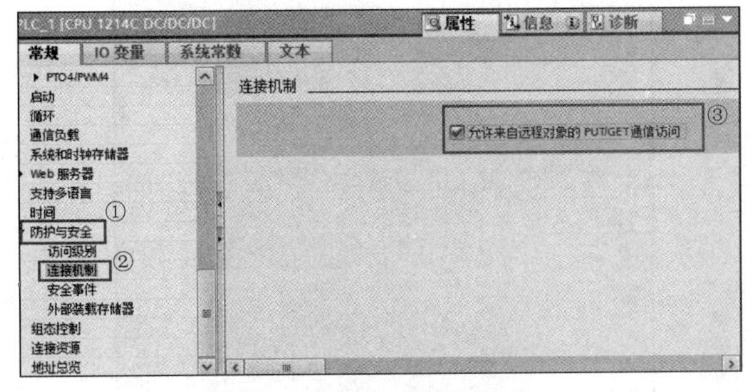

图 5-6　PUT/GET 通信访问设置

2. 组态 G120 变频器

1）在硬件目录中的其他现场设备添加一个 G120 变频器，版本为 4.7，步骤如图 5-7 和图 5-8 所示。

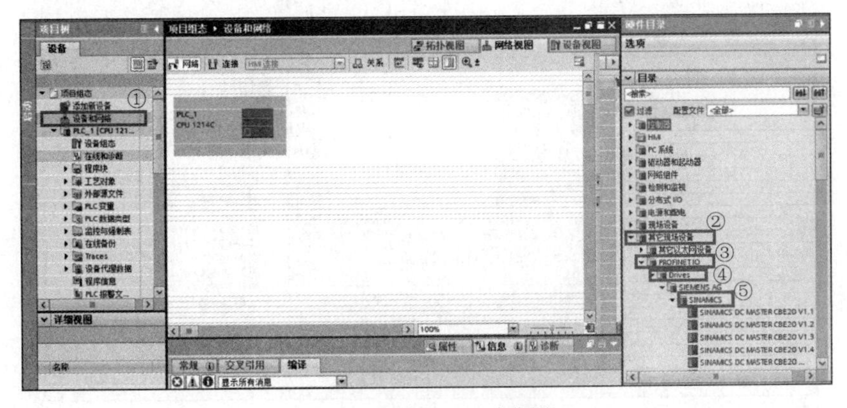

图 5-7　添加 G120 变频器

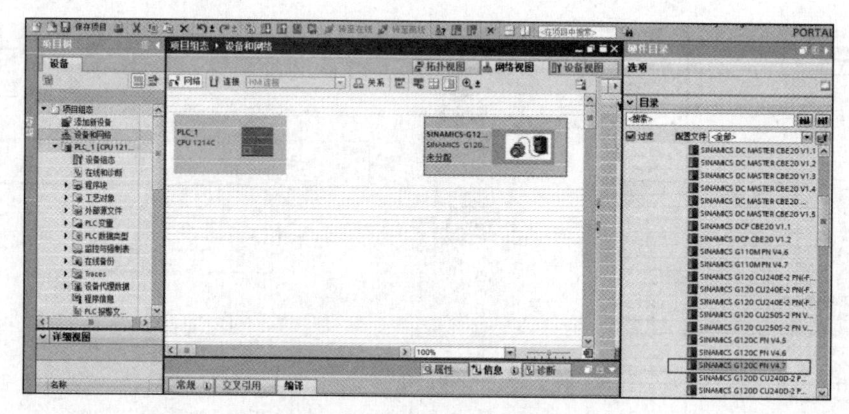

图 5-8　插入 G120 变频器

2）组态 G120 变频器，修改变频器 IP 地址，步骤如图 5-9 所示。

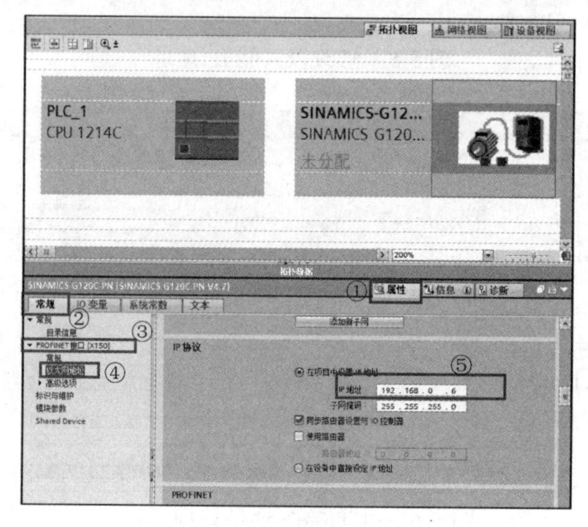

图 5-9　组态 G120 变频器

3）为变频器添加“标准报文 1，PZD-2/2”，然后完成 G120 变频器组态，步骤如图 5-10 所示。

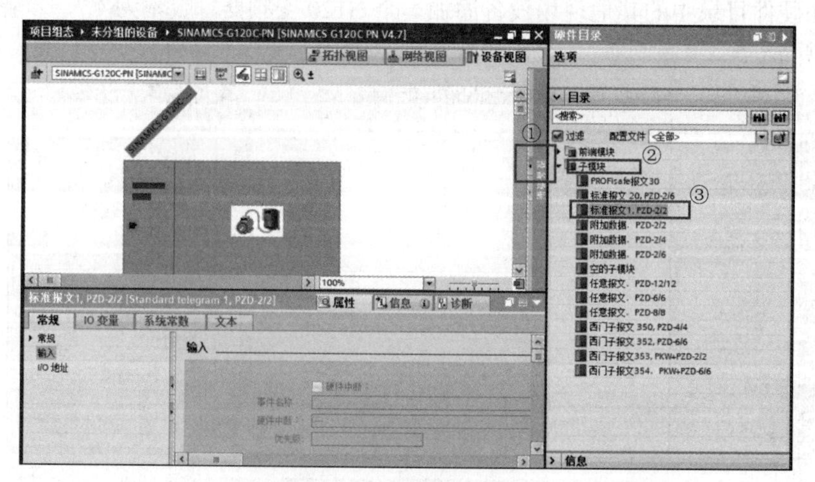

图 5-10　添加标准报文

完成 G120 的 Device Name 和 IP 地址分配后，组态 G120 的标准报文。将硬件目录中“Standard telegram1，PZD-2/2”模块拖拽到“设备概览”视图的固定插槽中，系统自动分配输入/输出地址，默认输入地址为 IW68、IW70，输出地址为 QW64、QW66。QW64 等于 047E（十六进制），表示 OFF1 停车，047C 表示 OFF2 停车，047A 表示 OFF3 停车；QW64 等于 047F（十六进制），表示启动；QW64 等于 0C7F（十六进制），表示反转启动。

G120 设置的参数：

P15=7，选择“现场总线控制”。

P922=1，选择“标准报文 1，PDZ2/2”。

P2000 设置变频器主设定速度，16384（4000H 十六进制）对应 100%速长，32767 对应 200%的速度。

PLC 数据 I/O 地址如表 5-6 所示。

表 5-6 PLC 数据 I/O 地址

数据方向	PLC I/O 地址	变频器过程数据	数据类型
PLC->变频器	QW64	PZD1-控制字 1（STW1）	十六进制（16bit）
	QW66	PZD2-主设定值（NSOLL_A）	有符号整数（16bit）
变频器->PLC	IW68	PZD1-状态字 1（ZSW1）	十六进制（16bit）
	IW70	PZD2-实际转速（NIST_A）	有符号整数（16bit）

4）将组态好的 G120 变频器分配给 PLC1，如图 5-11 所示。

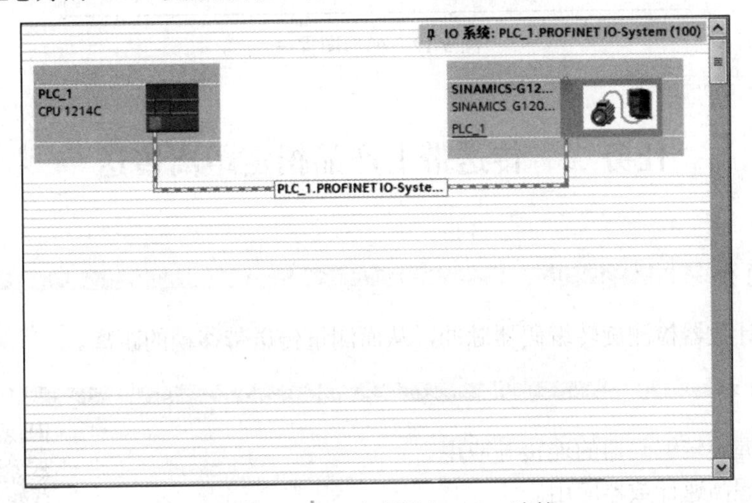

图 5-11 G120 变频器与 PLC1 连接

3. 编程

用 M2.0、M2.1、M2.2 分别控制变频器的正转、停止、反转，参考程序如图 5-12 所示。

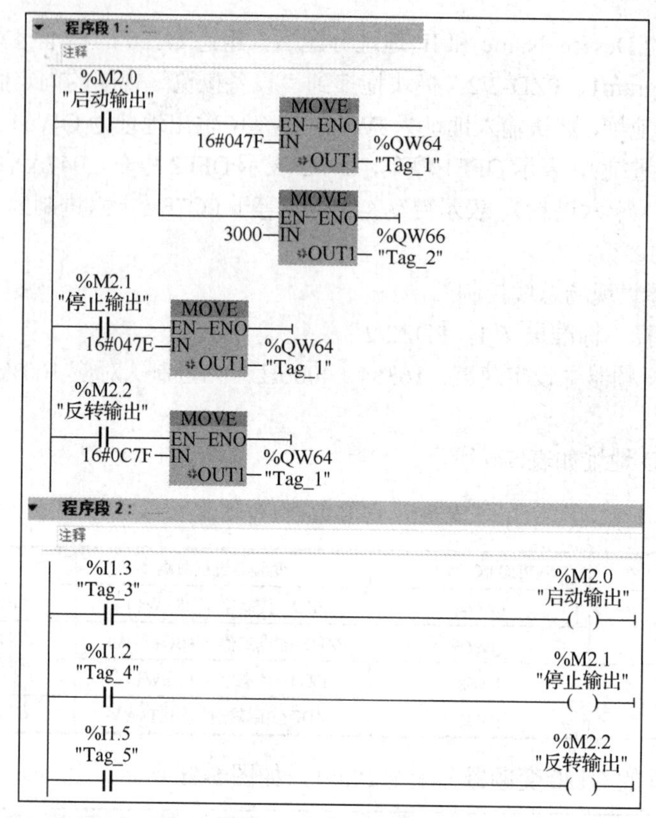

图 5-12　梯形图程序

任务二　传送带上产品指定距离传送

任务简介

用高速计数器检测旋转编码器脉冲，从而测量传送带移动的距离。

教学目标

- 掌握旋转编码器的连接与应用。
- 掌握高速计数器应用。
- 学会利用旋转编码器和高速计数器测量传送带移动的距离。

微课 5.2 编程操作与调试

思政目标

学习和工作中，如收集资料、完成作业、打扫实验室卫生等，都需要我们踏实勤奋、甘心付出、对劳动有热情，这样才能把学习和工作做好。

5.2 课件

准备知识

一、旋转编码器的应用知识

1. 编码器分类

编码器是传感器的一种，主要用来检测机械运动的速度、位置、角度、距离和计数等。许多电动机控制均需配备编码器以供电动机控制器作为换相、速度及位置的检出等。编码器的应用范围相当广泛。按照不同的分类方法，编码器可以分为以下几种类型：

- 根据检测原理，编码器可分为光学式、磁电式、感应式和电容式。
- 根据输出信号形式，编码器可以分为模拟量编码器、数字量编码器。
- 根据编码器方式，编码器分为增量式编码器、绝对式编码器和混合式编码器。

光电编码器是集光、机、电技术于一体的数字化传感器，主要利用光栅衍射的原理来实现位移-数字变换，通过光电转换将输出轴上的机械几何位移量转换成脉冲或数字量的传感器。典型的光电编码器由码盘、检测光栅、光电转换电路（包括光源、光敏器件、信号转换电路）、机械部件等组成。光电编码器具有结构简单、精度高、寿命长等优点，广泛应用于精密定位、速度、长度、加速度、振动等方面。

这里主要介绍 SIMATIC S7 系列高速计数产品普遍支持的增量式编码器和绝对式编码器。

（1）增量式编码器

增量式编码器的特点是每产生一个输出脉冲信号就对应于一个增量位移，它能够产生与位移增量等值的脉冲信号。增量式编码器测量的是相对于某个基准点的相对位置增量，而不能够直接检测出绝对位置信息。

如图 5-13 所示，增量式编码器主要由光源、码盘、检测光栅、光电检测器件和转换电路组成。在码盘上刻有节距相等的辐射状透光缝隙，相邻两个透光缝隙之间代表一个增量周期。检测光栅上刻有 A、B 两组与码盘相对应的透光缝隙，用以通过或阻挡光源和光电检测器件之间的光线，它们的节距和码盘上的节距相等，并且两组透光缝隙错开 1/4 节距，使得光电检测器件输出的信号在相位上相差 90°。当码盘随着被测转轴转动时，检测光栅不动，光线透过码盘和检测光栅上的缝隙照射到光电检测器件上，光电检测器件就输出两组相位相差 90°的近似于正弦波的电信号，电信号经过转换电路的信号处理，就可以得到被测轴的转角或速度信息。

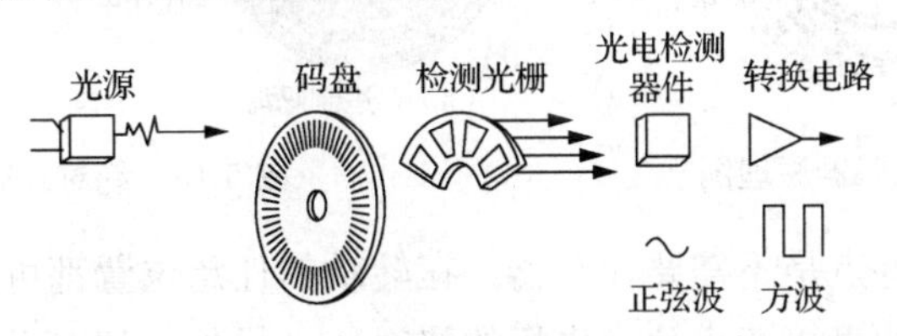

图 5-13　增量式编码器原理图

一般来说，增量式光电编码器输出 A、B 两相相位差为 90°的脉冲信号（即所谓的两相正交输出信号，如图 5-14 所示），根据 A、B 两相的先后位置关系，可以方便地判断出编码器的旋转方向。另外，码盘一般还提供用作参考零位的 N 相标志（指示）脉冲信号，码盘每旋转一周，会发出一个零位标志信号。

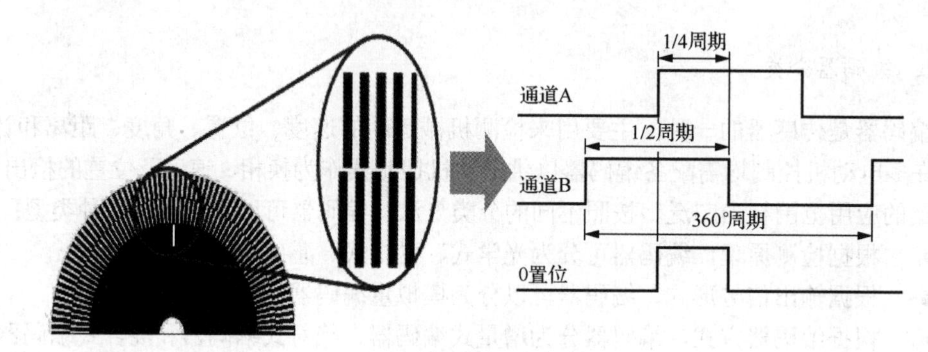

图 5-14 增量式编码器输出信号

（2）绝对式编码器

绝对式编码器的原理及组成部件与增量式编码器基本相同，与增量式编码器不同的是，绝对式编码器用不同的数码来指示每个不同的增量位置，它是一种直接输出数字量的传感器。

如图 5-15 所示，绝对式编码器的圆形码盘上沿径向有若干同心码道，每条码道上由透光和不透光的扇形区相间组成，相邻码道的扇形区数目是双倍关系，码盘上的码道数就是它的二进制数码的位数。在码盘的一侧是光源，另一侧对应每一码道有一光敏元件。当码盘处于不同位置时，各光敏元件根据受光照与否转换出相应的电平信号，形成二进制数。显然，码道越多，分辨率就越高。对于一个具有 n 位二进制分辨率的编码器，其码盘必须有 n 条码道。

根据编码方式的不同，绝对式编码器的两种类型码盘（二进制码盘和格雷码码盘），如图 5-16 所示。

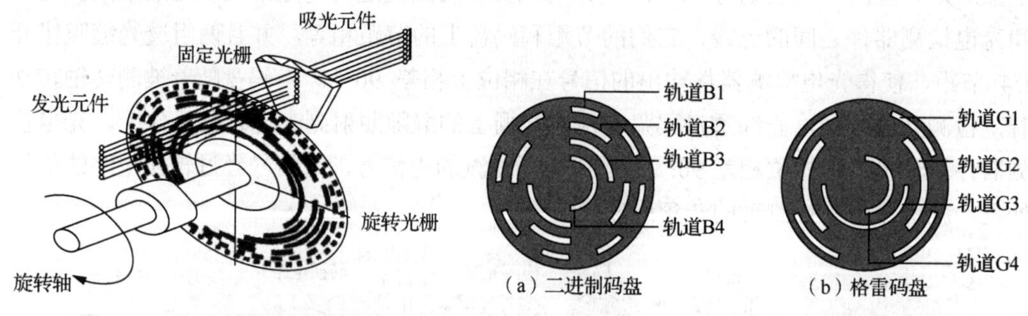

图 5-15 绝对式编码器原理图　　图 5-16 绝对式编码器码盘

绝对式编码器的特点是不需要计数器，在转轴的任意位置都可读出一个固定的与位置相对应的数字码，即直接读出角度坐标的绝对值。另外，相对于增量式编码器，绝对式编码器不存在累积误差，并且当电源切除后位置信息也不会丢失。

2. 编码器输出信号类型

一般情况下，从编码器的光电检测器件获取的信号电平较低，波形也不规则，不能直接用于控制、信号处理和远距离传输，所以在编码器内还需要对信号进行放大、整形等处理。经过处理的输出信号一般近似于正弦波或矩形波，因为矩形波输出信号容易进行数字处理，所以在控制系统中应用比较广泛。

增量式光电编码器的信号输出有集电极开路输出、电压输出、推挽式输出和线驱动输出等多种信号形式。

(1) 集电极开路输出

集电极开路输出是以输出电路的晶体管发射极作为公共端，并且集电极悬空的输出电路。根据使用的晶体管类型不同，可以分为NPN集电极开路输出［也称为漏型输出，当逻辑为“1”时输出电压为0V，如图5-17（a）所示］和PNP集电极开路输出［也称为源型输出，当逻辑为“1”时，输出电压为电源电压，如图5-17（b）所示］两种形式。一般在编码器供电电压和信号接收装置的电压不一致的情况下使用集电极开路输出电路。

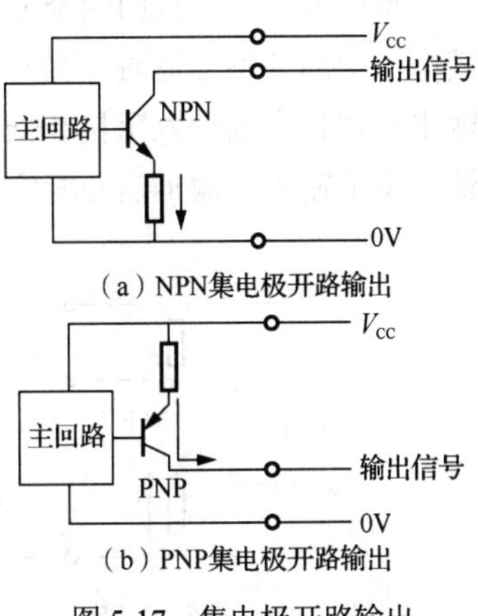

图5-17 集电极开路输出

PNP型集电极开路输出的编码器信号，可以接入漏型输入模块中，具体的接线原理如图5-18所示。

注意：PNP型集电极开路输出的编码器信号不能直接接入源型输入模块中。

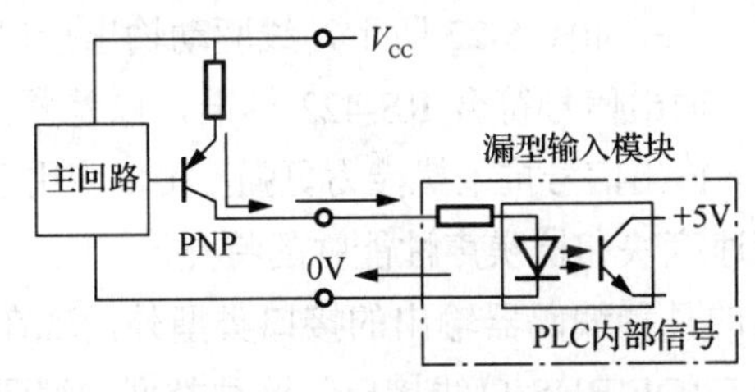

图5-18 PNP型输出的接线原理

NPN型集电极开路输出的编码器信号，可以接入源型输入模块中，具体的接线原理如图5-19所示。

注意：NPN型集电极开路输出的编码器信号不能直接接入漏型输入模块中。

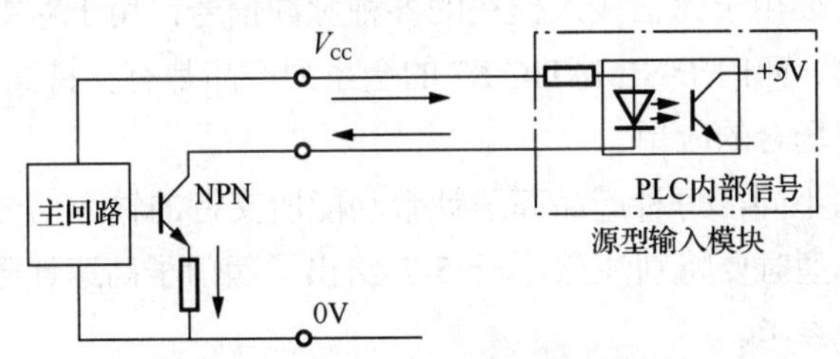

图5-19 NPN型输出的接线原理

（2）电压输出

电压输出是在集电极开路输出电路的基础上，在电源和集电极之间接了一个上拉电阻，这样就使得集电极和电源之间有一个稳定的电压状态，如图 5-20 所示。一般在编码器供电电压和信号接收装置的电压一致的情况下使用电压输出型的输出电路。

（3）推挽式输出

推挽式输出方式由两个分别为 PNP 型和 NPN 型的晶体管组成，如图 5-21 所示。当其中一个晶体管导通时，另外一个晶体管则关断，两个输出晶体管交互进行动作。这种输出形式具有高输入阻抗和低输出阻抗，因此在低阻抗情况下它也可以提供大范围的电源。由于输入、输出信号相位相同且频率范围宽，因此它还适用于长距离传输。

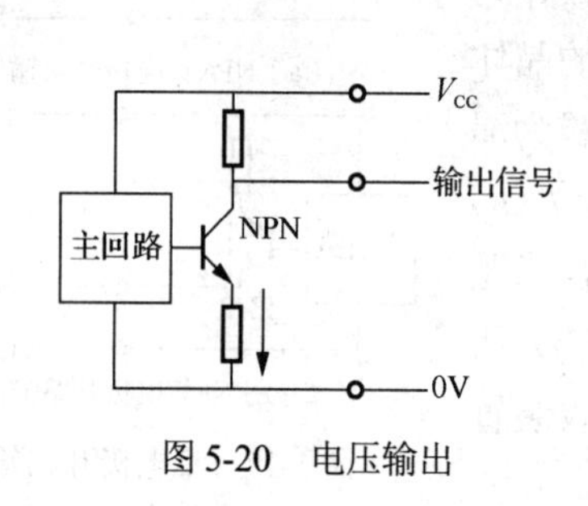

图 5-20　电压输出

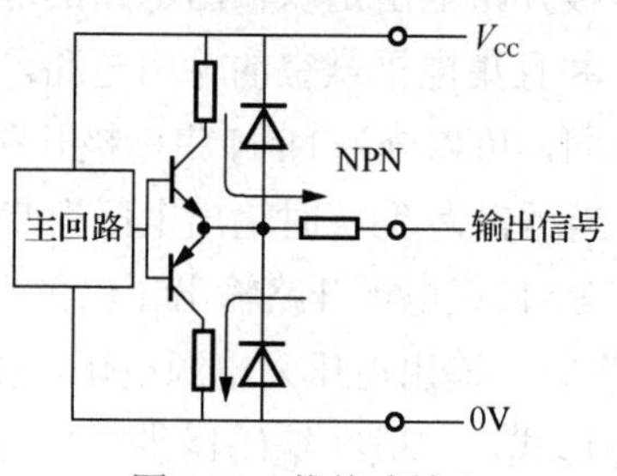

图 5-21　推挽式输出

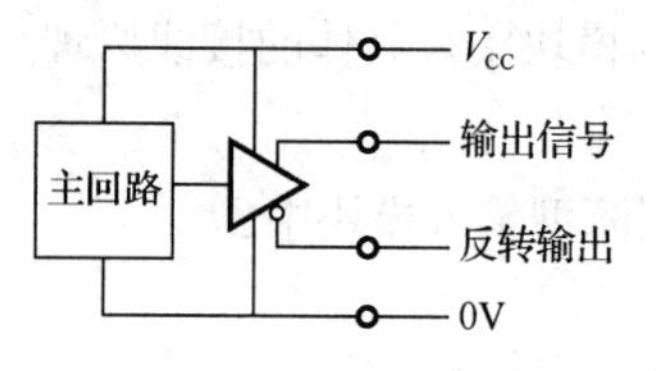

图 5-22　线驱动输出

推挽式输出电路可以直接与 NPN 和 PNP 集电极开路输入的电路连接，即可以接入源型或漏型输入模块中。

（4）线驱动输出

如图 5-22 所示，线驱动输出接口采用了专用的 IC 芯片，输出信号符合 RS-422 标准，以差分的形式输出，因此线驱动输出信号抗干扰能力更强，可以应用于高速、长距离数据传输的场合，同时还具有响应速度快和抗噪声性能强的特点。

说明：除了上面所列的几种编码器输出的接口类型外，现在好多厂家生产的编码器还具有智能通信接口，如 PROFIBUS 总线接口。这种类型的编码器可以直接接入相应的总线网络，通过通信的方式读出实际的计数值或测量值，这里不做说明。

3. 高速计数模块与编码器的兼容性

高速计数模块主要用于评估接入模块的各种脉冲信号，用于对编码器输出的脉冲信号进行计数和测量等。西门子 SIMATIC S7 的全系列产品都有支持高速计数功能的模块，可以适应于各种不同场合的应用。

根据产品功能的不同，每种产品高速计数功能所支持的输入信号类型也各不相同，在系统设计或产品选型时要特别注意。表 5-7 给出了西门子高速计数产品与编码器的兼容性信息，供选型时参考。

表 5-7 高速计数产品与编码器的兼容性

SIMATIC S7 系列产品		增量型编码器				绝对值编码器
		24V PNP	24V NPN	24V 推挽式	5V 差分	SSI
S7-200/S7-200 Smart	CPU 集成的 HSC	√	√	√	—	—
S7-1200	CPU 集成的 HSC	√	√	√	—	—
S7-300	CPU31xC 集成的 HSC	√	—	√	—	—
	FM350-1	√	√	√	√	—
	FM350-2	√	—	√	—	—
	SM338	—	—	—	—	√
S7-400	FM450-1	√	√	√	√	—
ET200S	1Count 24V	√	√	√	—	—
	1Count 5V	—	—	—	√	—
	1SSI	—	—	—	—	√
S7-1500	TM Count 2×24V	√	√	—	—	—
	TM PosInput2	—	—	—	√	√
ET200SP	TM Count 1×24V	√	√	√	—	—
	TM PosInput1	—	—	—	√	√

注：√表示兼容；—表示不兼容。

4. 编码器使用的常见问题

（1）选择编码器时要考虑的参数

在编码器选型时，可以综合考虑以下参数：

1）编码器类型：根据应用场合和控制要求确定选用增量式编码器还是绝对式编码器。

2）输出信号类型：增量式编码器应根据需要确定输出接口类型（是源型还是漏型）。

3）信号电压等级：确认信号的电压等级（DC 24V、DC 5V 等）。

4）最大输出频率：根据应用场合和需求确认最大输出频率及分辨率、位数等参数。

5）安装方式、外形尺寸：综合考虑安装空间、机械强度、轴的状态、外观规格、机械寿命等要求。

（2）判断编码器好坏的方法

可以通过以下几种方法判断编码器的好坏：

1）将编码器接入 PLC 的高速计数模块，通过读取实际脉冲个数或码值来判断编码器输出是否正确。

2）通过示波器查看编码器的输出波形，根据实际的输出波形来判断编码器是否正常。

3）通过万用表的电压挡来测量编码器输出信号电压来判断编码器是否正常，具体操作方法如下：

- 编码器为 NPN 晶体管输出时，用万用表测量电源正极和信号输出线之间的电压：导通时输出电压接近供电电压，关断时输出电压接近 0V。
- 编码器为 PNP 晶体管输出时，用万用表测量电源负极和信号输出线之间的电压：导通时输出电压接近供电电压，关断时输出电压接近 0V。

（3）计数不准确的原因及相应的处理措施

在实际应用中，导致计数或测量不准确的原因有很多，其中主要应注意以下几点：

1）编码器安装的现场环境有抖动，编码器和电动机轴之间有松动，没有固定紧。

2）旋转速度过快，超出编码器的最高响应频率。

3）编码器的脉冲输出频率大于计数器的输入脉冲最高频率。

4）信号传输过程中受到干扰。

以上问题的处理措施如下：

1）检查编码器的机械安装，是否打滑、跳齿，齿轮齿隙是否过大等。

2）计算最高脉冲频率，判断其是否接近或超过了极限值。

3）确保高速计数模块能够接收的最大脉冲频率大于编码器的脉冲输出频率。

4）检查信号线是否过长、是否使用屏蔽双绞线，按要求做好接地，并采取必要的抗干扰措施。

（4）空闲编码器信号线的处理方法

在实际应用中，可能会遇到不需要或者模块不支持的信号线，例如：

1）对于带零位信号的AB正交编码器（A、B、N），模块不支持N相输入或者不需要Z信号。

2）对于差分输出信号（A、/A，B、/B，N、/N），模块不支持反向信号（/A、/B、/N）的输入。

对于这些信号线，不需要特殊处理，可以直接放弃不用。

（5）增量信号多重评估能否提高最大计数频率

对于增量信号，可以组态多重评估模式，包括双重评估和四重评估。四重评估是指同时对信号A和B的正跳沿和负跳沿进行判断，进而得到计数值，如图5-23所示。四重评估模式，因为对一个脉冲进行了4倍的处理（4次评估），所以读到的计数值是实际输入脉冲数的4倍。对信号的多重评估可以提高测量的分辨率。

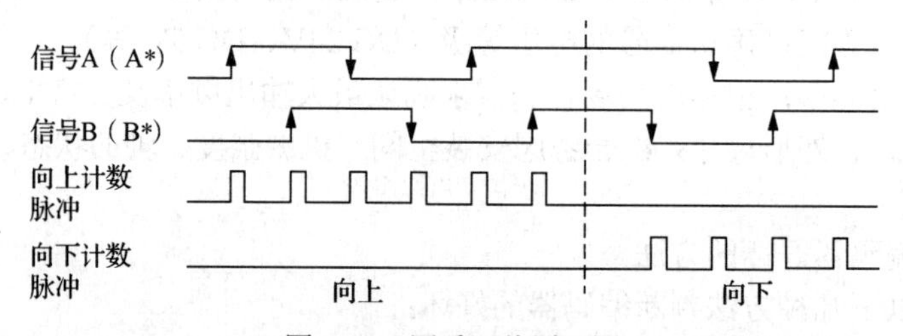

图5-23 四重评估原理图

通过以上对增量信号多重评估原理的分析可以看出，多重评估只是在原计数脉冲的基础上对计数值做了倍频处理，而实际上对实际输入脉冲频率没有影响，所以也不会提高模块的最大计数频率。例如，FM350-2的最大计数频率为10kHz，那么即使配置为四重评估模式，其最大计数频率还是10kHz。

二、计数器及其应用

1. 高速计数器简介

S7-1200 PLC的CPU提供了最多6个（1214C）高速计数器，其独立于CPU的扫描周期进行计数。高速计数器可测量的单相脉冲频率最高为100kHz，双相或A/B相最高为

30kHz，高速计数器除用来计数外，还可用来进行频率测量。高速计数器可用于连接增量式旋转编码器，用户通过对硬件组态和调用相关指令块来使用此功能。

2. 高速计数器的工作模式

高速计数器有 5 种工作模式，如表 5-8 所示。

1）单相计数，外部方向控制。

2）单相计数，内部方向控制。

3）双相增/减计数，双脉冲输入。

4）A/B 相正交计数。

5）监控 PTO 输出。

表 5-8 高速计数器的工作模式

描述			输入点定义			功能
HSC	HSC1	使用 CPU 集成 I/O 或信号板或监控 PT00	I0.0	I0.1	I0.3	
			I4.0	I4.1		
			PTO 0	PTO 0 方向		
	HSC2	使用 CPU 集成 I/O 或监控 PT00	I0.2	I0.3	I0.1	
			PTO 1	PTO 1 方向		
	HSC3	使用 CPU 集成 I/O	I0.4	I0.5	I0.7	
	HSC4	使用 CPU 集成 I/O	I0.6	I0.7	I0.5	
	HSC5	使用 CPU 集成 I/O 或信号板	I1.0	I1.1	I1.2	
			I4.0	I4.1		
	HSC6	使用 CPU 集成 I/O	I1.3	I1.4	I1.5	
模式	单相计数，内部方向控制		时钟			计数或频率
					复位	计数
	单相计数，外部方向控制		时钟	方向		计数或频率
					复位	计数
	双相计数，两路时钟输入		增时钟	减时钟		计数或频率
					复位	计数
	A/B 相正交计数		A 相	B 相		计数或频率
					Z 相	计数
	监控 PT0 输出		时钟	方向		计数

注意：并非所有的 CPU 都可以使用 6 个高速计数器，如 1211C 只有 6 个集成输入点，所以最多只能支持 4 个（使用信号板的情况下）高速计数器。

由于不同计数器在不同的模式下，同一个物理点会有不同的定义，在使用多个计数器时需要注意不是所有计数器可以同时定义为任意工作模式。

高速计数器的输入使用与普通数字量输入相同的地址，当某个输入点已定义为高速计数器的输入点时，就不能再应用于其他功能，但在某个模式下，没有用到的输入点还可以用于其他功能的输入。

监控 PTO 的模式只有 HSC1 和 HSC2 支持，使用此模式时，不需要外部接线，CPU 在内部已做了硬件连接，可直接检测通过 PTO 功能所发脉冲。

高速计数器计数时的频率如表 5-9 所示。

表 5-9 高速计数器计数时的频率 单位：kHz

HSC		单相	双相和 AB 正交
HSC1	CPU	100	80
	高速 SB	200	160
	SB	30	20
HSC2	CPU	100	80
	高速 SB	200	160
	SB	30	20
HSC3	CPU	100	80
HSC4	CPU	30	20
HSC5	CPU	30	20
	高速 SB	200	160
	SB	30	20
HSC6	CPU	30	20
	高速 SB	200	160
	SB	30	20

3. 高速计数器的使用方法

高速计数器（HSC）对发生速率快于 OB 执行速率的事件进行计数。如果待计数事件的发生速率处于 OB 执行速率范围内，则可使用 CTU、CTD 或 CTUD 计数器指令。如果事件的发生速率快于 OB 的执行速率，则应使用 HSC。CTRL_HSC 指令允许用户程序通过程序更改一些 HSC 参数。

例如，可以将 HSC 用作增量轴编码器的输入。该轴编码器每转提供指定数量的计数值及一个复位脉冲。来自轴编码器的时钟和复位脉冲将输入 HSC 中。先是将若干预设值中的第一个装载到 HSC 上，并且在当前计数值小于当前预设值的时段内，计数器输出一直是激活的。在当前计数值等于预设值时、发生复位时及方向改变时，HSC 会提供一个中断。每次出现“当前计数值等于预设值”中断事件时，将装载一个新的预设值，同时设置输出的下一状态。当出现复位中断事件时，将设置输出的第一个预设值和第一个输出状态，并重复该循环。由于中断发生的频率远低于 HSC 的计数速率，因此能够在对 CPU 扫描周期影响相对较小的情况下实现对高速操作的精确控制。通过提供中断，可以在独立的中断例程中执行每次的新预设值装载操作，以实现简单的状态控制（或者，所有中断事件也可在单个中断例程中进行处理）。

4. 高速计数器寻址

CPU 将每个高速计数器的测量值存储在输入过程映像区内，数据类型为 32 位双整型有符号数，用户可以在设备组态中修改这些存储地址，在程序中可直接访问这些地址，但由于过程映像区受扫描周期影响，在一个扫描周期内，此数值不会发生变化，但高速计数器中的实际值有可能会在一个周期内变化，用户可通过读取外设地址的方式，读取到当前时刻的实际值。以 ID1000 为例，其外设地址为“ID1000：P”。表 5-10 所示为高速计数器寻址列表。

表 5-10　高速计数器寻址列表

高速计数器号	数据类型	默认地址
HSC1	DINT	ID1000
HSC2	DINT	ID1004
HSC4	DINT	ID1012
HSC5	DINT	ID1016
HSC6	DINT	ID1020

5. 频率测量

S7-1200 PLC 的 CPU 除了提供计数功能外，还提供了频率测量功能，有 3 种不同的频率测量周期：1.0s、0.1s 和 0.01s。频率测量周期是这样定义的：计算并返回新的频率值的时间间隔。返回的频率值为上一个测量周期中所有测量值的平均值，无论测量周期如何选择，测量出的频率值总是以 Hz（每秒脉冲数）为单位。

6. 高速计数器指令块

高速计数器指令块需要使用指定背景数据块用于存储参数。图 5-24 所示为高速计数器指令块。表 5-11 所示为高速计数器指令块参数。

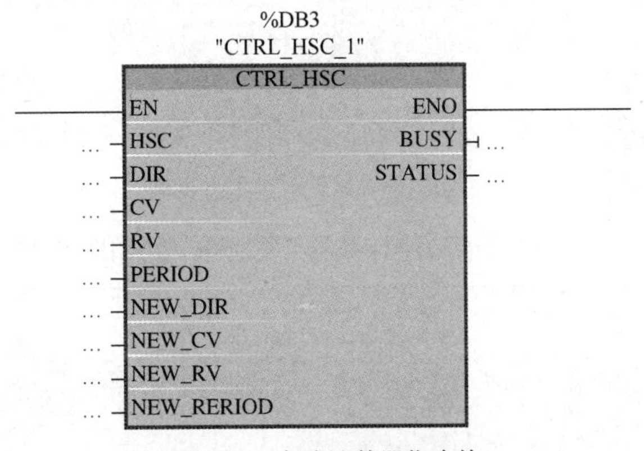

图 5-24　高速计数器指令块

表 5-11　高速计数器指令块参数

参数	说明
HSC（HW_HSC）	高速计数器硬件识别号
DIR（BOOL）	TRUE 表示使能新方向
CV（BOOL）	TRUE 表示使能新初始值
RV（BOOL）	TRUE 表示使能新参考值
PERIODE（BOOL）	TRUE 表示使能新频率测量周期
NEW_DIR（INT）	方向选择：1 表示正向，0 表示反向
NEW_CV（DINT）	新初始值
NEW_RV（DINT）	新参考值
NEW_PERIODE（INT）	新频率测量周期

7. 硬件组态

硬件组态时，如图 5-25 所示在设备中选中 CPU，然后如图 5-26 所示打开高速计数器组态界面。

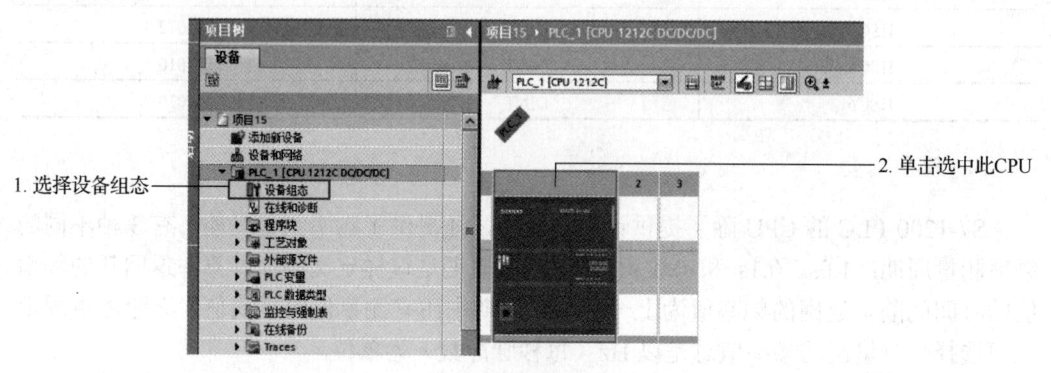

图 5-25　选中 CPU

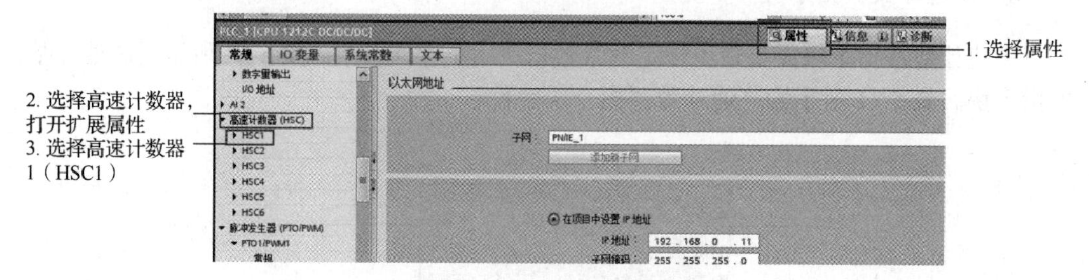

图 5-26　选择属性打开组态界面

再如图 5-27 所示选中“启用该高速计数器”复选框，并如图 5-28 所示设置相关参数。

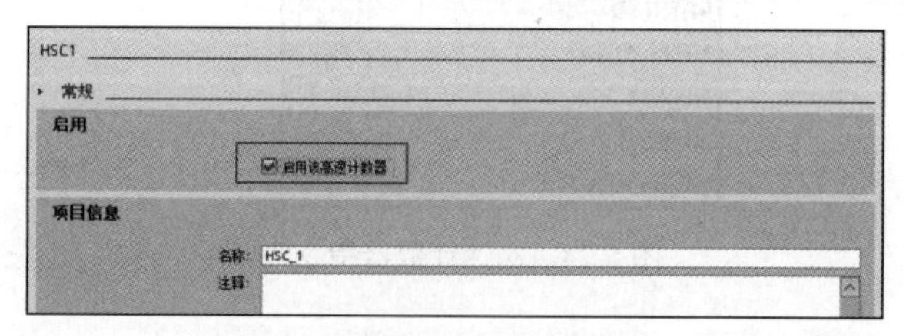

图 5-27　激活高速计数功能

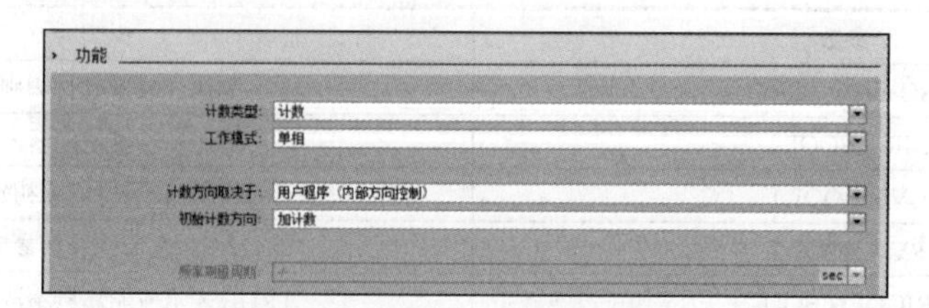

图 5-28　计数类型，计数方向组态

（1）组态说明

1）此处计数类型分为 3 种：Axis of motion（运动轴）、Frequency（频率测量）、Counting

（计数）。这里选择 Counting。

2）模式分为 4 种：Single phase（单相）、Two phase（双相）、AB Quadrature 1X（A/B 相正交 1 倍速）、AB Quadrature 4X（A/B 相正交 4 倍速）。这里选择 Single phase。

3）输入源，这里使用的为 CPU 集成输入点。

4）计数方向选择，这里选用 User program（internal direction control）（内部方向控制）。

5）初始计数方向。这里选择 Count up（向上计数）。

初始值组态如图 5-29 所示。

预设值中断组态，添加硬件中断，以及 I/O 地址分配分别如图 5-30～图 5-33 所示。

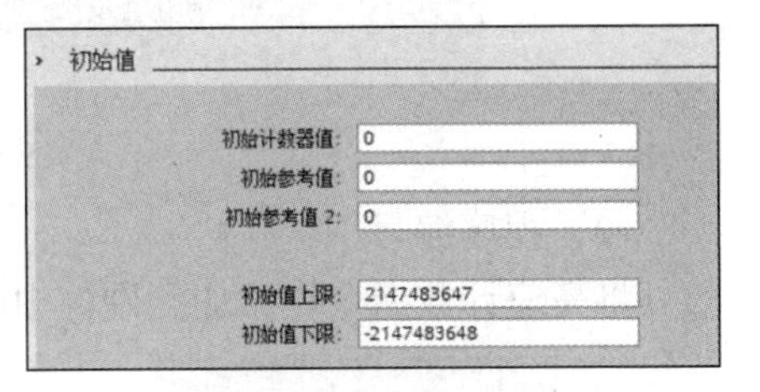

图 5-29　初始值组态

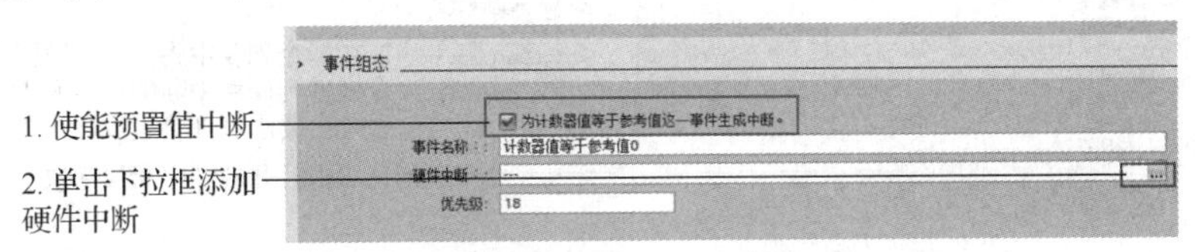

图 5-30　预置值中断组态

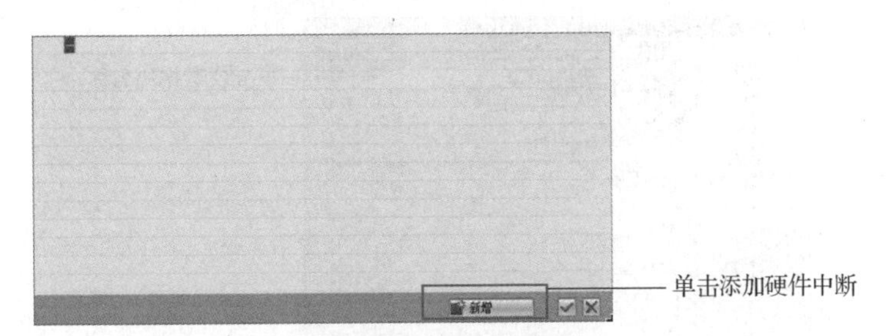

图 5-31　单击添加硬件中断

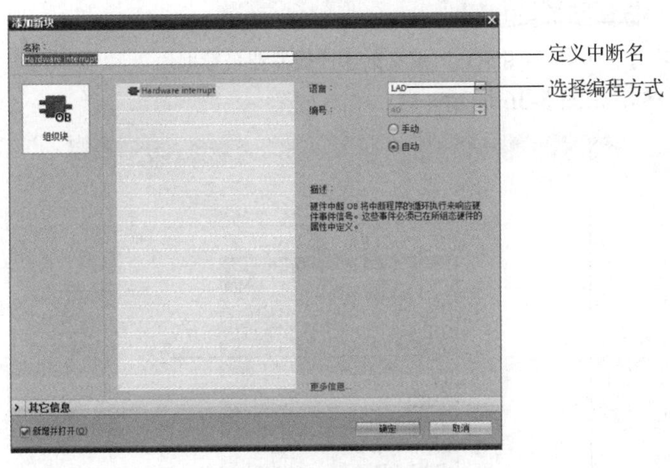

图 5-32　添加硬件中断

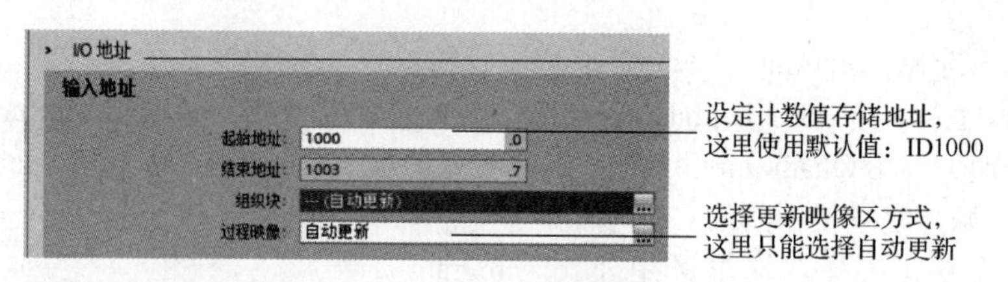

图 5-33　I/O 地址分配

（2）程序编写

将高速计数指令块添加到硬件中断中，如图 5-34 和图 5-35 所示。

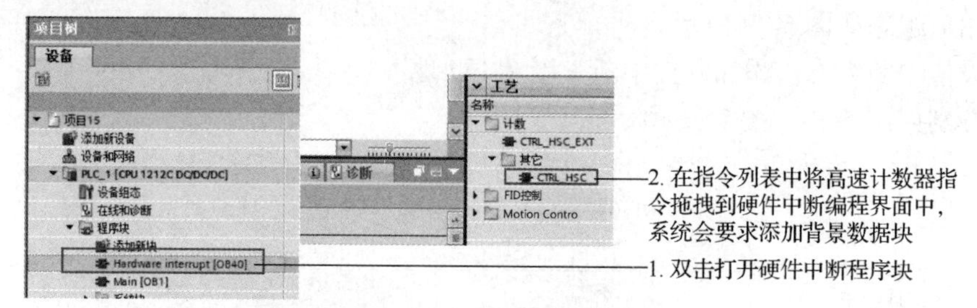

图 5-34　打开硬件中断块和添加高速计数器

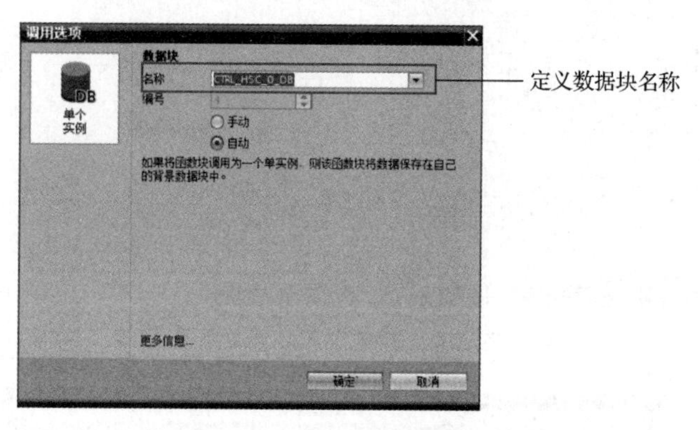

图 5-35　定义高速计数器背景数据块

最后编写程序，如图 5-36 所示。

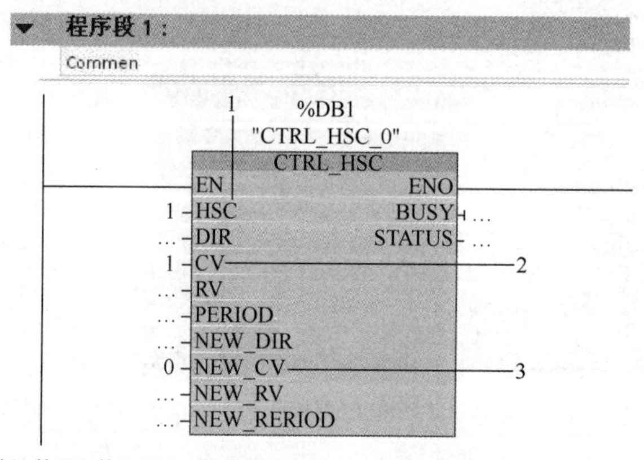

1——系统指定的高速计数器硬件识别号，这里填 1；2——“1”为使能更新初值；3——“0”新初始值为 0。

图 5-36　程序视图

至此，程序编制部分完成，将完成的组态与程序下载到 CPU 后即可执行，当前的计数值可在 ID1000 中读出。关于高速计数器指令块，若不需要修改硬件组态中的参数，可不需要调用，系统仍然可以计数。

三、中断函数

1. 定义

中断函数是在发生中断时间后，主程序自动进入中断函数运行，运行结束后在退出中断函数，返回进入中断函数之前的运行状态。

2. 应用

中断函数定义的格式为：函数类型 函数名 interrupt n using n。其中，interrupt 后面的 n 是中断号；关键字 using 后面的 n 是所选择的寄存器组，取值范围是 0～3。定义中断函数时，using 是一个选项，可以省略不用。如果不用，则由编译器选择一个寄存器组作为绝对寄存器组。

任务实施

参照本项目任务一，完成 PLC 的 CPU 和变频器的组态，高速计数器组态过程如下：

1）修改输入通道滤波时间，如图 5-37 所示。

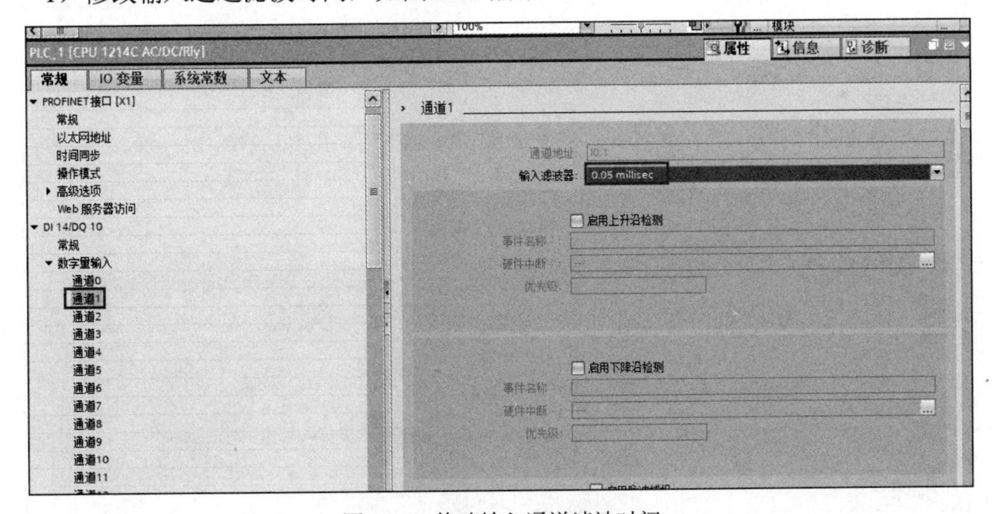

图 5-37 修改输入通道滤波时间

2）启用高速计数器，进行计数，如图 5-38 所示。

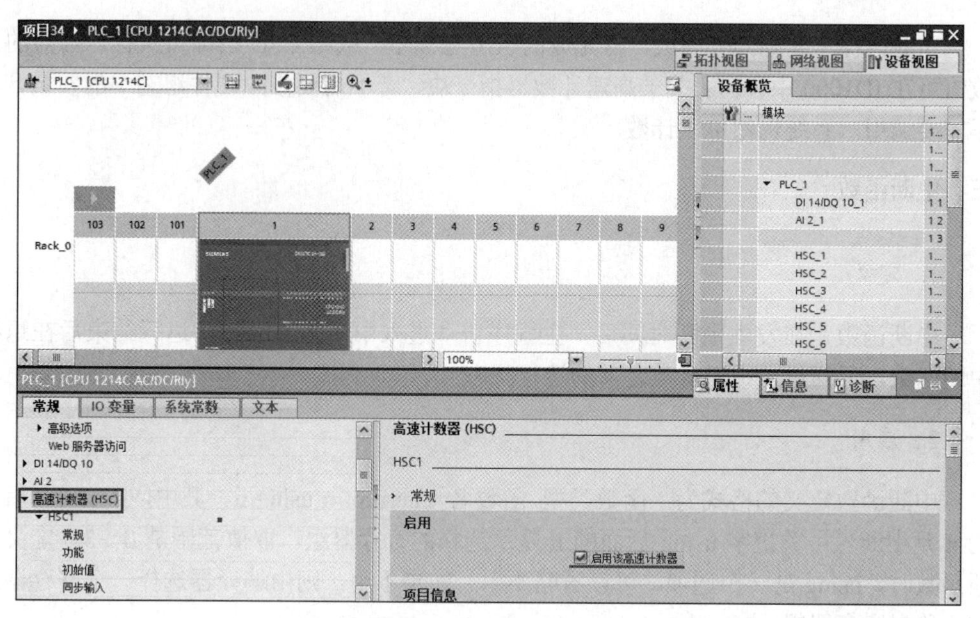

图 5-38　启用高速计数器

3）修改高速计数器初始参考值，如图 5-39 所示。

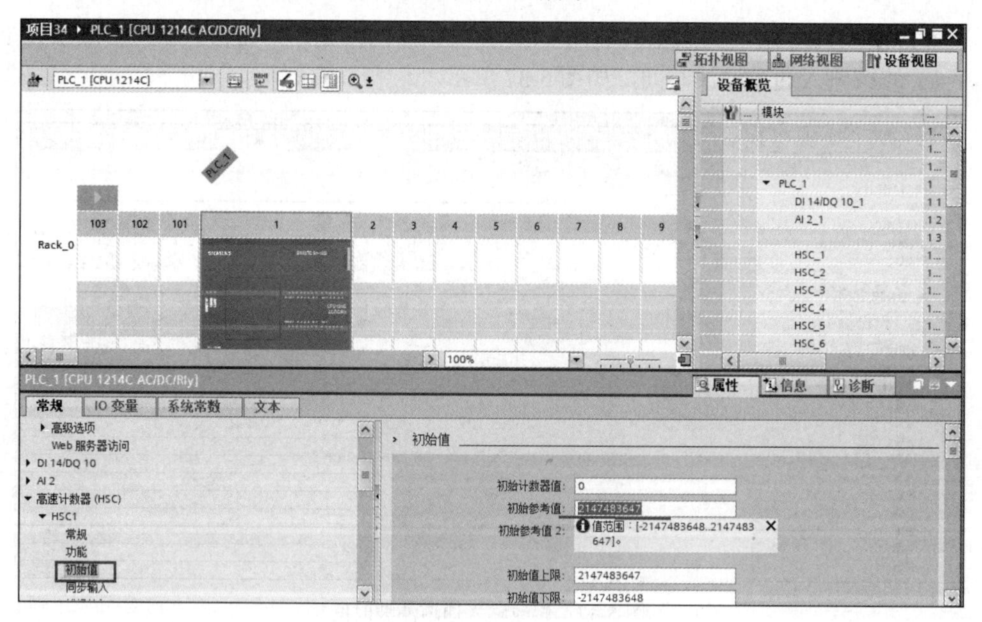

图 5-39　修改高速计数器初始参考值

用 I1.3、I1.2 分别控制传送带的启动和停止，当传送带运送工件移动 800 个脉冲（用高速计数器 HSC0 记录旋转编码器的脉冲数）后，推杆将工件推离。参考程序如图 5-40 所示。

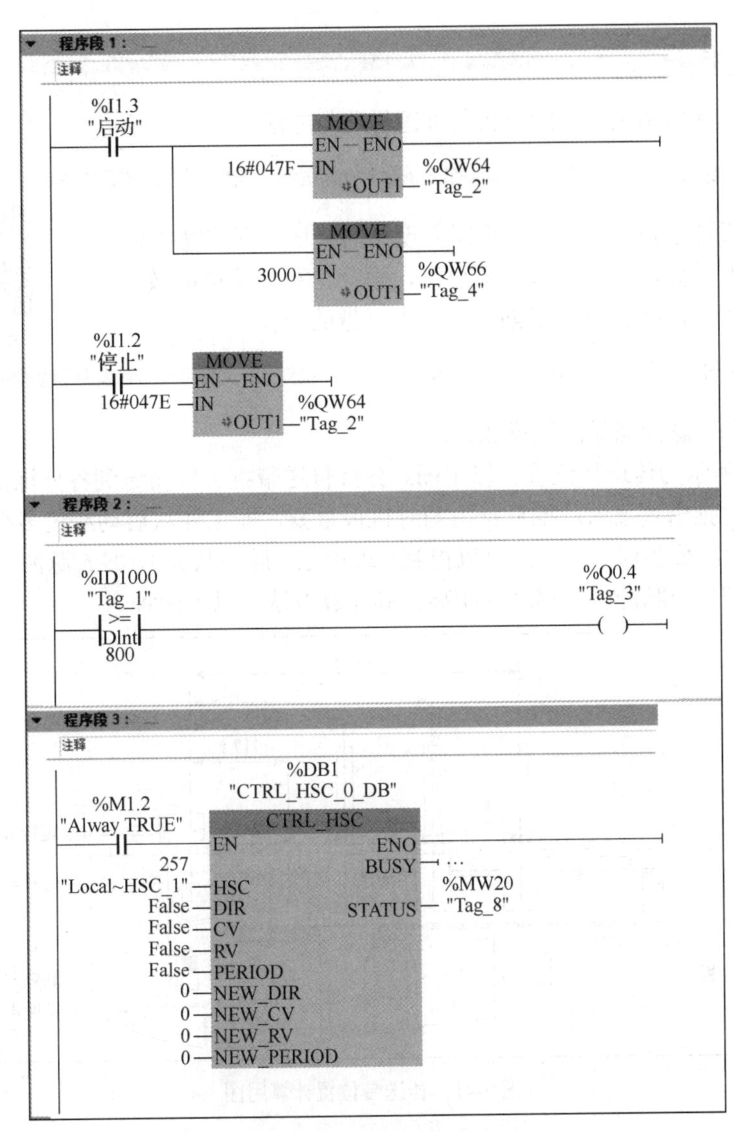

图 5-40　梯形图程序

任务三　传送带上不同产品的分拣控制

任务简介

按产品的材质与形状进行分拣。物料放置到传送带起点后，传送带自行启动，分拣后要求：第 1 个物料槽用于存放金属工件，第 2 个物料槽用于存放白色非金属工件，第 3 个物料槽用于存放黑色非金属工件。

微课 5.3 编程操作与调试

教学目标

➢ 掌握现场调试参数的分析与处理思路与方法。

思政目标

程序的设计思路千变万化，不同人设计的风格不同，程序的运行效率也有差异，鼓励大家创新思路，设计出更加简捷高效、安全实用的程序，并养成探索创新、追求卓越的习惯。

5.3 课件

准备知识

旋转编码器脉冲当量的现场测试：

图 5-41 所示为传送带位置计算用图。分拣传送带将工件输送到各分拣槽时，气动推杆要将其及时推出到槽内。推杆推出的时机很重要，即工件从启动经过多少个脉冲推杆推出，这个脉冲数要程序调试才可以得到。理论上，脉冲数 n=距离 L/脉冲当量 μ。其中，脉冲当量 μ 即每个脉冲工作移动的距离。其计算方法有以下两种。

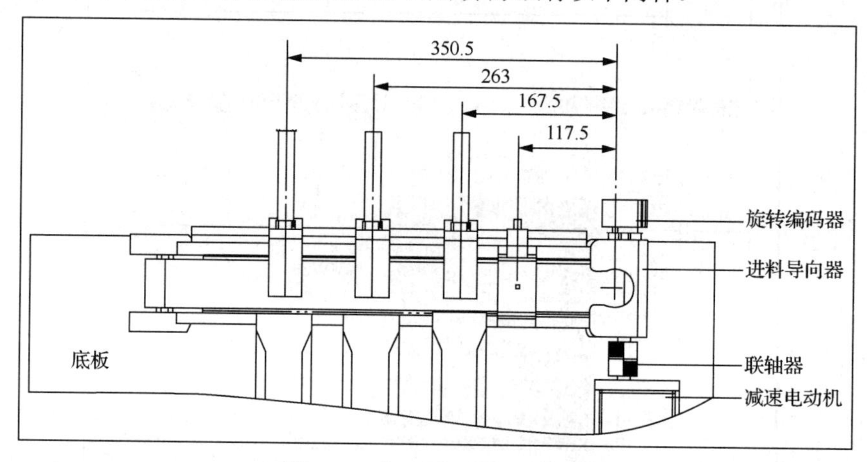

图 5-41 传送带位置计算用图

1. 粗略估算

首先通过程序测量或监控得到工件从起点传送到分拣推杆旋转编码器测得的脉冲数，另外根据测量分拣单元传送带直接驱动轴主动轴的直径，再算出周长，为 d=43mm，则减速电动机每旋转一周，传送带上工件的移动距离 $L=\pi d=3.14\times 43=135.02$（mm）。故脉冲当量：

$$\mu=L/500\approx 0.270\text{（mm）}$$

该旋转编码器的三相脉冲采用 NPN 型集电极开路输出，分辨率 500 线，即移动一个周长需要 500 个脉冲。

移动固定距离的脉冲数：

$$n=L/\mu$$

117.5/0.270≈435

167.5/0.270≈620

263/0.270≈974

350.5/0.270≈1298

（以上结果都保留整数，作为计数器设定值。）

当工件从下料口中心线移至传感器中心时，旋转编码器约发出435个脉冲；移至第1个推杆中心点时，约发出620个脉冲；移至第2个推杆中心点时，约发出974个脉冲；移至第2个推杆中心点时，约发出1298个脉冲。

应该指出的是，上述脉冲当量的计算只是理论上的推算。实际上各种误差因素不可避免，例如，传送带主动轴直径（包括传送带厚度）的测量误差，传送带的安装偏差、张紧度，分拣单元整体在工作台面上的定位偏差等，都将影响理论计算值。因此理论计算值只能作为估算值。脉冲当量的误差所引起的累积误差会随着工件在传送带上运动距离的增大而迅速增加，甚至达到不可容忍的地步。因而在分拣单元安装调试时，除了要仔细调整，尽量减少安装偏差外，还须现场测试脉冲当量值。

脉冲当量μ（计算值）=工件移动距离/编码器脉冲数

2. *程序现场测试方法*

先组态高速计数器HSC，并在程序中读取其计数值；再运行PLC程序，并置于监控方式。在传送带进料口中心处放下工件后，按启动按钮启动运行。工件被传送到一段较长的距离后，按下停止按钮停止运行，根据观测填写表5-12所示脉冲当量现场测试数据。观察监控界面上计数器的读数，将此值填写到表中的“高速计数脉冲数”一栏中；然后在传送带上测量工件移动的距离，把测量值填写到表中“工件移动距离”一栏中；计算高速计数脉冲数/4的值（组态中选择的为4倍频），填写到“编码器脉冲数”一栏中，则脉冲当量μ（计算值）=工件移动距离/编码器脉冲数，填写到相应栏目中。

表5-12 脉冲当量现场测试数据

序号	工件移动距离（测量值）	高速计数脉冲数（测试值）	编码器脉冲数（计算值）	脉冲当量μ（计算值）
第1次	357.8	5565	1391	0.2571
第2次	358	5568	1392	0.2571
第3次	360.5	5577	1394	0.2586

重新把工件放到进料口中心处，按下启动按钮即进行第2次测试。

进行3次测试后，求出脉冲当量μ平均值为

$$\mu=（\mu_1+\mu_2+\mu_3）/3=0.2576$$

重新计算旋转编码器到各位置应发出的脉冲数：当工件从下料口中心线移至传感器中心时，旋转编码器发出456个脉冲；移至第1个推杆中心点时，发出650个脉冲；移至第2个推杆中心点时，约发出1021个脉冲；移至第3个推杆中心点时，约发出1361

个脉冲。上述数据 4 倍频后，就是高速计数器 HC0 的经过值。

任务实施

分拣站组态参照本项目任务一和任务二的高速计数器组态。

梯形图程序如图 5-42 所示。

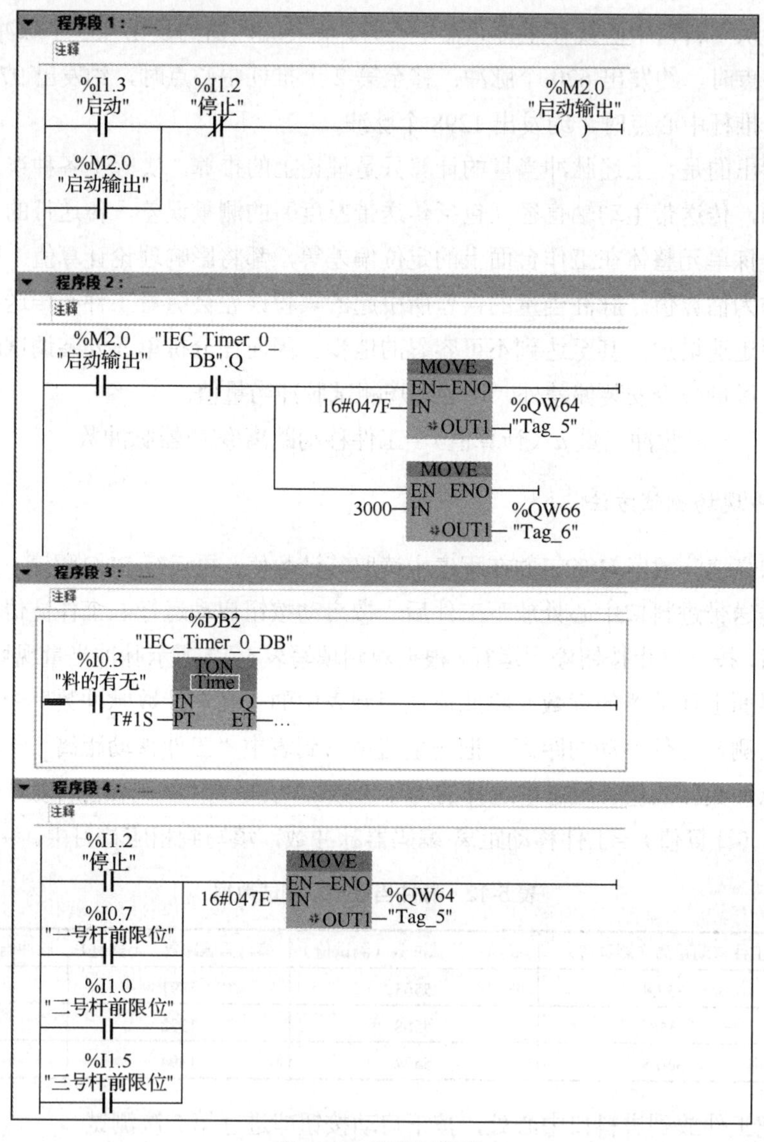

图 5-42 梯形图程序

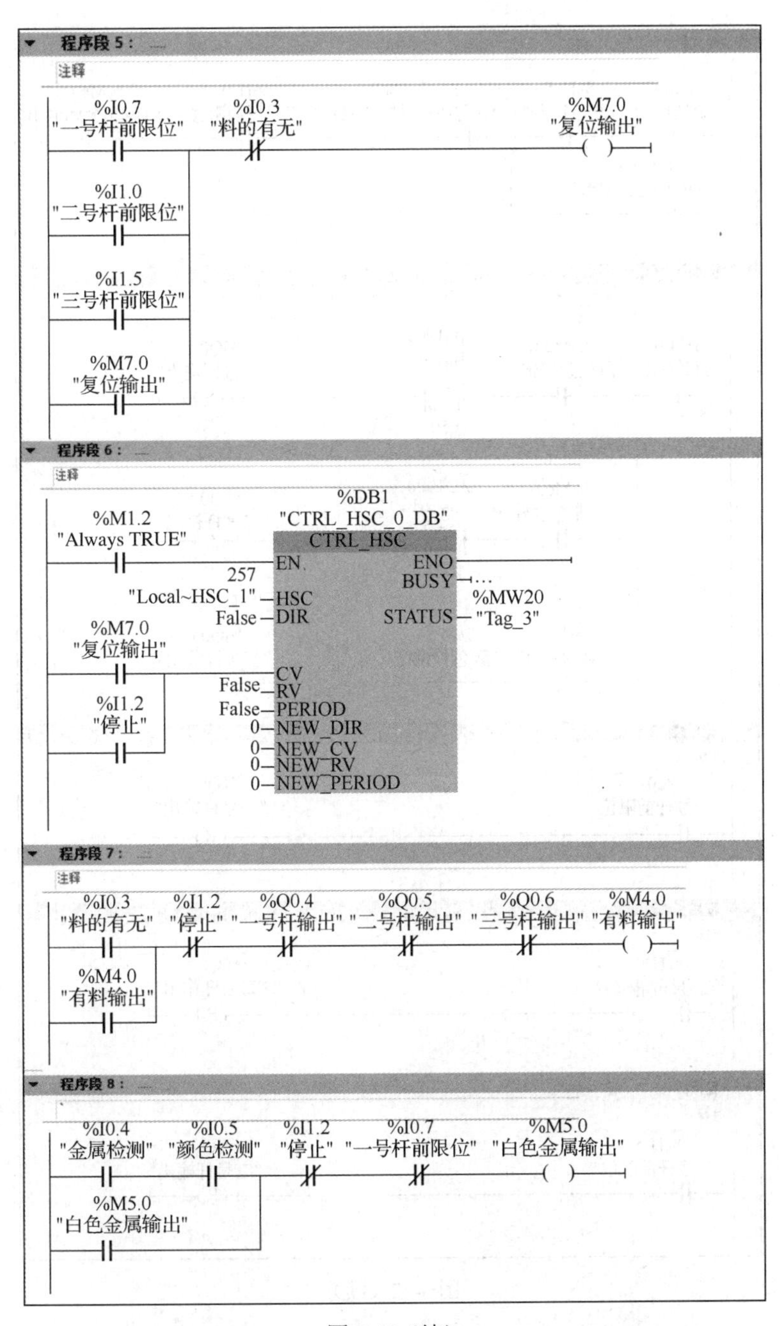
程序段 5：
注释
%I0.7
"一号杆前限位"
%I0.3
"料的有无"
%M7.0
"复位输出"
%I1.0
"二号杆前限位"
%I1.5
"三号杆前限位"
%M7.0
"复位输出"
程序段 6：
注释
%DB1
"CTRL_HSC_0_DB"
CTRL_HSC
%M1.2
"Always TRUE"
EN
ENO
BUSY
257
"Local~HSC_1"
HSC
False
DIR
STATUS
%MW20
"Tag_3"
%M7.0
"复位输出"
CV
RV
PERIOD
NEW_DIR
NEW_CV
NEW_RV
NEW_PERIOD
%I1.2
"停止"
程序段 7：
注释
%I0.3
"料的有无"
%I1.2
"停止"
%Q0.4
"一号杆输出"
%Q0.5
"二号杆输出"
%Q0.6
"三号杆输出"
%M4.0
"有料输出"
%M4.0
"有料输出"
程序段 8：
%I0.4
"金属检测"
%I0.5
"颜色检测"
%I1.2
"停止"
%I0.7
"一号杆前限位"
%M5.0
"白色金属输出"
%M5.0
"白色金属输出"

图 5-42（续）

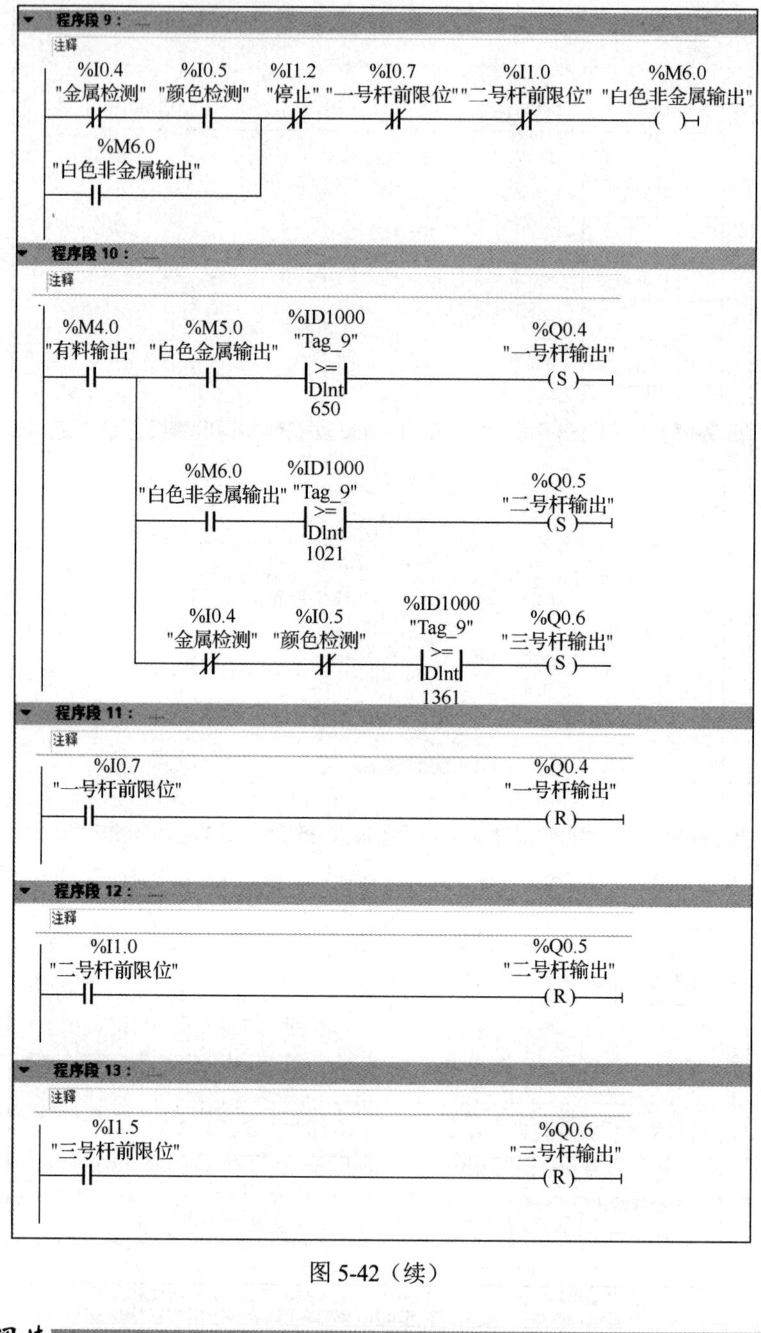

程序段 9：

注释

%I0.4 "金属检测"　%I0.5 "颜色检测"　%I1.2 "停止"　%I0.7 "一号杆前限位"　%I1.0 "二号杆前限位"　%M6.0 "白色非金属输出"

%M6.0 "白色非金属输出"

程序段 10：

注释

%M4.0 "有料输出"　%M5.0 "白色金属输出"　%ID1000 "Tag_9" >= DInt 650　%Q0.4 "一号杆输出" (S)

%M6.0 "白色非金属输出"　%ID1000 "Tag_9" >= DInt 1021　%Q0.5 "二号杆输出" (S)

%I0.4 "金属检测"　%I0.5 "颜色检测"　%ID1000 "Tag_9" >= DInt 1361　%Q0.6 "三号杆输出" (S)

程序段 11：

注释

%I0.7 "一号杆前限位"　%Q0.4 "一号杆输出" (R)

程序段 12：

注释

%I1.0 "二号杆前限位"　%Q0.5 "二号杆输出" (R)

程序段 13：

注释

%I1.5 "三号杆前限位"　%Q0.6 "三号杆输出" (R)

图 5-42（续）

拓展阅读

变频器的USS通信控制

1. USS 指令使用（最简单的调试）

USS 指令如图 5-43 所示。

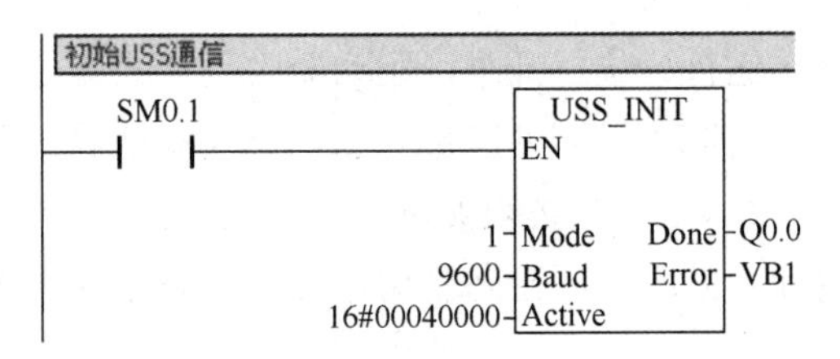

图 5-43　USS 指令

1）SS_INIT 指令：被用于启用和初始化或禁止 MicroMaster 驱动器通任何其他 USS 协议指令之前，必须先执行 USS_INIT 指令，才能继续执行下一条指令。

2）EN：输入打开时，在每次扫描时执行该指令。仅限为通信状态的每次改动执行一次 USS_INIT 指令。使用边缘检测指令，以脉冲方式打开 EN 输入。欲改动初始化参数，执行一条新 USS_INIT 指令。

3）MODE（模式）：输入值为 1 时，将端口 0 分配给 USS 协议，并启用该协议；输入值为 0 时，将端口 0 分配给 PPI，并禁止 USS 协议。

4）BAUD（波特率）：将波特率设为 1200、2400、4800、9600、19200、38400、57600 或 115200。

5）ACTIVE（激活）：表示激活的驱动器。

站点号具体计算如表 5-13 所示。

表 5-13　站点号

D31	D30	D29	D28	……	D19	D18	D17	D16	……	D3	D2	D1	D0
0	0	0	0	……	0	1	0	0	……	0	0	0	0

其中，D0～D31 代表有 32 台变频器，4 台为一组，共分成 8 组。如果要激活某台变频器，就使该位为 1，现在激活 18 号变频器，即为表 5-13 所示，构成十六进位数，得出 Active 即为 0004000。

若同时有 32 台变频器须激活，则 Active 为 16#FFFFFFFF。此外还有一条指令用到站点号，USS_CTRL（图 5-44）中的 Drive 驱动站号不同于 USS_INIT 中的 Active 激活号，Active 激活号指定哪几台变频器需要激活，而 Drive 驱动站号是指先激活后的哪台电动机驱动，因此程序中可以有多个 USS_CTRL 指令。

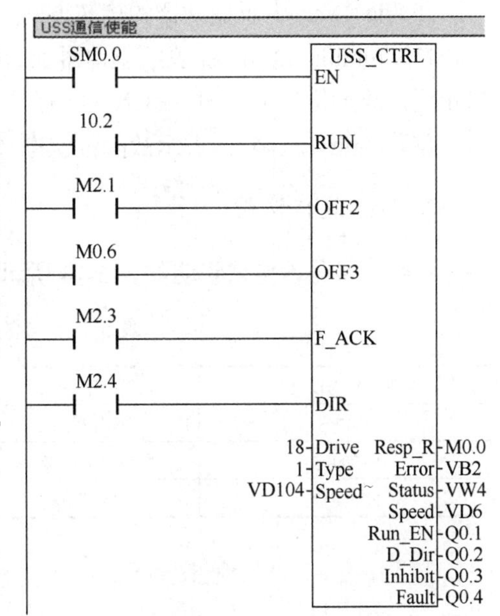

图 5-44　USS_CTRL 指令

1）USS_CTRL 指令：被用于已在 USS_INIT 指令中 Active（激活）的驱动器，且仅限为一台驱动器。

2）EN（使能）：打开此端口，才能启用 USS_CTRL 指令，且该指令应当始终启用。

3）RUN（运行）：表示驱动器是打开（1）

还是关闭（0）。当 RUN（运行）位打开时，驱动器收到一条命令，按指定的速度和方向开始运行。驱动器要运行，必须符合以下条件：Drive（驱动器）在 USS_INIT 中必须被选为 Active（激活）。OFF2 和 OFF3 必须被设为 0。FAULT（故障）和 INHIBIT（禁止）必须为 0。当 RUN（运行）关闭时，会向驱动器发出一条命令，将速度降低，直至电动机停止转动。

4）OFF2：被用于允许驱动器滑行至停止。

5）OFF3：被用于命令驱动器迅速停止。

6）F_ACK：用于确认驱动器中的故障。当从 0 变为 1 时，驱动器清除故障。

7）DIR：表示驱动器应当移动的方向（正转/反转）。

8）Drive（驱动器）：指定运行的驱动器号，必须已经在 USS_INIT 中被选为 Active（激活）。

9）Type（类型）：选择驱动器类型，3 系列或更早的为 0，4 系列为 1。

10）Speed_SP（速度设定值）：作为全速百分比的驱动器速度。Speed_SP 的负值会使驱动器反向旋转。范围：-200.0%～+200.0%。

11）Resp_R（收到应答）：确认从驱动器收到应答。对所有的激活驱动器进行轮询，查找最新驱动器的状态信息。每次从驱动器收到应答时，Resp_R 位均会打开，进行一次扫描，所有数值均被更新。

12）Error（错误）：包含对驱动器最新通信请求结果的错误字节。

13）Status（状态）：驱动器返回的状态字原始数值。

14）Speed（速度）：按全速百分比显示驱动器当前速度。范围：-200.0%～+200.0%。

15）Run_EN（运行启用）：表示驱动器是运行（1）还是停止（0）。

16）D_Dir：表示驱动器的旋转方向。

17）Inhibit（禁止）：表示驱动器上的禁止位状态（0 为不禁止，1 为禁止）。欲清除禁止位，故障位必须关闭，RUN（运行）、OFF2 和 OFF3 输入也必须关闭。

18）Fault（故障）：表示故障位状态（0 为无故障，1 为故障）。

2. USS 通信设置

参数序号与设定值说明如表 5-14 所示。

表 5-14 参数序号与设定值说明

参数序号与设定值	说明	参数序号与设定值	说明
P700=5	操作模式	P2011=0	USS 地址
P1000=5	设定值选择	P2012=2	PZD 长度
P2010=7	USS 波特率	P2013=127	PKW 长度

作　业

一、简答题

S7-1200 PLC 能否直接与 MM440 变频器通信？为什么？如果控制中需要通信，一般应怎么做？

二、计算题

以转速为 500r/min，旋转编码器 800 线为例，计算单相输入时信号的频率。

三、编程题

根据图 5-45 所示的顺序功能图编写分拣程序。

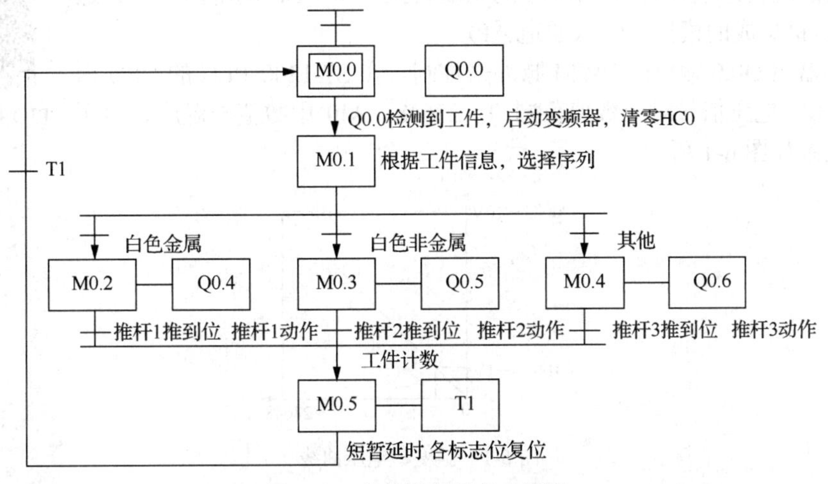

图 5-45　分拣流程顺序功能图

项目六

PID 控制

本项目为拓展项目。

项目简介

利用温度传感器，将 0～100℃的温度转换为 0～1V 的电压信号，送到 CPU 本机集成的模拟量输入通道 AI0。

PID 控制课件

加热器用 Q0.0 输出的 PWM 脉冲来控制。在 S7-1200 PLC 的 CPU 内部，0～10V 电压信号对应数值范围 0～27648。AI0 中数值与温度、电压的对应关系如图 6-1 所示。

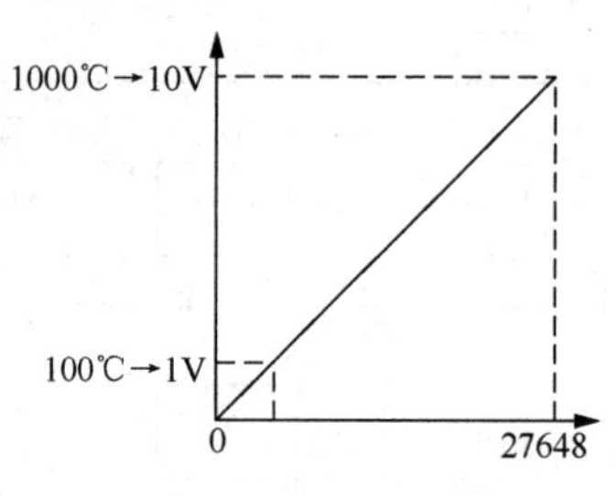

图 6-1　温度、电压曲线

教学目标

- 掌握 PID 控制方法，特别是 PID 参数的调整技巧。
- 编程实现简单的 PID 控制。

思政目标

PID 控制部分较复杂，目前正处于国内相关技术还需要进一步提升、很多工业关键技术还需要突破的时候，当代大学生需要奋起直追、勇于担当、勇攀高峰，力所能及地为工业发展和民族复兴做出自己的贡献。

准备知识

在模拟控制系统中，控制器常用的控制规律是 PID 控制。模拟 PID 控制系统原理框图如图 6-2 所示。它将给定值 $r(t)$与实际输出值 $c(t)$的偏差的比例（P）、积分（I）、微分

（D）通过线性组合构成控制量，对控制对象进行控制。

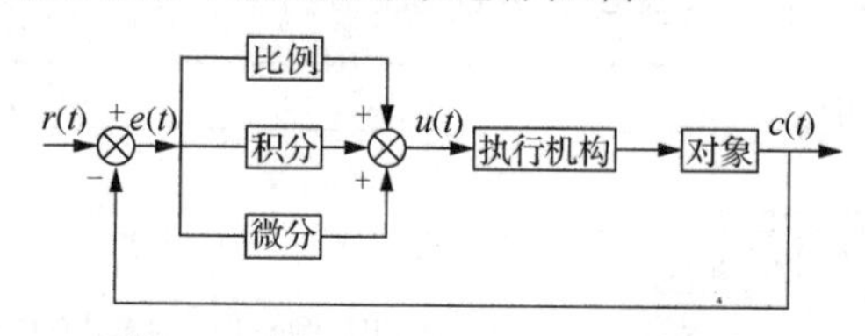

图 6-2 模拟 PID 控制系统原理框图

简单来说，PID 控制器各校正环节的作用如下：

1）比例环节：成比例地反映控制系统的偏差信号 error(t)，偏差一旦产生，控制器立即产生控制作用，以减少偏差。

2）积分环节：主要用于消除静差，提高系统的无差度。积分作用的强弱取决于积分时间常数 T_{i}，T_{i} 越大，积分作用越弱，反之则越强。

3）微分环节：反映偏差信号的变化趋势（变化速率），并能在偏差信号变得太大之前，在系统中引入一个有效的早期修正信号，从而加快系统的动作速度，减少调节时间。

以下介绍 S7-1200 PLC 的 PID 控制。

S7-1200 PLC 提供了多达 16 路 PID 控制器，可同时进行回路控制。PID 控制器连续地采集测量的被控制变量的实际值（简称实际值或输入值），并与期望的设置值进行比较，根据得到的误差，计算输出量，使被控变量尽可能快地接近设置值或进入稳态。具体实现是由相关 PID 指令完成的，如图 6-3 所示。图 6-4 为 PID 控制器结构示意图。表 6-1 和表 6-2 所示分别为 PID_Compact 指令和 PID_3Step 指令。

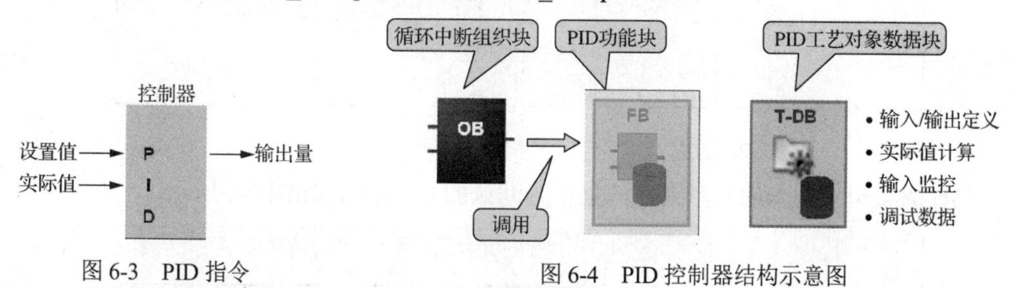

图 6-3 PID 指令

图 6-4 PID 控制器结构示意图

表 6-1 PID_Compact 指令

LAD/FBD	说明
"PID_Compact_1" PID_Compact EN — ENO Setpoint — Output Input — Output_PER Input_PER — Output_PWM State Error ErrorBits	PID_Compact 提供在自动模式和手动模式下自我调节的 PID 控制器。 PID_Compact 是具有抗积分饱和功能且对 P 分量和 D 分量加权的 PIDT1 控制器

表 6-2　PID_3Step 指令

LAD/FBD	说明
"PID_35Step_1" PID_35Step EN　ENO Setpoint　Output_UP Input　Output_DN Input_PER　Output_PER Actuator_H　State Actuator_L　Error Feedback　ErrorBits Feedback_PER	PID_3Step 用于组态具有自调节功能的 PID 控制器，这样的控制器已针对通过电动机控制的阀门和执行器进行优化。它提供两个布尔型输出。 PID_3Step 是具有抗积分饱和功能且对 P 分量和 D 分量加权的 PIDT1 控制器

1．组态 PID 控制器

添加一个 PLC 设备，将硬件目录中的 AO 信号设置其输出为±10V 电压，如图 6-5 所示。

图 6-5　模拟输出设置

集成的模拟量输入的 0 号通道的量程为默认的 0～10V，如图 6-6 所示。

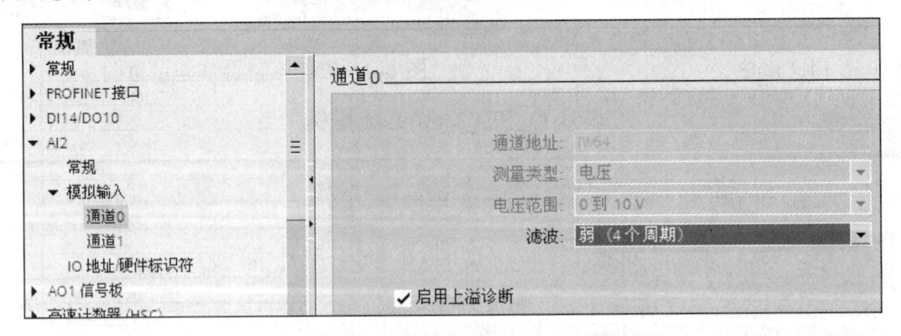

图 6-6　模拟输入设置

调用 PID_Compact 的时间间隔称为采样时间，为了保证精确的采样时间，用固定的时间间隔执行 PID 指令，在循环中断 OB 中调用 PID_Compact 指令。

建立循环组织块 OB200，设置循环时间间隔为 300ms，如图 6-7 所示。

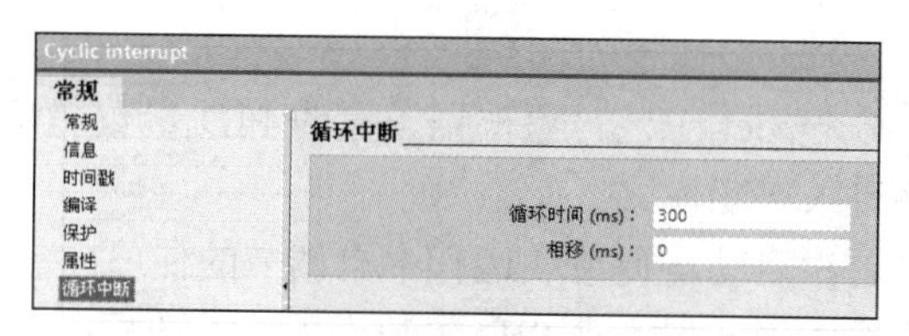

图 6-7　循环中断

打开任务卡的“扩展指令”窗口的 PID 文件夹，将其中的“PID_Compact”指令拖放到 OB200 中（图 6-8），将默认的背景数据块的名称改为 PID_DB。

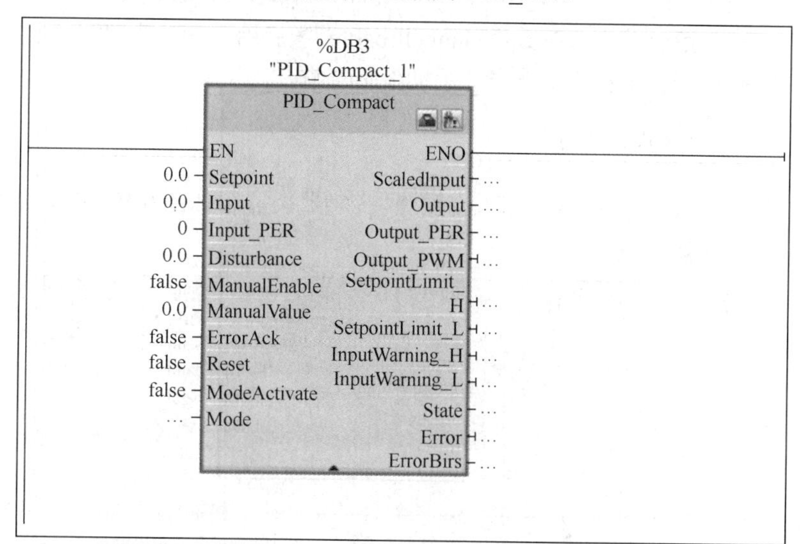

图 6-8　插入 PID_Compact 指令

在程序块的文件夹中生成名为“PID_Compact”的功能块 FB1130，生成的背景数据块 PID_DB 在项目树的文件夹“工艺对象”中，如图 6-9 所示。

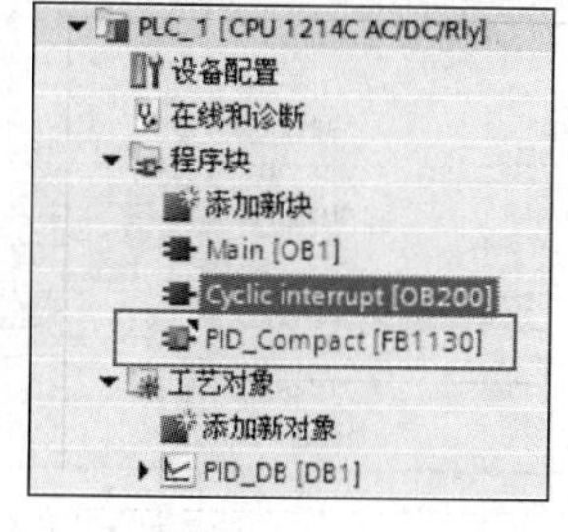

图 6-9　生成 PID_Compact 功能块和背景数据块

2. PID_Compact 指令的模式

（1）未激活模式

PID Compact 工艺对象被组态并首次下载到 CPU 后，PID 控制器处于未激活（Inactive）模式，此时需要在调试窗口进行首次启动自调节。

在运行时出现错误，或者单击了调试窗口的“停止测量”按钮，PID 控制器将进入未激活模式。

选择其他运行模式时，活动状态的错误被确认。

（2）自动调节模式

打开 PID 调试窗口，可以选择进入首次启动自调节模式或运行中自调节模式。

（3）自动模式

在自动模式，PID Compact 工艺对象根据设置的 PID 参数进行闭环控制。满足下列调节之一时，控制器将进入自动模式。

- 成功地完成了首次启动自调节和运行中自调节的任务。
- 在组态窗口中选中“使用手动 PID 参数设置”复选框。

（4）手动模式

在手动模式下，PID 控制的输出变量用手动设置。满足下列调节之一，控制器将进入手动模式：

- 指令的输入参数“ManualEnable”（启用手动）为“1”状态。
- 在调试窗口中选中“手动”复选框。

3. 组态基本参数

选中“PID_Compact”指令，设置“控制器类型”，如图 6-10 所示；然后设置“Input/Output 参数”，如图 6-11 所示。

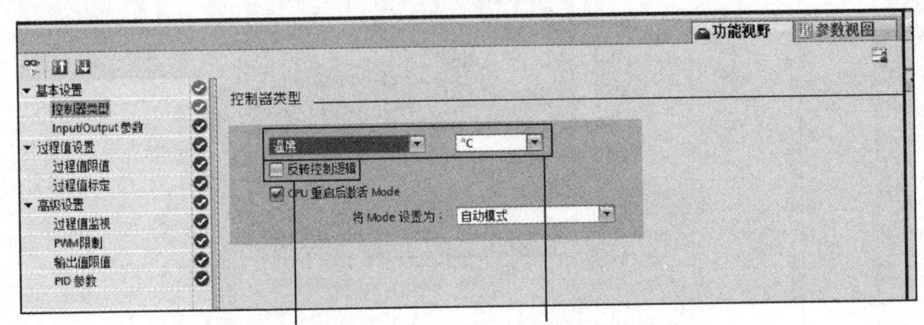

图 6-10 控制器类型设置

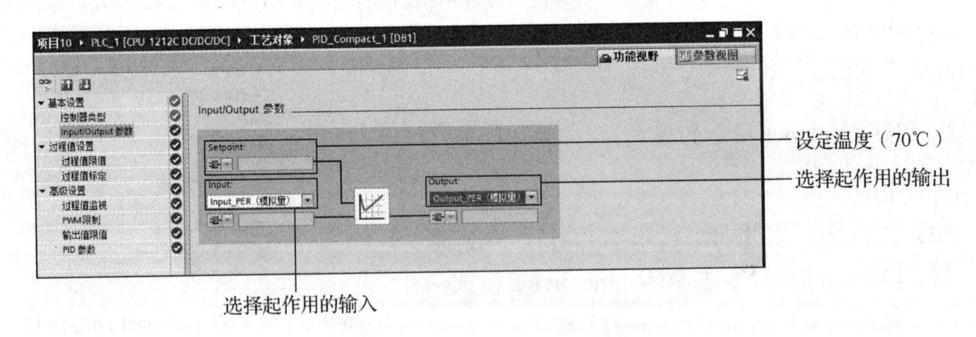

图 6-11 输入/输出参数设置

4. 组态输入标定

“输入标定”界面如图 6-12 所示。模拟量的实际值（或来自用户程序的输入值）为 0.0%～100.0%时，A/D 转换后的数字为 0.0～27648.0。

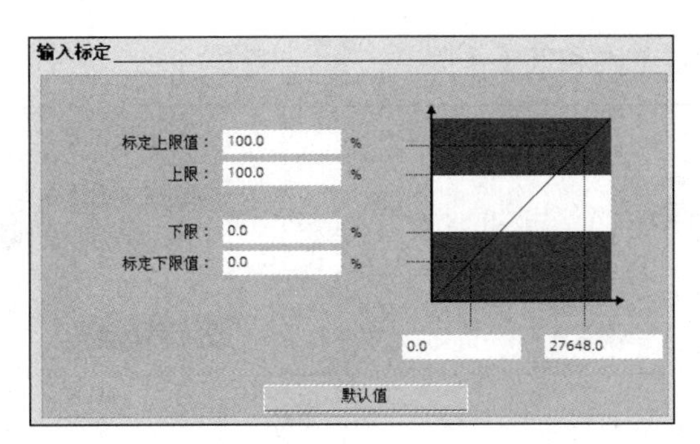

图 6-12 输入标定

可以设置输入的上限和下限，在运行时一旦超过上限或低于下限，停止正常控制，输出值被设置为“0”。

5. 组态高级设置——输入监视

为了设置 PID 的高级参数，打开项目树中的文件夹“\PLC_1\工艺对象\PID_DB”，双击“组态”选项，打开“PID_Compact”对象；或者单击“PID_Compact”指令右上角的图标按钮，也可打开 PID 组态对话框。“输入监视”界面如图 6-13 所示。

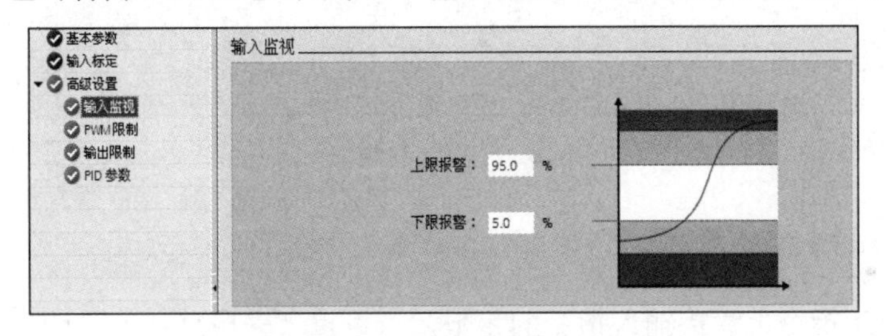

图 6-13 “输入监视”界面

运行时如果输入值超过设置的上限值或低于下限值，指令的 bool 输出参数“InputWarning_H”或“InputWarning_L”将变为“1”。

6. 组态高级设置——PWM 限制

“PWM 限制”界面如图 6-14 所示。该设置影响指令的输出变量“Output_PWM”。

PWM 的开关量输出受“PID_Compact”指令的控制，与 CPU 集成的脉冲发生器无关。

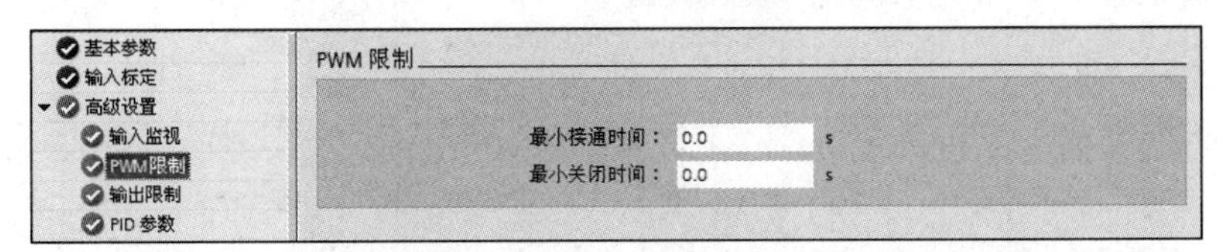

图 6-14 “PWM 限制”界面

7. 组态高级设置——输出限制

“输出限制”界面如图 6-15 所示，设置输出变量的限制值，使手动模式或自动模式时 PID 的输出值不超过上限和低于下限。

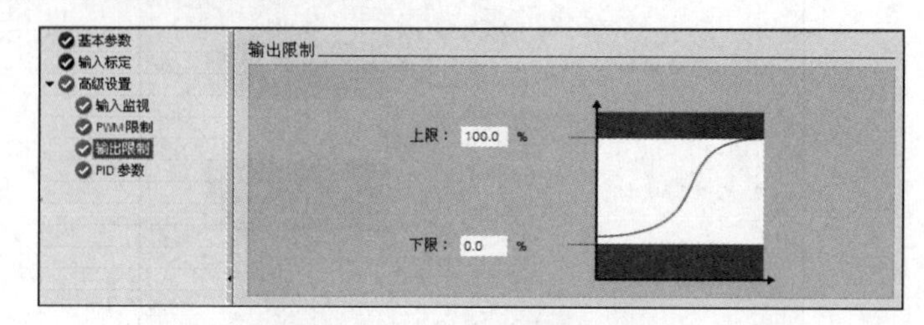

图 6-15 “输出限制”界面

用 Output_PWM 作 PID 的输出值时，只能控制正的输出变量。

8. 组态高级设置——PID 参数

“PID 参数”界面如图 6-16 所示。

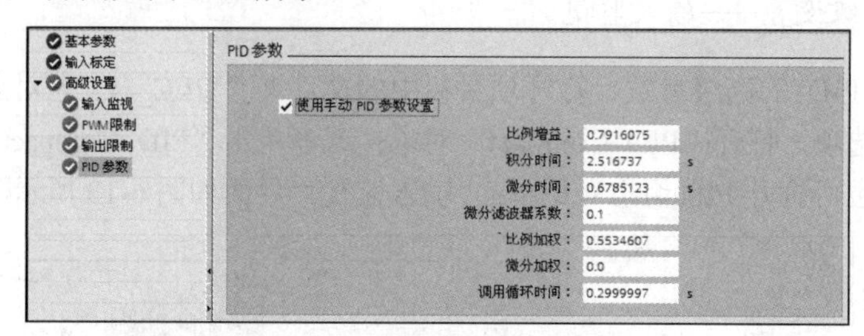

图 6-16 “PID 参数”界面

9. 用 PID 指令设置参数

可以在 PID 指令上直接输入指令的参数，未设置（采用默认值）的参数为灰色，如图 6-17 所示。

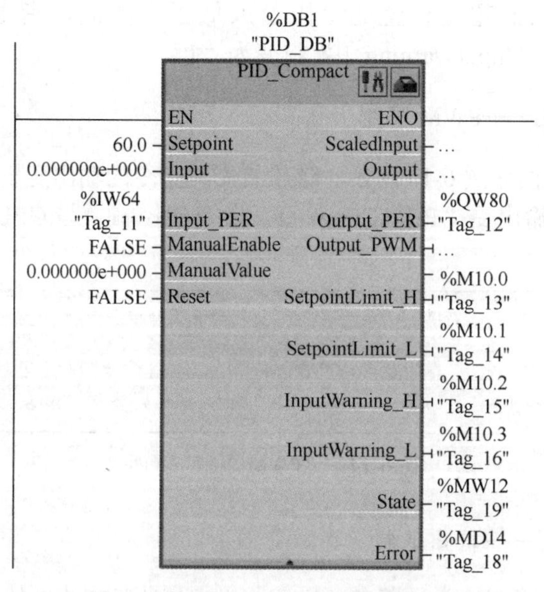

图 6-17 PID_Compact 直接设置参数

单击指令框下面向下的箭头，将显示更多的参数；单击向上的箭头，将不显示指令中灰色的参数；单击某个参数的实参，可以直接输入地址或常数。

PID_Compact 指令参数说明如表 6-3 所示。

表 6-3　PID_Compact 指令参数说明

参数名称	数据类型	说明	默认值
Setpoint	Real	自动模式的控制器设定值	0.0
Input	Real	作为实际值（即反馈值）来源的用户程序的变量	0.0
Input_PER	Word	作为实际值来源的模拟量输入	W#16#0
ManualEnable	Bool	上升沿选择手动模式，下降沿选择最近激活的操作模式	FALSE
ManualValue	Real	手动模式的 PID 输出变量	0.0
Reset	Bool	重新启动控制器，为“1”时进入未激活模式，控制器输出变量为“0”，临时值被复位，PID 参数保持不变	FALSE

10. PID 指令的输入变量和输出变量

PID 指令的输入变量和输出变量如表 6-4 所示。

表 6-4　PID 指令的输入变量和输出变量

参数名称	数据类型	说明	默认值
Scaleinput	Real	经比例缩放的实际值的输出	0.0
Output	Real	用于控制器输出的用户程序变量	0.0
Output_PER	Word	PID 控制器的模拟量输出	W#16#0
Output_PWM	Bool	使用 PWM 的控制器开关输出	FALSE
SetpointLimit_H	Bool	为“1”时，设定值的绝对值达到或超过上限	FALSE
SetpointLimit_L	Bool	为“1”时，设定值的绝对值达到或低于下限	FALSE
InputWarning_H	Bool	为“1”时，实际值达到或超过报警上限	FALSE
InputWarning_L	Bool	为“1”时，实际值达到或低于报警下限	FALSE
State	Int	PID 控制器的当前运行模式：0～4 分别表示未激活、首次启动自调节、运行中自调节、自动、手动模式	16#0000
Error	DWord	错误信息：0 表示没有错误；非 0 表示有 1 个或多个错误，控制器进入未激活模式	（？？？？）

11. 用调试窗口整定 PID 控制器——调试窗口

PID 控制器调试窗口如图 6-18 所示。

12. 用调试窗口整定 PID 控制器——调试窗口的功能

1）使用“首次启动自调节”功能优化控制器。
2）使用“运行中自调节”功能优化控制器，可以实现最佳调节。
3）用趋势视图监视当前的闭环控制。
4）通过手动设置控制器的输出值来测试过程。

13. 用调试窗口整定 PID 控制器——基本操作

用调试窗口整定 PID 控制器的基本操作如图 6-19 所示。

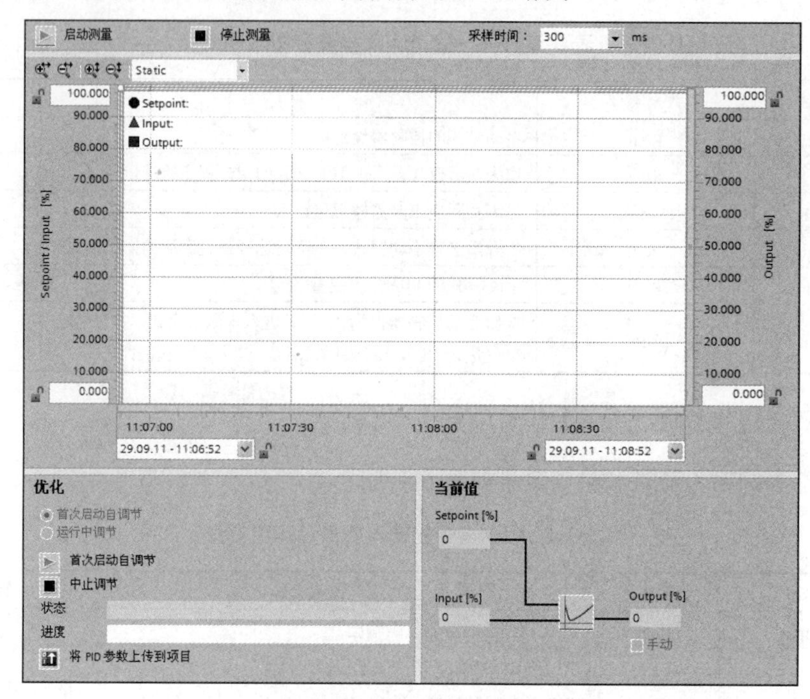

图 6-18 PID 控制器调试窗口

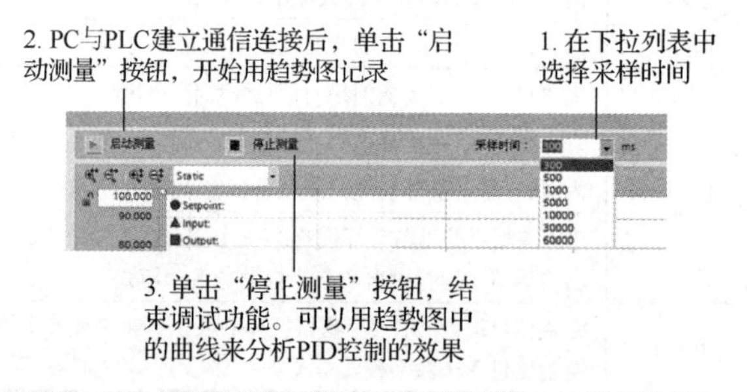

图 6-19 用调试窗口整定 PID 控制器——基本操作

关闭调试窗口后，趋势图中的记录被停止，记录的数据被删除。

14. 用调试窗口整定 PID 控制器——显示模式

显示模式如图 6-20 所示。

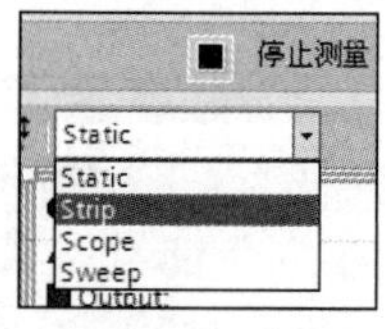

图 6-20 显示模式

Strip（连续显示）：新的趋势值从趋势区的右边进入，较早的趋势值移动到趋势区的最左边位置，时间轴不能移动。

Scope（区域跳跃显示，示波器图）：新的趋势值从趋势区的左边开始往右边移动，达到趋势区的右边缘时，监控区往右移动一个视图宽度，时间轴上的时间值随之而变。原有的趋势曲线消失，新的趋势值又从左边出现。

Sweep（滚动显示）：趋势曲线固定不变，出现一根从左往右移动的垂直线，直线左边的背景色为白色，是新出现的趋势值；直线右边的背景色为浅绿色，是原来的趋势值。垂直线移动到最右边后，返回最左边，又往右移动。时间轴不能移动。

Static（静态区域显示）：趋势视图的写入被中断，在后台记录新的趋势值。显示的是趋势的历史曲线，时间轴可以在整个记录区间移动。

15. 用调试窗口整定 PID 控制器——移动坐标轴与改变坐标轴的比例

图 6-21 所示为移动坐标轴与改变坐标轴的比例图标。其中，图 6-21（a）所示图标可以将坐标轴锁死或解除闭锁，图 6-21（b）所示图标可以拉伸或压缩时间轴，图 6-21（c）所示图标可以拉伸或压缩左边的设定值/输入值轴和右边的控制器输出变量轴。

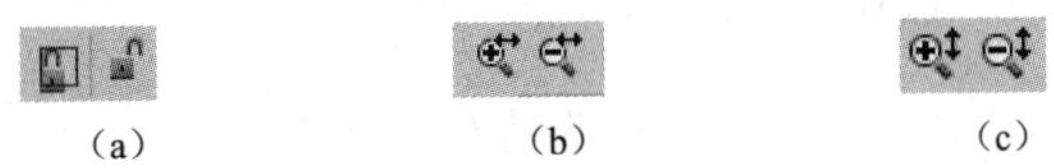

（a）　（b）　（c）

图 6-21　移动坐标轴与改变坐标轴的比例图标

16. 用调试窗口整定 PID 控制器——标尺

使用标尺可以分析趋势曲线上离散的值。垂直标尺在趋势区的最左边，水平标尺在趋势区的最上面。

将鼠标指针放在趋势区的最左边，指针变为人手的形状，按住鼠标左键，可以左右拖动垂直标尺。标尺与 3 条曲线的交点处的垂直坐标出现在交点附件标尺的右边。标尺与趋势区下边缘的交点处出现标尺所在处的时间值。

可以用鼠标拖放出多根垂直标尺到趋势区，最后拖放的标尺是活动的，用深色表示；其余的标尺是不活动的，用灰色显示。单击不活动的标尺，可以将它变为活动的标尺；按住 Alt 键后单击标尺，可以将活动的标尺变为不活动的标尺。

17. 用调试窗口整定 PID 控制器——首次启动自调节

该模式要求的调节：

1）在循环中断 OB 中调用“PID_Compact”指令。

2）建立与 CPU 的在线连接，CPU 在 RUN 模式。

3）单击“启动测量”按钮，激活调试视图的功能。

4）未选中“手动”复选框。

5）设定值与实际值在组态的限制值之内。

6）设定值与实际值的差值大于 50%。

首次启动自调节的设置界面如图 6-22 所示，操作步骤如下：

1）选中调试窗口中“优化”区的“首次启动自调节”单选按钮。

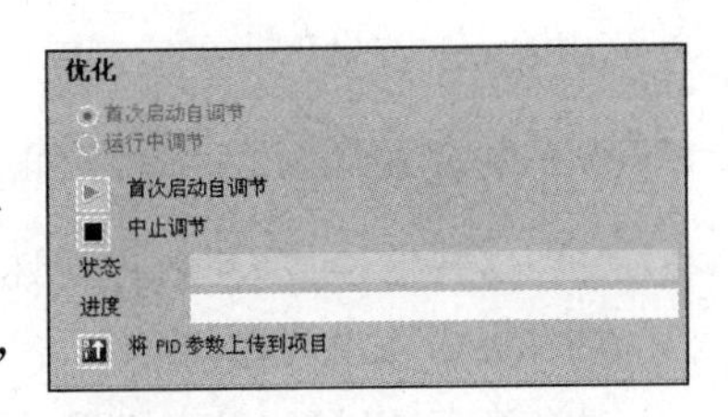

图 6-22　首次启动自调节

2）单击“首次启动自调节”按钮，启动自调节，“状态”域显示当前的步骤和可能出现的错误，“进度”域显示当前步骤的进展。

如果自调节没有出错，PID 的参数被优化，将 PID 控制器切换到自动模式，使用优化的参数。加电和重新启动 CPU 时，优化的参数被保持。

18. 用调试窗口整定PID控制器——运行中调节

该模式要求的条件与首次启动自调节模式的基本相同，区别在于第 6 条改为设定值与实际值的差值小于 50%。如果大于 50%，应先进行首次启动调节，完成后自动进行运行中调节。

运行中调节操作步骤如下：

1）选中调试窗口中“优化”区的“运行中调节”单选按钮。

2）单击“启动调节”按钮，启动调节。

19. 用调试窗口整定PID控制器——保存优化的PID参数

PID 控制器在 CPU 内优化，如果想在下载项目数据时使用优化的 PID 参数，可以将 PID 参数保存到项目中：

1）建立计算机与 CPU 的在线连接。

2）令 CPU 运行在 RUN 模式。

3）单击“启动测量”按钮，激活调试窗口的功能。

4）单击左下角的“将 PID 参数上传到项目”按钮，将当前激活的 PID 参数上载到项目。

20. 用调试窗口整定PID控制器——手动模式

通过手动设置控制器的输出值来测试过程。操作步骤如下：

1）选中“当前值”区的“手动”复选框，控制器输出与控制变量之间的连接被断开，闭环控制最后的控制输出变量作为手动的控制器输出变量。

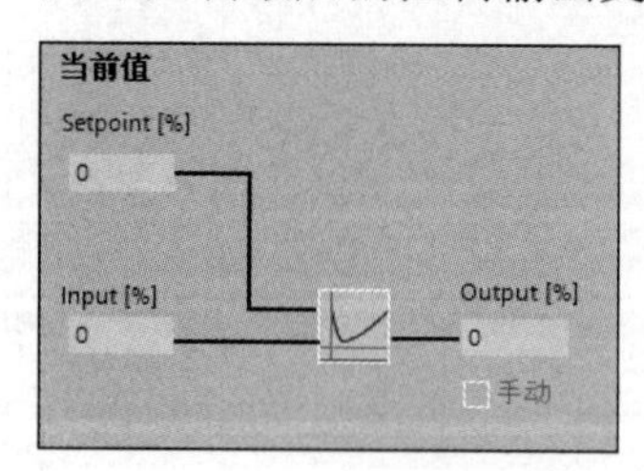

图 6-23 监控界面

2）在“Output”域输入以%为单位的希望的控制器输出变量的值。

3）单击“Output”域右边出现的按钮，控制器的输出变量被写入 CPU，并被立即激活。

PID 控制器连续地监视实际值，如果实际值超过限制，将在“状态”域显示出来，控制器将进入未激活模式。监控界面如图 6-23 所示。

任务实施

1）打开博途 V15 软件，添加新设备，选择 S7-1200 PLC 的 CPU 类型为 1214C DC/DC/DC，如图 6-24 所示。

2）单击 PLC，单击“PLC 变量”，然后单击“添加新变量表”，单击变量表，如图 6-25 所示。

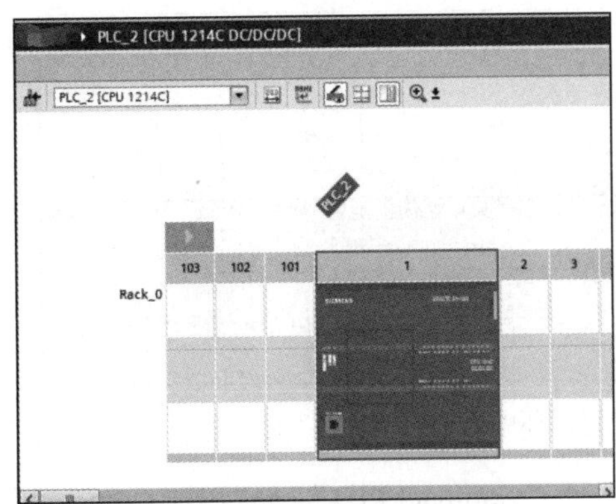

图 6-24 添加新设备

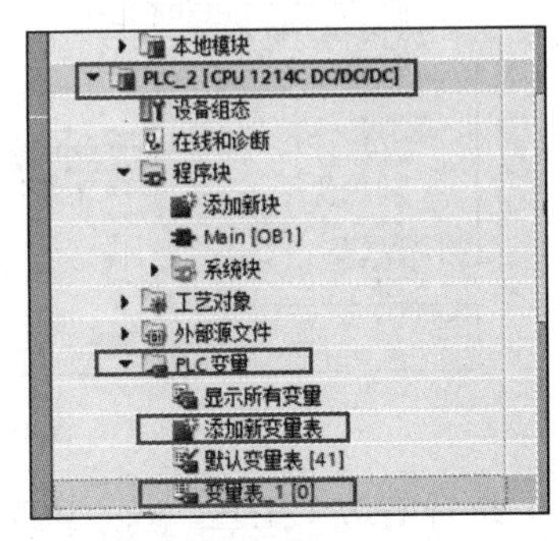

图 6-25 添加变量

3）建立如图 6-26 所示的变量表（CurrentTemp 类型 Int，地址 IW64；SetpointTemp 类型 Real，地址 MD0；Heater 类型 Bool，地址 Q0.0；En_Manual 类型 Bool，地址 I0.6；PID_State 类型 Int，地址 MW4；PID_error 类型 Int，地址 MW6）。

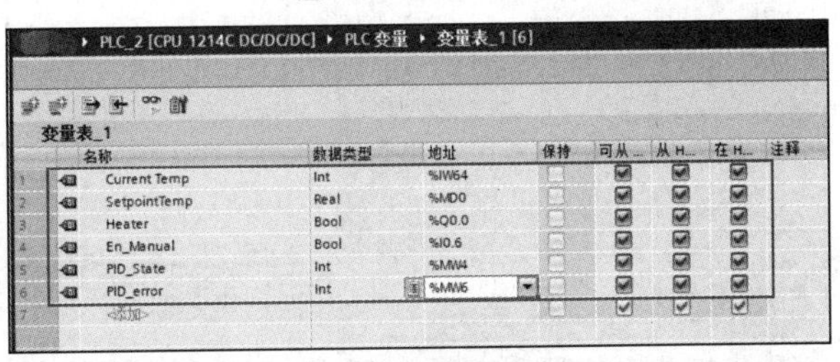

图 6-26 设置变量表

4）单击项目树中的程序块，再选择“添加新块”选项，单击“组织块”图标，选择“Cyclic interrupt”选项（循环中断组织块），最后单击“确定”按钮，如图 6-27 所示。

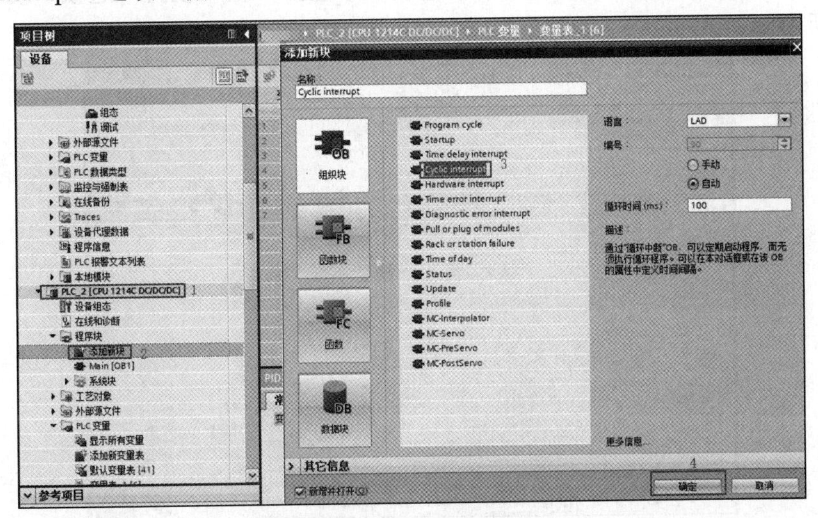

图 6-27 添加 Cyclic interrupt

5）单击刚才创建的块（Cyclic interrupt[OB30]），单击下方的“属性”按钮，在“常规”选项卡的“循环中断”界面中输入“循环时间”为“20”，如图 6-28 所示。

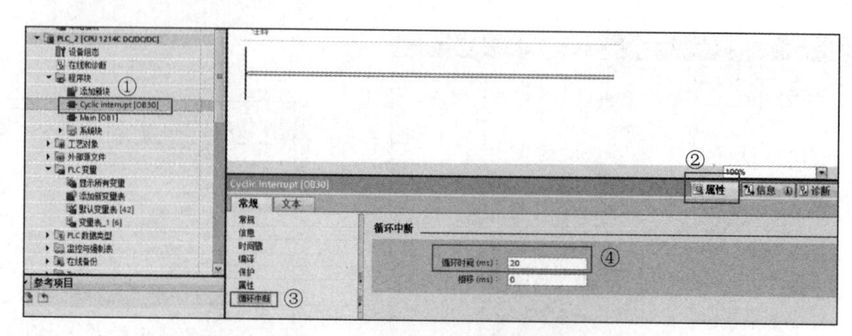

图 6-28　设置循环中断输入值

6）选择右边“工艺”→“PID 控制”→“Compact PID”→“PID_Compact”选项，放入程序段 1，在弹出的“调用选项”对话框中采用默认背景数据块，最后单击“确定”按钮，如图 6-29 所示。

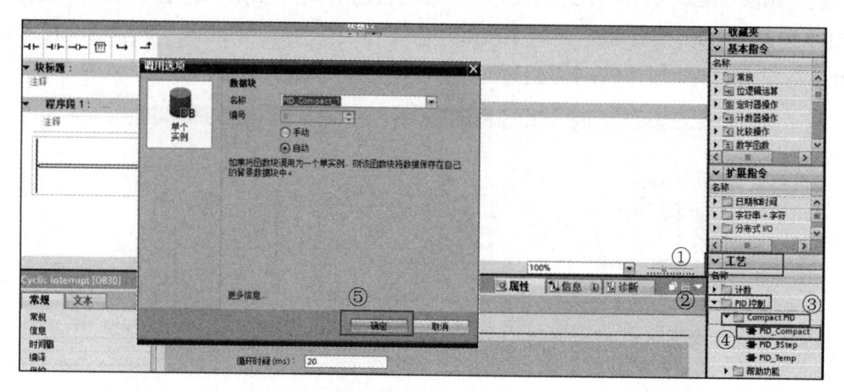

图 6-29　选择 PID_Compact

7）单击“属性”按钮，在“组态”选项卡中选择“基本设置”选项，设置参数如图 6-30 所示。

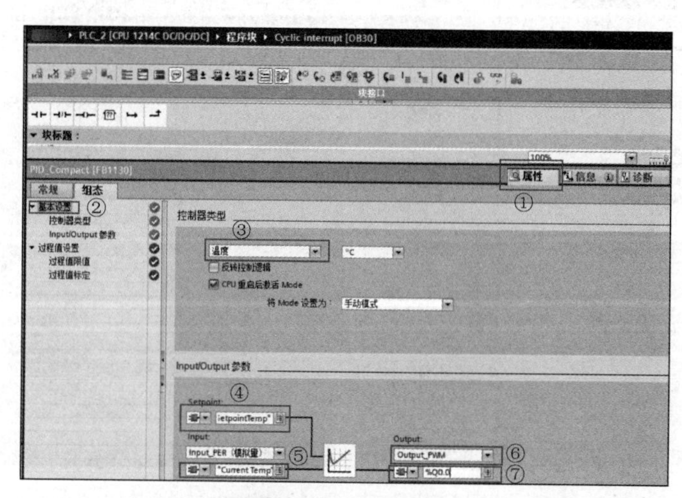

图 6-30　设置参数

8）选择“过程值设置”选项，设置“过程值上限”为 100，“标定的过程值上限”为

1000，如图 6-31 所示。

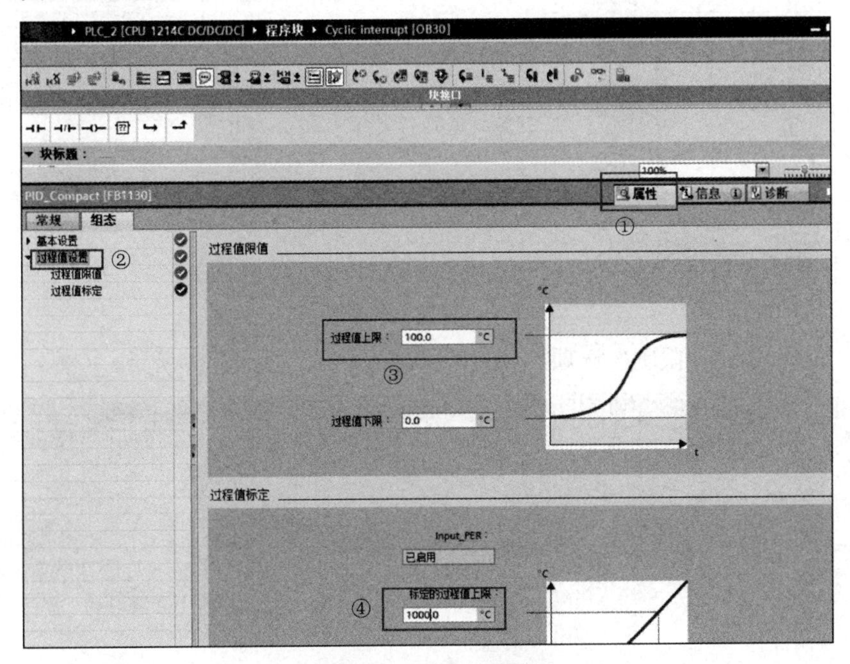

图 6-31 设置过程值

9）单击程序段 1 的“打开组态”按钮，如图 6-32 所示。

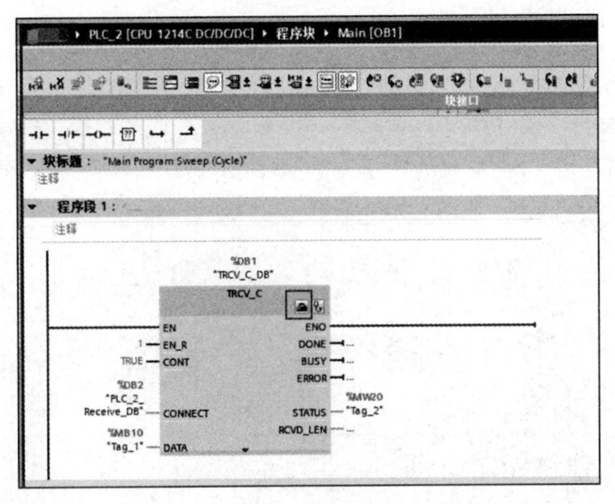

图 6-32 单击“打开组态”按钮

10）选择“高级设置”选项，设置过程值监视警告的上限为 90，下限为 10，如图 6-33 所示。

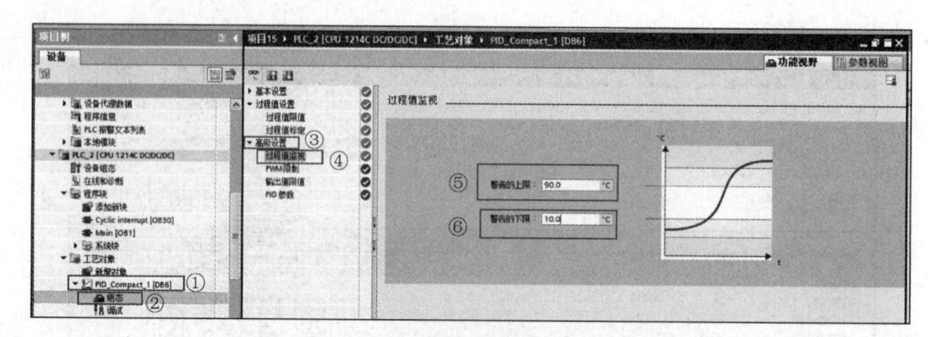

图 6-33 过程值监视设置

11）选择“PWM 限制”选项，设置时间都为 0.5，如图 6-34 所示。

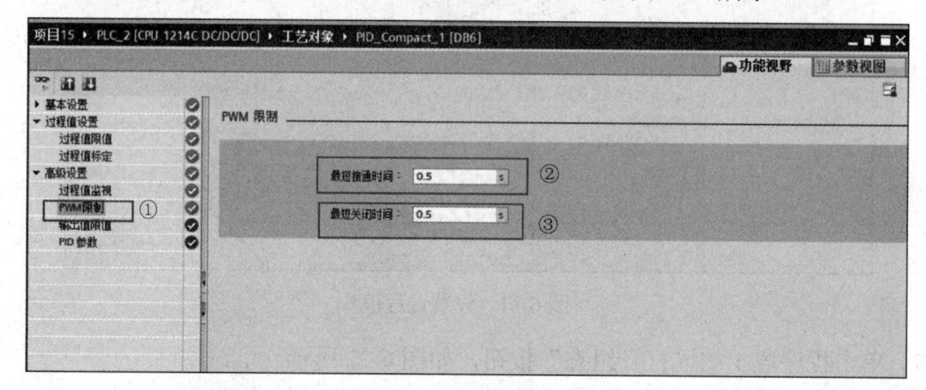

图 6-34 PWM 限制设置

12）选择“PID 参数”选项，设置“控制器结构”为 PID，如图 6-35 所示。

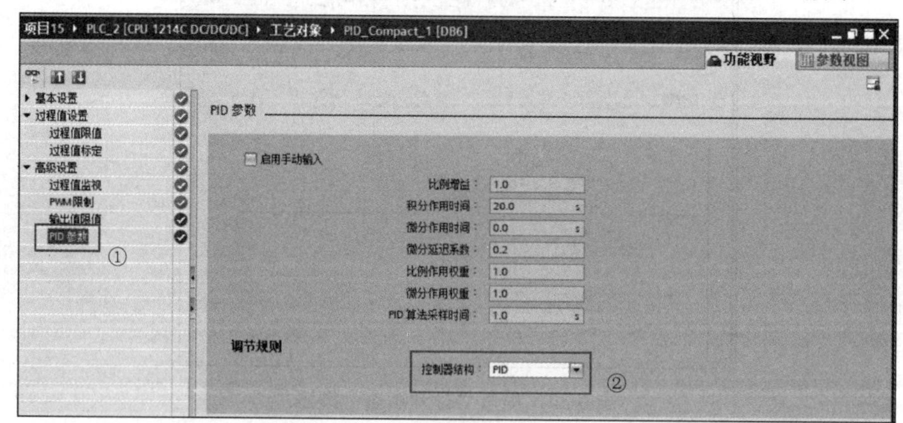

图 6-35 PID 参数控制器结构选择

13）打开程序段 1，单击下方的箭头，展开功能块，如图 6-36 所示。

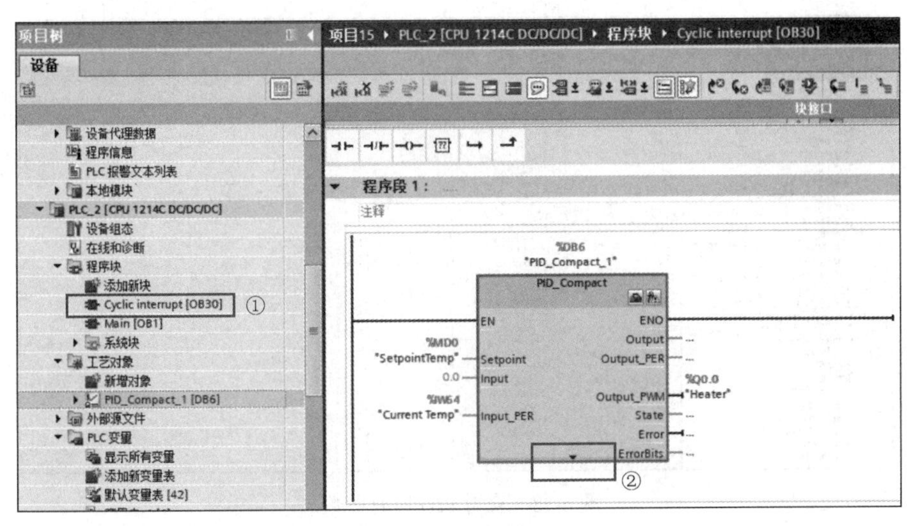

图 6-36　展开功能块

14）在 ManualEnable 端输入 I0.6，在 ManualValue 端输入 50.0，在 State 端输入 MW4，在 Error 端输入 M20.0，如图 6-37 所示。

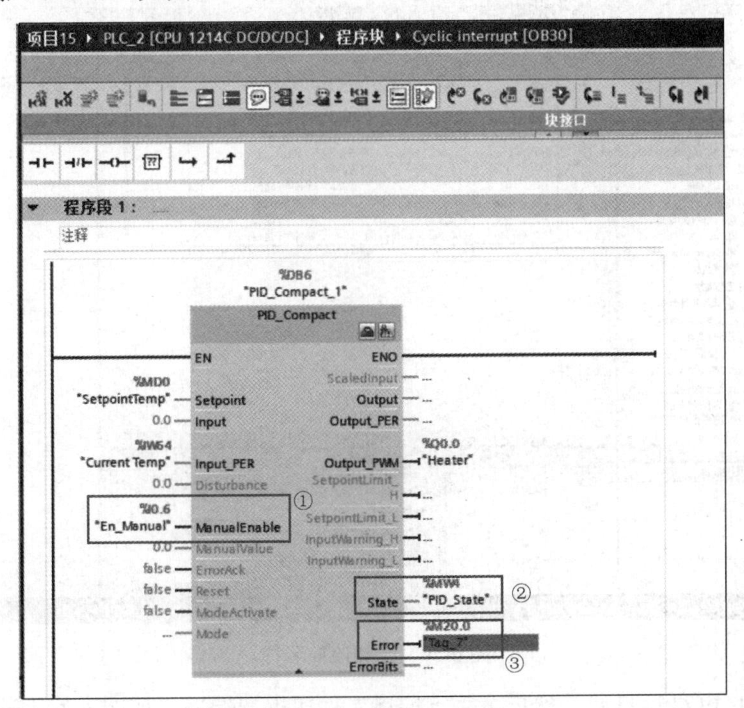

图 6-37　端口设置

15）也可以在“工艺对象”中右击“PID”，打开 DB 编辑器，查看 PID 的所有参数，如图 6-38 所示。

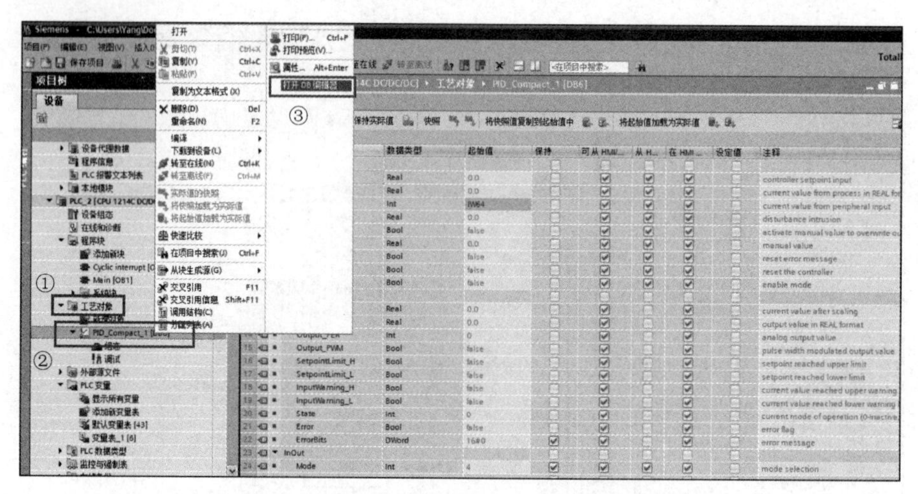

图 6-38　查看 PID 所有参数

16）选择“监控与强制表”选项，添加如图 6-39 所示的监控名称。

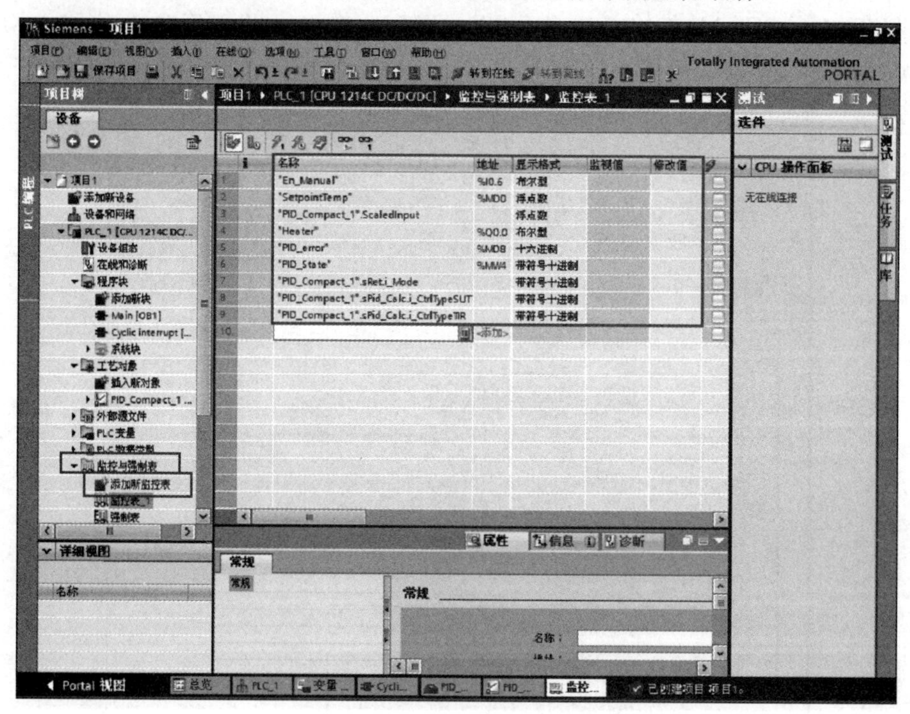

图 6-39　添加监控名称

17）单击 PLC 项目树，然后单击“编译”按钮进行编译，如图 6-40 所示。

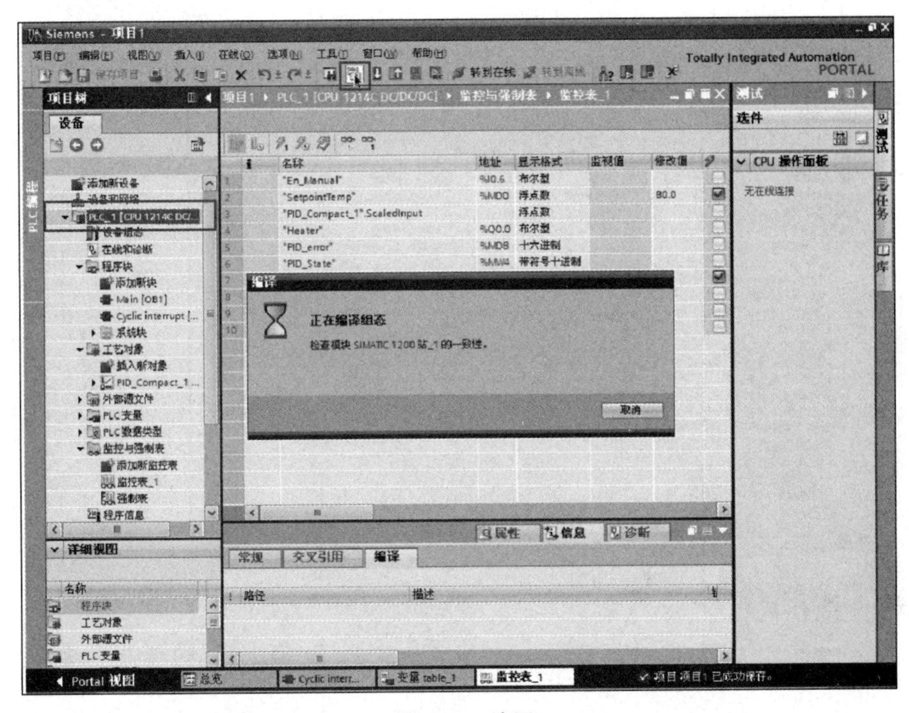

图 6-40　编译

18）选择 PLC1，然后单击“下载启动”按钮，如图 6-41 所示。

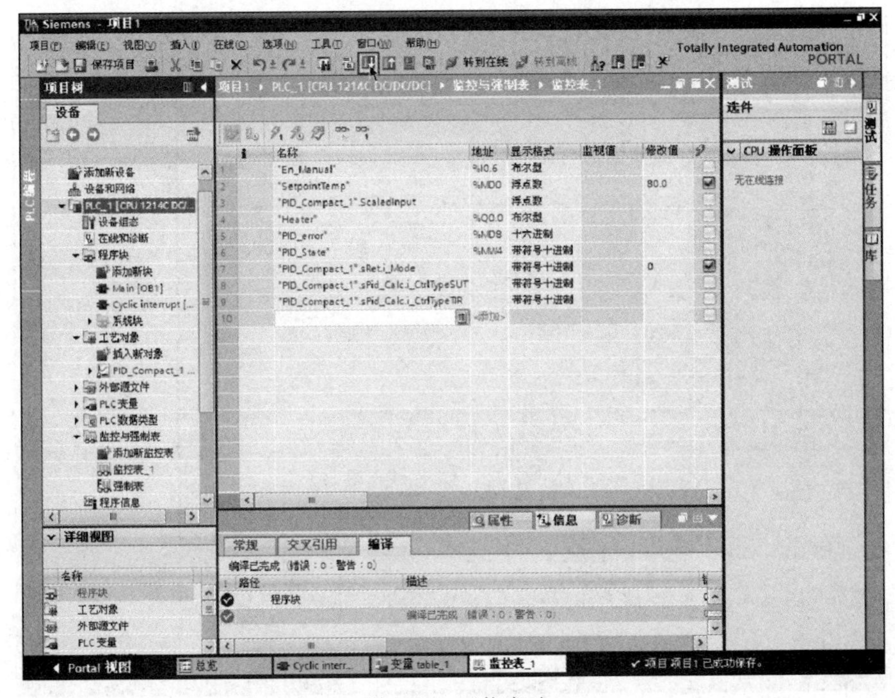

图 6-41　下载启动

19）下载完成后单击“监控监控表”按钮，如图 6-42 所示。

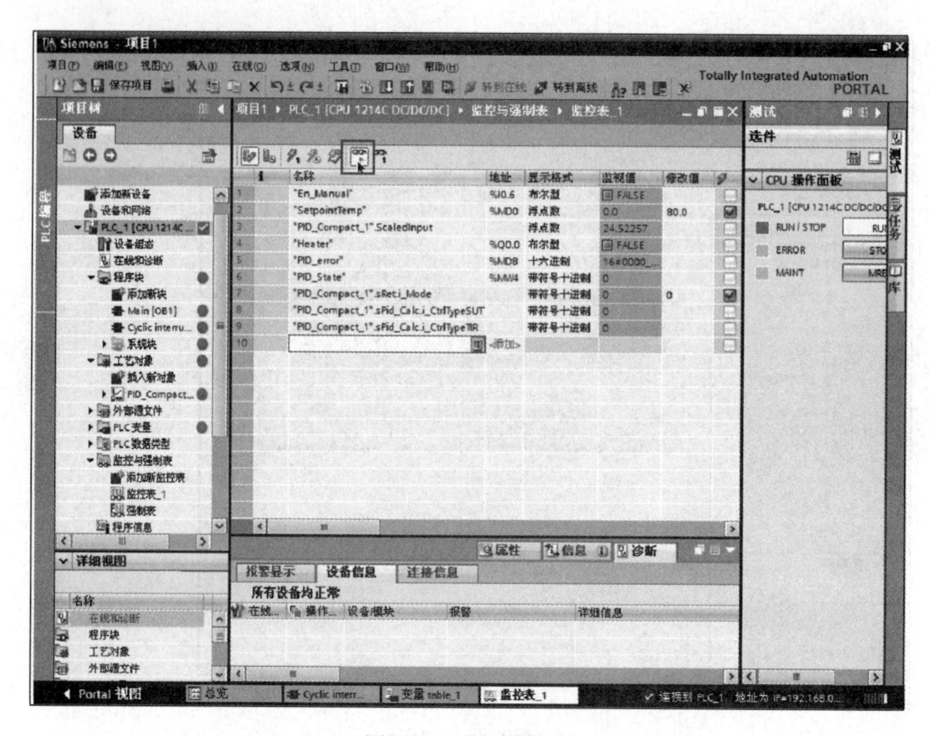

图 6-42 监控监控表

20）在变量序号 7 中输入 3 可以看见温度在升高。温度变化显示如图 6-43 所示。

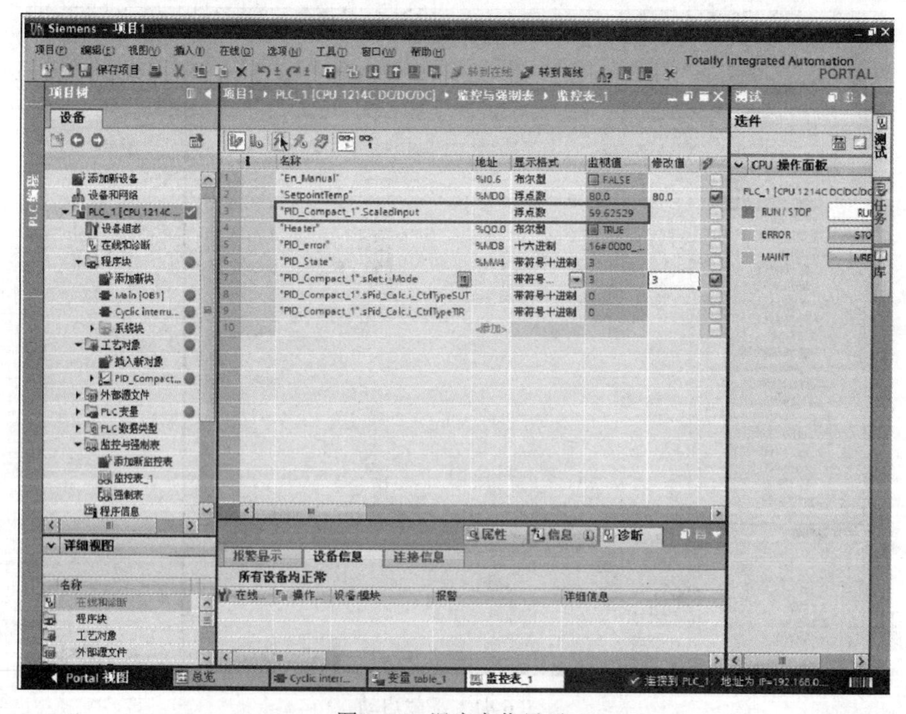

图 6-43 温度变化显示

21）单击“调试选项”进入调试功能，如图 6-44 所示。

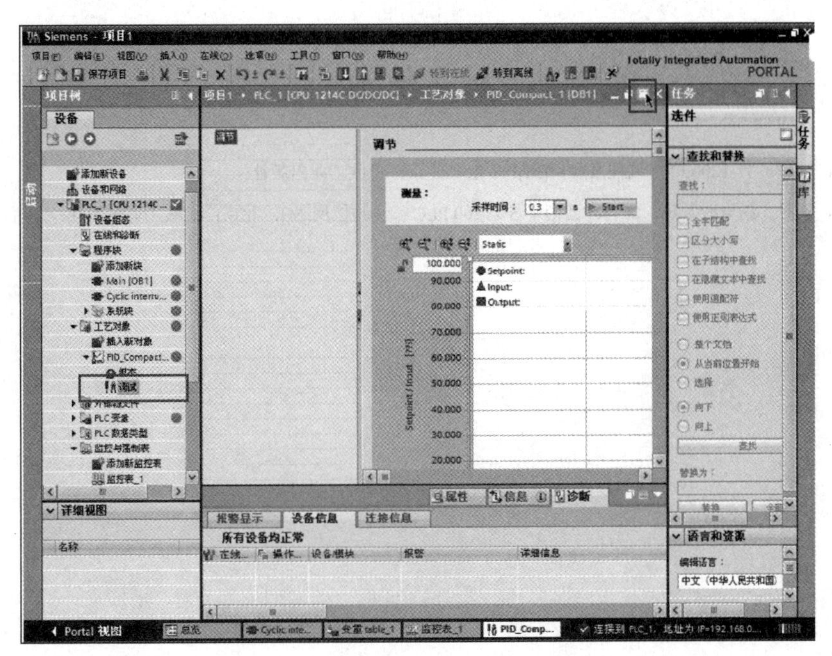

图 6-44　PID 调试功能

PID 控制器参数的整定是控制系统设计的核心内容。根据被控过程的特性，确定 PID 控制器的比例系数、积分时间和微分时间的大小。

依据系统的数学模型，经过理论计算确定控制器参数，得到的数据一般不可以直接使用，还必须通过工程实际进行调整和修改。

参 考 文 献

廖常初，2017．S7-1200 PLC 编程及应用[M]．3 版．北京：机械工业出版社．

刘华波，刘丹，赵岩岭，等，2011．西门子 S7-1200 PLC 编程与应用[M]．北京：机械工业出版社．